DRONE
드론
무인멀티콥터
조종 개론

홍윤근 지음

♥ 인류역사상 사람은 신뢰하기 어렵다. 그래서 인간은 기구와 기계에 의존한다. 결국 인간사회는 기계와 인간의 조화를 이루어 문명사회를 발전시켜 나아가고 있다.♥

서 문

　현재 우리나라의 무인멀티콥터 개발 및 제조 기술은 초고속으로 발전하여 군사용, 산업용, 민수용 등으로 그 활용성과 영역을 넓혀가고 있다. 앞으로 30년~50년 정도 지나면 과거 SF(Science Fiction) 영화에 나왔던 개인용 유인 드론(PAV : Personal Air Vehicle)의 시대가 다가올 것이다. 그때가 되면 공중으로 날아다니는 드론을 운전하기 위해 지금의 자동차처럼 전 국민이 모두 드론 조종면허증을 따야 할 것이다. 2023년 2월 기준으로 우리 국민의 약 10만 명 이상이 드론 1종 이하 자격증을 취득한 것으로 알려져 있으며, 향후 기하급수적으로 증가할 것으로 예상된다. 그리고 드론은 미래 군사, 첩보 및 공작활동 등에서 핵심수단으로 활용될 것임을 확신한다.

　4차 산업혁명(Industry 4.0) 시대에 국내외에서 하루가 멀다하고 신기술이 개발되고 새로운 형태의 드론이 쏟아지는 요즈음이다. 2010년대 들어서며 소형 멀티콥터(드론)가 민간에 보급되면서 농업용, 재난감시용, 영상촬영용, 스포츠용, 낚시취미용, 엔터테인먼트용, 유통용 등 그 수요가 더욱더 확대되고 있다. 아울러 로봇(Robot)과 드론(Drone)의 감지기능과 지능기능, 이동기능과 조작기능이 융합된 드론봇(dronebot)이 어느새 우리 곁에 성큼 다가와 실용화되었으며, 이미 삶의 일부가 되었다. 또한 최근 기상청과 일부 지자체에서는 드론의 비행고도인 150m 이하에서 돌풍, 강풍, 바람길 등 기상 정보를 실시간으로 제공하며 도심 내 드론사고 방지를 위한 위험요인 분석 및 연구 활동도 꾸준히 진행하고 있다. 따라서 이러한 드론에 대한 국민적 수요에 부응하기 위해 드론 조종에 대한 교육훈련과 안전관리에 대한 비중도 날로 높아지고 있다.

　여기에 더해 대한민국 육군은 2018년 9월 지상작전사령부 하 지상정보단 '육군 드론봇 전투단(Drone Bot Battle Group)'을 창설, 운영 중이다. 편제는 공중정찰대대, 특수임무대대, 전자전대대, 로봇중대 등이다. 그러나 정부는 2022년 12월 북한 무인기의 서울 상공 남침 사태가 발생하자, 이에 대응하기 위해 지작사 차원을 넘어 새로운 최첨단 드론부대를 창설하였다. 이는 게임 체인저(game changer)로써 우리 군의 전투체계를 한 차원 더 업그레이드시켜 미래 전장의 양상을 바꾸어 나갈 기회가 될 것이다.

서 문

　이 책은 그동안 국내에서 출판된 드론 기본서, 논문 등을 참고하고 저자의 경험을 더하여 알기 쉽게 기술하였으며, 2023년 3월 기준 개정된 드론 법규를 반영하였다. 이 책의 구성으로 PART 01에서 드론에 대한 기본적인 개념과 역사, PART 02에서 드론 조종 관련하여 국내외 항공법규, PART 03에서 드론 조종을 위해 필수적으로 이해해야 할 우리나라의 공역 및 항공역학·항공기상, PART 04에서 무인비행장치의 시스템 및 운용, PART 05에서 비행 안전관리 및 사고사례, PART 06에서 드론의 안전문화와 인적요인, PART 07에서 최근 드론 산업 동향 및 발전 전망, PART 08에서 조종자 자격시험 안내, 저자가 심혈을 기울여 만든 드론 필기시험을 위한 실전 모의고사 200문제와 해설, 실기 비행방법과 구술시험 질문사항 등에 대하여 자세히 기술하였다. 그리고 부록에서 국내에서 법제화된 드론 관련법을 추가하였다.

　비록 처음 드론에 입문하는 초임자일지라도 이 책 한 권만 숙독하면 어렵지 않게 드론 조종자증명(1종~4종)부터 지도조종자(교관) 자격까지 획득할 수 있도록 구성하였다. 아무쪼록 이 책이 드론 교육기관, 드론 애호가, 조종자 자격 증명 취득 수험생 등 여러분께 효과적이고 실용적으로 활용되어 지식의 지평을 넓혀 나가기를 기대한다.

　끝으로 이 책이 출간되기까지 도움을 주신 M과 P, 박헌환 회장님, 서일수 한국드론혁신협회 사무총장님, 을지바트 교수님, 편집을 맡아주신 유영택 사장님, 도서출판 지수명 허미숙 대표님, 언제나 정겨운 김천고등학교 정학영 선생님, 정채량님, 김철민님, 임채완님, 세심하게 교정을 봐주신 남기택 사무총장님, 지현·덕수·수현·명현, 재근·헌기·헌준·유미 등 여러분께 감사의 마음을 전합니다.

大松 홍윤근
2023년 4월
도곡로 靑雲齋에서

목 차

PART 01 드론 개관

제1장 드론의 정의 ······ 20

1. 드론의 어원 및 개념 ······ 20
2. 드론의 법적 정의 ······ 20
   1) 항공안전법 제2조 제3호에 따른 무인비행장치 ······ 21
   2) 항공안전법 제2조 제6호에 따른 무인항공기 ······ 21
   3) 그밖에 원격·자동·자율 등 국토교통부령으로 정하는 방식에 따라 항행하는 비행체 ······ 21
3. 드론 시스템 ······ 21
4. 드론 산업 ······ 22
5. 드론 사용사업자 ······ 22
6. 드론 교통관리 ······ 22

제2장 드론의 개발 역사 ······ 23

1. 무인기의 태동 ······ 23
2. 세계 제1차·제2차 대전 당시 무인기 ······ 24
3. RPV(Remotly Piloted Vehicle) ······ 24

4. UAV(Unmanned Aerial Vehicle) ·· 25
5. UAS(Unmanned Aerial System) ·· 25
6. RPAS(Remotely Piloted Aircraft System) ······································ 25

제3장 드론의 분류 ·· 26

1. 형태에 따른 분류 ·· 26
1) 고정익(Fixed Wing) 드론 ··· 26
2) 회전익 드론(무인헬리콥터) ·· 27
3) 다중로터형 회전익 드론(무인멀티콥터) ·· 27
4) 기 타 ·· 28

2. 용도에 따른 분류 ·· 28
1) 군사용 드론 ··· 28
2) 농·임업용 드론 ·· 29
3) 항공사진촬영용 드론 ·· 30
4) 수송용 드론 ··· 30
5) 건설용 드론 ··· 30
6) 재난구조용 드론 ··· 31
7) 감시조사용 드론 ··· 31
8) 기상용 드론 ··· 32
9) 엔터테인먼트용 드론 ·· 32
10) 기타 드론 ··· 32

3. 프로펠러의 개수에 따른 분류 ··· 32

제4장 초경량비행장치의 종류 ·· 34

1. 동력 비행장치 ·· 34
2. 회전익 비행장치 ·· 34
3. 동력 패러글라이더 ·· 35
4. 기구류 ··· 35

5. 무인 비행장치 ··· 36
6. 인공활력기 ·· 37
7. 낙하산류 ··· 38
8. 기타 비행장치 ·· 39

PART 02 드론조종 관련 항공법규

제1장 항공법규 체계 ·· 42

1. 시카고 조약과 ICAO ··· 42
2. 항공관련 법규 ·· 42
3. 드론 활용의 촉진 및 기반조성에 관한 법률(약칭: 드론법) ········ 43

제2장 항공안전법 ·· 44

1. 초경량비행장치의 정의 및 기준 ·· 44
   1) 정의 ··· 44
   2) 기준 ··· 44
2. 비행장치 신고 ·· 46
   1) 신고의 종류 ·· 46
   2) 신고대상 ·· 47
   3) 신고대상 제외 ·· 47
   4) 신규신고 서류 ·· 48
   5) 변경·이전신고 ·· 48
   6) 말소신고 ·· 48
3. 안전성 인증 ··· 48
   1) 근거 ··· 48

  2) 인증 대상 ·· 49

4. 조종자 증명 ·· 49
  1) 조종 자격증명의 종류 ··· 49
  2) 조종자격 종류별 시험자격 요건 ··· 50
  3) 조종자격 응시 기준 ·· 50
  4) 조종자 증명 취소 ··· 51

5. 전문교육기관 ·· 52
  1) 전문교육기관 지정 ·· 52
  2) 전문교육기관 지정 요건 ··· 52
  3) 전문교관의 등록 및 취소 ··· 54

6. 비행승인 ··· 55
  1) 비행승인 대상 ··· 55
  2) 비행승인 제외 범위 ·· 55
  3) 항공사진 촬영 및 비행 승인 ·· 57
  4) 특별비행 승인 및 신청서류 ··· 59
  5) 긴급비행 ··· 60

7. 조종자 준수사항 ··· 61
  1) 준수사항 ··· 61
  2) 사고보고 ··· 62
  3) 사고발생 시 조치사항 ·· 63

8. 안전개선 명령 ··· 64

9. 벌 칙 ··· 65
  1) 벌칙 ·· 65
  2) 과태료 ·· 66

제3장 항공사업법 ·· 68

1. 일반 사항 ··· 68
  1) 항공사업법의 목적 ·· 68
  2) 용어 정의 ··· 68

3) 초경량비행장치사용사업 등록 …………………………………… 69
　　4) 항공기대여업, 항공레저스포츠 사업, 초경량비행장치사용사업 변경신고 … 69
　　5) 무인항공 분야 항공산업의 안전증진 및 활성화 ………………… 70
　　6) 항공보험 등의 가입의무 ………………………………………… 70
　　7) 결격사항 ………………………………………………………… 71

2. 항공기 대여업 … 73
　　1) 등록 요건 ………………………………………………………… 73
　　2) 등록신청 서류 (시행규칙 제45조) …………………………… 73

3. 항공레저스포츠 사업 … 74
　　1) 정의 ……………………………………………………………… 74
　　2) 항공레저스포츠 사업자 ………………………………………… 74
　　3) 등록요건 ………………………………………………………… 75
　　4) 등록신청 서류 …………………………………………………… 75
　　5) 등록제한 ………………………………………………………… 76

4. 초경량비행장치 사용사업 … 76
　　1) 정의 ……………………………………………………………… 76
　　2) 등록요건 ………………………………………………………… 77
　　3) 등록신청 서류 …………………………………………………… 77
　　4) 등록제한 ………………………………………………………… 78

5. 준용법규 … 78
　　1) 사업계획 등의 변경 ……………………………………………… 78
　　2) 명의대여 등의 금지 ……………………………………………… 79
　　3) 양도·양수 ………………………………………………………… 79
　　4) 합병 ……………………………………………………………… 79
　　5) 상속 ……………………………………………………………… 80
　　6) 휴업 ……………………………………………………………… 80
　　7) 폐업 ……………………………………………………………… 80
　　8) 사업개선 명령 …………………………………………………… 81
　　9) 등록취소 등 ……………………………………………………… 81
　　10) 과징금 부과 등 ………………………………………………… 82

6. 의무 및 벌칙 ·· 82

    1) 운송약관 비치 의무 ·· 82
    2) 경량항공기 등의 영리 목적 사용금지 ··································· 83
    3) 보고, 출입 및 검사 등 ··· 83
    4) 청문 ·· 83
    5) 보조금 등의 부정 교부 및 사용 등에 관한 죄 ···················· 84
    6) 항공사업자의 업무 등에 관한 죄 ·· 84
    7) 경량항공기 등의 영리 목적 사용에 관한 죄 ························ 84
    8) 검사 거부 등의 죄 ··· 85
    9) 양벌규정 ··· 85
    10) 과태료 ·· 85

제4장 공항시설법 ·· 86

1. 금지 행위 ·· 86

제5장 드론 활용의 촉진 및 기반조성에 관한 법률(드론법) ··· 87

1. 목적 ·· 87

2. 정책추진 체계 ··· 87

    1) 드론산업발전기본 계획의 수립 ·· 87
    2) 드론산업 실태조사 ··· 88
    3) 드론산업협의체 구성 및 운영 ·· 89
    4) 공공기관 드론 활용 등의 요청 ·· 89

3. 드론산업의 육성 ··· 89

    1) 드론 정보체계의 구축 운영 ··· 89
    2) 드론특별자유화구역의 지정 및 관리 ····································· 90
    3) 드론시범사업구역의 지정 및 관리 ·· 91
    4) 창업의 활성화 ·· 91
    5) 드론첨단기술의 지정 및 지원 ··· 91

4. 전문인력의 양성 ··· 92

5. 해외진출 및 국제협력 ··· 93
6. 청문 ··· 93
7. 벌칙 ··· 93

PART 03 공역과 항공역학 및 기상

제1장 공역이란? ··· 98

1. 공역의 개념 ··· 98
2. 공역의 범위 ··· 98
   1) 국제민간항공기구의 항공교통관리권역 ········· 98
   2) 국제민간항공기구의 지역사무소 ·················· 99
3. 공역의 분류 ··· 99
   1) 주권공역 ·· 99
   2) 비행정보구역 ·· 100
   3) 영구공역 및 임시공역 ································ 101
   4) 공역관리 및 운용 ······································ 102

제2장 공역의 구분 ·· 103

1. 제공되는 항공교통업무에 따른 구분 ················ 103
2. 공역의 사용목적에 따른 구분 ·························· 104
3. 기타 공역 ·· 106
   1) 방공식별구역 ·· 106
   2) 제한식별구역 ·· 106

제3장 우리나라의 공역 현황 ········· 107

1. 항공로 ········· 107
2. 접근관제구역 ········· 108
3. 공 항 ········· 109
4. 비행금지 및 제한구역 ········· 109
   1) 비행금지구역 ········· 109
   2) 비행제한구역 ········· 110
   3) 기타 군 사격장 등 공역 ········· 111
5. 비행장교통구역(ATZ) ········· 111
6. 초경량비행장치 비행 공역 ········· 111

제4장 항공역학 ········· 112

1. 날개 이론 ········· 112
2. 뉴턴의 운동법칙 ········· 113
   1) 제1법칙 : 관성의 법칙 ········· 113
   2) 제2법칙 : 가속도의 법칙 ········· 113
   3) 제3법칙 : 작용반작용의 법칙 ········· 114
3. 베르누이의 법칙 ········· 114
4. 비행체에 작용하는 힘 ········· 116
   1) 양력 ········· 116
   2) 중력 ········· 117
   3) 추력 ········· 117
   4) 항력 ········· 117
5. 멀티콥터(드론)의 비행원리 ········· 118

제5장 항공기상 ········· 120

1. 항공기상과 비행 ··· 120
2. 기상현상 ··· 121
    1) 지구대기 ·· 121
    2) 기압과 밀도 ··· 123
    3) 바람과 습도 ··· 123
    4) 구름과 강수 ··· 124
3. 위험기상 ··· 125
    1) 난기류 ·· 125
    2) 착빙 ··· 126
    3) 뇌우 ··· 127
    4) 태풍 ··· 127
    5) 안개 ··· 128
    6) 기타 ··· 128

PART 04 드론 시스템 및 운용

제1장 무인비행장치 시스템 ······································· 132

1. 무인비행장치 시스템 구성요소 ······························ 132

제2장 추진 시스템 ·· 133

1. 모터 ··· 133
    1) 브러쉬 DC 모터 ··· 133
    2) 브러쉬리스 DC 모터 ·· 134
    3) 모터의 속도상수(Kv) ··· 135
    4) 모터의 토크/회전수/소모전류 ······························ 135

2. 전자변속기(ESC) ··· 136

3. 프로펠러 ········· 137
　1) 프로펠러의 직경과 피치 ········· 137
　2) 프로펠러의 효율 ········· 138

4. 배터리 ········· 138
　1) 배터리의 종류 ········· 139
　2) 리튬 폴리머 배터리 ········· 139
　3) 리튬 폴리머 배터리 사용 시 주의사항 ········· 140
　4) 리튬 폴리머 배터리 충전기 ········· 141

제3장 비행제어 시스템 ········· 142

1. 비행제어(FC) 컴퓨터 ········· 142
　1) 비행조종 모드에 따른 조종 특성 ········· 143
　2) 무인멀티콥터 비행제어 특징 ········· 143

2. 위성항법시스템(GNSS) ········· 143
　1) GNSS의 특징 ········· 143
　2) GNSS의 오차 ········· 143
　3) RTK 및 위성기준국 ········· 144
　4) 정밀도(신뢰도) ········· 145

3. 관성측정장치(IMU) ········· 146
　1) IMU ········· 146
　2) 미세전자기계시스템(MEMS) ········· 147

4. 지자계 센서(Magnetmeter Sensor) ········· 148

5. 기압고도계(Barometer) ········· 149

6. 짐벌 ········· 149

7. 센서 융합 및 데이터 분석 ········· 150
　1) 센서 융합 ········· 150
　2) 데이터 분석 ········· 150

PART 05 비행 안전관리 및 사고사례

제1장 드론 안전관리 ·········· 154

1. 비행장치 사고 ·········· 154

1) 초경량비행장치 사고 ·········· 154
2) 초경량비행장치 조종자 증명 등 ·········· 154
3) 초경량비행장치 사고발생 보고 ·········· 154
4) 과태료 ·········· 155
5) 권한의 위임 위탁 ·········· 155
6) 사망·중상 등의 적용기준 ·········· 155
7) 사망·중상 등의 범위 ·········· 156
8) 초경량비행장치사고의 보고 등 ·········· 156

2. 안전관리 ·········· 157

1) 사전 비행계획 수립 ·········· 157
2) 비행 전후 점검 ·········· 157
3) 비행 전 주변 공역 및 비행장 확인 ·········· 158
4) 센서 안전 ·········· 158
5) 배터리 안전 ·········· 159
6) 통신 안전 ·········· 159
7) 조종자 안전수칙 ·········· 159
8) 교관(지도조종자) 안전수칙 ·········· 160

제2장 불법 비행 및 사고 사례 ·········· 161

1. 불법 비행 ·········· 161

1) 무허가 비행 ·········· 161
2) 사생활 침해 ·········· 161
3) 해킹 및 테러 ·········· 162

2. 사고 사례 및 방호시스템 ·· 163
　　1) 무인비행장치 사고사례 ··· 163
　　2) 드론방호 시스템 ··· 165

PART 06 드론의 인적요인

제1장 드론 안전문화 ·· 168

1. 안전문화 ··· 168
2. 무인비행체 사고 ·· 169

제2장 인적요인 ·· 170

1. 정의 ··· 170
2. 인적요인의 적용 목적 ·· 170
3. 인적요인의 대표 모델 ·· 171
　　1) 인간과 기계 ··· 172
　　2) 인간과 소프트웨어 ··· 172
　　3) 인간과 환경 ··· 173
　　4) 인간과 인간 ··· 173
4. 인적오류 ··· 173
5. 드론과 인적요인 ·· 174
　　1) 보고·탐지하고·피하기 ·· 174
　　2) 상황인식 ·· 174
　　3) 의사소통 ·· 174
　　4) 의사결정 ·· 175
　　5) 인간과 기계의 조화 ··· 175

제3장 비행안전에 영향을 미치는 인적요인 ········· 176

- 1. 시각 ········· 176
  - 1) 입체시 ········· 176
  - 2) 주시안 ········· 176
  - 3) 광수용기 ········· 177
  - 4) 암순응 ········· 177
  - 5) 푸르키네 현상 ········· 178
  - 6) 맹점 ········· 178
- 2. 피로 ········· 178
- 3. 수면 ········· 179
  - 1) 수면의 특징 ········· 179
  - 2) REM 수면과 비 REM 수면 ········· 180
- 4. 약물 ········· 180

PART 07 드론 산업동향 및 기술발전 방향

제1장 드론 산업 동향 ········· 184

- 1. 세계 시장 동향 ········· 184
- 2. 국내 시장 동향 ········· 185
- 3. 분야별 드론 활용 현황 ········· 185
  - 1) 1차 산업 ········· 185
  - 2) 항공촬영 ········· 186
  - 3) 물류 및 배송 ········· 187
  - 4) 방송 및 공연 ········· 187
  - 5) 인프라 관리 ········· 188

6) 측량 및 건설 ·· 189
　　　7) 통신 ··· 189
　　　8) 스포츠 ·· 190
　　　9) 재난·감시용 ··· 191

제2장 드론 기술발전의 방향 ······················· 192

1. 핵심기술 발전 ··· 192
　　　1) 비행제어 시스템 ··· 192
　　　2) 추진동력 기술 ··· 192
　　　3) 탑재장비 및 센서 기술 ·································· 195
　　　4) 자율비행 및 충돌회피 기술 ··························· 196
　　　5) 군집비행 기술 ··· 197
　　　6) 데이터 링크 기술 ·· 198
　　　7) 안티 드론 기술 ·· 199
　　　8) 드론 관제 ·· 201

2. 미래 드론기술의 발전 과제 ···················· 203
　　　1) 체공 시간 ··· 203
　　　2) 감지 및 회피(See & Avoid) ··························· 204
　　　3) Non GNSS ··· 205
　　　4) 인공지능(AI) 알고리즘 ·································· 206

PART 08 실전 모의고사 및 실기·구술 시험

제1장 초경량비행장치(드론) 조종자 자격시험 안내 ········ 210

제2장 드론 필기시험 실전 모의고사(200문제) ················ 212
　　　* 필기시험 실전 모의고사 1회~8회

제3장 드론 실기 및 구술시험(1종 기준) ·········· 249

    1. 실기시험 ·········· 249

    2. 구술시험 질문 및 답변 ·········· 253

【 부 록 】

    1. 드론 활용의 촉진 및 기반조성에 관한 법률(약칭: 드론법) ······ 268

    2. 항공안전법 ·········· 273

    3. 항공사업법 ·········· 292

    4. 공항시설법 ·········· 300

【 참고문헌 】 ·········· 301

드론 개관

제1장 드론의 정의

제2장 드론의 개발 역사

제3장 드론의 분류

제4장 초경량비행장치의 종류

제1장 드론의 정의

1. 드론의 어원 및 개념

드론 어원은 수벌(male bee) 등 곤충이 날아가며 일으키는 '웅웅거리는 소리(drone)'에서 따온 것이다. 국어 사전적 의미는 자율 항법 장치에 의하여 자동 조종되거나 무선 전파를 이용하여 원격 조종되는 무인 비행체를 뜻한다. 현재 드론은 흔히 멀티콥터를 지칭하지만, 무인항공기를 통칭하여 드론이라 부르고 있다.

일례로 미국 정부의 무인항공기에 대한 개념도 약간의 차이가 있다. 미국 국방장관실(OSD : Office of Secretary of Defense)에서 발간한 UAV 로드맵에서는 "조종사를 태우지 않고, 공기역학적 힘에 의해 부양하여 자율적으로 또는 원격조종으로 비행을 하며, 무기 또는 일반화물을 실을 수 있는 일회용 또는 재사용할 수 있는 동력 비행체를 말한다. 탄도비행체, 준탄도비행체, 순항미사일, 포, 발사체 등은 무인항공기로 간주되지 않는다." 이 정의에 따르면 무인기구, 무인비행선, 미사일 등은 무인항공기 범주에 포함되지 않는다.

한편, 미국 연방항공국(FAA : Federal Aviation Administration)은 "원격조종 또는 자율조종으로 시계 밖의 비행이 가능한 민간용 비행기로서 스포츠 또는 취미 목적으로 운용되지 않으며, 또한 승객이나 승무원을 운송하지 않는다."라고 정의하고 있다. 이 정의에 따르면 취미로 날리는 무선조종 모형항공기(model aircraft)는 포함되지 않으며, 아직은 없지만 미래 구상 차원에서 거론되는 사람을 실어 나르는 무인운송용 항공기도 무인항공기에 포함되지 않는다.

2. 드론의 법적 정의

우리나라에서 규정하는 드론의 법적개념은 '조종자가 탑승하지 아니한 상태로 항행할 수 있는 비행체'로서 국토교통부령으로 정하는 기준을 충족하는 다음의 어느 하나에 해당하는 기기를 말한다(드론법 제2조 제1항).

1) 항공안전법 제2조 제3호에 따른 무인비행장치

초경량비행장치란 항공기와 경량항공기 외에 공기의 반작용으로 뜰 수 있는 장치로서 자체중량, 좌석 수 등 국토교통부령으로 정하는 기준에 해당하는 동력비행장치, 행글라이더, 패러글라이더, 기구류 및 무인비행장치 등을 말한다.(항공안전법 제2조 제3호).

2) 항공안전법 제2조 제6호에 따른 무인항공기

사람이 탑승하지 아니하고 원격조종 등의 방법으로 비행하는 항공기(이하 "무인항공기"라 한다).

* 150kg 이하의 무인항공기를 조종사가 직접 항공기에 탑승하지 않고 지상에서 원격조종

3) 그밖에 원격·자동·자율 등 국토교통부령으로 정하는 방식에 따라 항행하는 비행체 (시행규칙 제2조 제2항)

가) 외부에서 원격으로 조종할 수 있는 비행체
나) 외부의 원격 조종 없이 사전에 지정된 경로로 자동 항행이 가능한 비행체
다) 항행 중 발생하는 비행환경 변화 등을 인식·판단하여 자율적으로 비행속도 및 경로 등을 변경할 수 있는 비행체

3. 드론 시스템

드론의 비행이 유기적·체계적으로 이루어지기 위한 드론, 통신체계, 지상통제국(이·착륙장 및 조종인력을 포함한다), 항행관리 및 지원체계가 결합된 것을 말한다(드론법 제2조 제2항).

4. 드론 산업

 드론 시스템의 개발·관리·운영 또는 활용 등과 관련된 산업을 말한다(드론법 제2조 제3항). 향후 드론 산업은 인공지능(AI), 초연결 네트워크, 빅데이터, 사물인터넷, 나노기술, 생명공학, 수소, 해양 등 산업간 융복합과 일상생활에 연결된 다양한 모델의 개발로 미래 드론 모빌리티 사업과 4차 산업혁명의 핵심으로 주목받을 것이다.

5. 드론 사용사업자

 타인의 수요에 맞추어 드론을 사용하여 유상으로 운송, 농약살포, 사진촬영 등의 업무를 수행할 목적으로 「항공사업법」 제2조 제23호에 따른 초경량비행장치사용사업 등 국토교통부령으로 정하는 사업을 영위하는 자를 말한다(드론법 제2조 제4항).

  * 항공사업법 제2조 제23호 : "초경량비행장치사용사업"이란 타인의 수요에 맞추어 국토교통부령으로 정하는 초경량비행장치를 사용하여 유상으로 농약살포, 사진촬영 등 국토교통부령으로 정하는 업무를 하는 사업을 말한다.

6. 드론 교통관리

 드론 비행에 필요한 각종 신고·승인 등 업무의 지원 및 비행에 필요한 정보제공, 비행경로 관리 등 드론의 이륙부터 착륙까지의 과정에서 필요한 관리 업무를 말한다(드론법 제2조 제5항).

제2장 드론의 개발 역사[1]

1. 무인기의 태동

무인기는 미국의 남북전쟁(1861~1885) 당시 군사적 용도로 열기구를 이용한 무인 폭격기를 사용하는 데서부터 출발하였다. 이후 1887년 영국인 더글러스 아치볼드(Douglas Archibold)가 최초로 연(kite)에 카메라를 부착하여 사진을 찍는 데 성공하였고, 이어서 1898년 미국인 윌리엄 에디(William Eddy)가 다이어몬드형의 대형 연(kite)에 카메라를 장착하여 사진을 촬영하였는데, 미국 국방성이 이 연을 구입하여 "Eddy War Kite"라는 명칭을 붙여 스페인과의 전투에서 적의 위치를 파악하는 데 사용하였다.

그림 1-1 Eddy Kite

* 출처 : https://en.wikipedia.org

그림 1-2 니콜라 테슬라

* 출처 : https://namu.wiki

다음으로 오스트리아-헝가리 제국에서 태어났으나 미국으로 이민하여 물리학자이자 전기공학자로 활동한 니콜라 테슬라(Nikola Tesla, 1856~1943)가 1894년 무선을 이용한 에너지 통신에 관한 개념과 장치를 개발하여 시연에 성공함으로써 사람이 타지 않고 무선에 의해서 물체를 이동시킬 수 있다는 생각을 전파하였다. 테슬라는 1898년 무선으로 조종하는 배(radio-controlled boat)를 최초로 개발하였다. 이를 전쟁에서 활용함으로써 최초의 정찰용 무인기로 기록되었고, 이것이 무인기의 태동으로 간주되고 있다.

그리고 자기장의 단위인 테슬라(T)는 니콜라 테슬라를 기념하여 그의 이름에서 따온 것이다. 세월이 흘러 2012년 세계적인 전기자동차 회사인 테슬라[2]의 CEO 일론 머스크

---

[1] 신정호 외(2021), 드론학 개론, pp.12~20.
[2] 2003년 마틴 에버하드와 마크 타페닝이 공동 창업하였고, 2004년 일론 머스크가 초기에 자금을 투자하여 최대 주주가 된 기업으로 2007년 일론 머스크가 직접 CEO가 되었다.

(Elon Musk, 1971~)가 떠오르면서 회사명의 유래가 된 천재 과학자 니콜라 테슬라의 이름도 세상에 널리 알려졌다.[3]

2. 세계 제1차·제2차 대전 당시 무인기

1918년 미국 M 사가 "Bug"라는 폭격용 무인기를 개발하였는데, 이는 자폭용 무인기 형태였다. 이때는 제1차 대전 기간으로 미 육군 항공국에서 "flying bomb" 용도로 개발하였으나 종전(終戰)으로 인해 실전에는 투입하지 못하였다.

그림 1-3 　영국 해군의 DH 82B Queen Bee

* 출처 : https://blog.naver.com/droneaje/221977410383

그리고 세계 제2차 대전이 일어나기 전인 1930년 중반에 영국에서 제1차 대전에 사용하던 비행기를 개조하여 발사대에서 이륙시켜 RC(Remote Controller)로 기체를 조종하는 훈련용 표적기를 개발하였다. 이것을 "Queen Bee"라고 칭하였으며 드론의 어머니로 불리고 있다. 제2차 대전 기간에는 무려 15,000여 대의 무인기를 생산하여 활용하였다.

이후 무인기는 한국 전쟁, 베트남 전쟁, 중동 전쟁, 걸프 전쟁, 아프간 전쟁, 이라크 전쟁, 러시아-우크라이나 전쟁을 거치면서 미국, 이스라엘, 러시아, 이란 등 세계 각국의 관심이 더욱 높아지면서 그 기술이 비약적으로 발전하고 있다.

3. RPV(Remotly Piloted Vehicle)

1980년대에는 원격통신 제어 장비의 발달로 지상에서 조종사가 비행체를 무선통신으로 원격 조종하여 실시간 조종이 가능하다는 의미에서 원격조종 항공기(RPV : Remotely Piloted Vehicle)라는 용어를 사용하였다.

---

3) 출처 : 나무위키(https://namu.wiki).

4. UAV(Unmanned Aerial Vehicle)

1990년대 이후에는 사람이 탑승하지 않고 지상에서 원격 조종한다는 의미에서 무인항공기(UAV : Unmanned Aerial Vehicle)라는 용어로 불렸다.

1990년대 이후 개발된 주요 무인항공기로 1994년 미 국방성과 중앙정보국(CIA)이 정찰 목적으로 사용하기 위해 개발한 RQ-1 Predator가 있다. RQ-1 Predator는 시험 평가 기간 중이던 1995년 4월에 유고슬라비아 내전에 투입되어 최초의 정찰 작전을 벌였다. 전자광학 및 적외선 감지기 등을 장착한 프레데터는 이전에는 볼 수 없었던 새로운 정찰 능력을 보여 주었으며, 위성 데이터 링크와 통제체계를 사용하여 美 본토에서도 실시간으로 정찰 임무를 확인할 수 있었다.

5. UAS(Unmanned Aerial System)

2000년대 이후 단순한 원격 비행체가 아니라 유인항공기 수준의 안전성과 신뢰성 확보의 필요성을 강조하는 의미에서 무인항공기체계(UAS : Unmanned Aerial System)라는 용어가 등장하였다.

6. RPAS(Remotely Piloted Aircraft System)

2013년 이후 무인항공기의 영역이 확대되고 민간영역에 까지 영향을 미치는 상황에 이르자 국제민간항공기구(ICAO)에서 원격조종 항공기시스템(RPAS : Remotely Piloted Aircraft System)을 무인기의 국제공식 용어로 채택하여 무인항공기의 매뉴얼에 사용하였다.

제3장 드론의 분류

1. 형태에 따른 분류

1) 고정익(Fixed Wing) 드론

고정익 드론은 고정 날개를 부착한 형태로 엔진이나 프로펠러의 힘으로 양력을 발생하여 비행한다. 높은 고도에서 공기의 기류와 날개를 이용하여 양력을 발생시켜 비행하는 무인기로 연료소모가 적어 장거리 비행이 가능하다. 회전익이나 멀티콥터와 달리 정지비행이 불가능하기 때문에 저고도에서 표적을 지속적으로 추적하기 어렵다는 단점이 있다.[4]

그림 1-4　MQ-9 Reaper 고정익 드론

* 출처 : https://blog.naver.com/sopa69/221920593370

미국 제너럴 아토믹스(General Atomics) 사의 MQ-9 Reaper/Predator B는 고정익 무인공격기로 사신(死神), 수확자라는 뜻의 리퍼(Reaper)이며, 다른 한편으로는 MQ-1 프레데터의 개량형이라는 의미에서 '프레데터 B(Predator B)'라고 불리기도 한다. 리퍼는 기체 규모의 대폭적인 확충을 통해 대전차미사일뿐만 아니라 레이저 유도

---
4) 신정호 외(2021), 드론학 개론, p.22.

폭탄도 장착이 가능하다. 미군은 2020년 이란 이슬람 혁명 수비대 솔레이마니(Martyr Soleimani) 사령관을 바그다드 국제공항 근처에서 MQ-9 Reaper를 이용하여 암살하였다. MQ-9 Reaper는 우리나라에도 2019년 군산공군기지(미군기지 : 8th Flighter Wing)에 실전 배치되어 있으며, 2023년 3월 한미합동 공중훈련에도 참여하였다. 완전무장한 리퍼는 헬파이어 미사일 14발을 탑재하여 14시간 이상 비행할 수 있다. MQ-9B의 가격은 6억 달러 이상인 것으로 알려져 있다.

2) 회전익 드론(무인헬리콥터)

회전익 드론은 헬리콥터 형태의 무인항공기로 주 로터(rotor)로 추진력을 유지하고 꼬리날개로 방향을 유지한다. 수직 이·착륙이 가능하여 넓은 활주로가 필요 없고 산악 지형이나 해상의 함상에서 운용이 용이하다. 장점은 공중에서 정지 비행이 가능하여 감시대상을 지속적으로 추적할 수 있으며 360도 방향전환이 쉽다. 단점은 엔진 연료 효율이 낮아 장기 체공이 어렵다.

그림 1-5 쉬벨(Schiebel)사의 회전익 드론(무인 헬리콥터)

* 출처 : https://schiebel.net

3) 다중로터형 회전익 드론(무인멀티콥터)

다중로터형 회전인 드론은 3개 이상의 다중 로터를 탑재하여 양력을 발생시켜 비행하는 신개념의 드론(무인멀티콥터)이다. 조종이 용이하고 운용비가 적게 들어 취미

형부터 산업용까지 다양하게 개발되어 있다. 항공사진 촬영, 인명구조, 재난안전, 농약살포, 기상감시, 낚시 등 다양한 용도로 활용되고 있다. 단점으로 기체가 작아서 강풍, 돌풍 등 바람의 영향을 많이 받고 배터리로 동력을 얻기 때문에 비행시간이 1시간 이내로 매우 짧다. 최근 비행시간 연장, 안전성 증대 등 연구개발이 가속화되고 있다.

그림 1-6　다중로터형 회전익 드론(무인 멀티콥터)

*출처 : https://post.naver.com/viewer/postView.naver?volumeNo=34790119&memberNo=28998196&vType=VERTICAL

4) 기 타

한 개의 축 상하부에 두 개의 로터를 반대 방향으로 회전시키는 동축반전형(Co-axial), 로터 시스템을 가변형으로 개발한 가변로터형(Tilt-Roter) 등이 있으며, 적이 쉽게 식별하지 못하게 하는 조류형과 곤충형의 작은 크기의 초소형 드론도 빠르게 개발되고 있다.

2. 용도에 따른 분류

1) 군사용 드론

군사용 드론은 그 목적에 따라 표적드론, 정찰드론, 수송드론, 전투드론, 폭격드론, 군사분계선 및 해안지역 감시드론, 항모드론, 공중 무선중계드론, 안티드론(Anti-Drone) 등이 있다.

그림 1-7　군정찰경계용 드론

* 출처 : 순돌이드론(www.sundori.net)

2) 농·임업용 드론

　최근 농업인구의 고령화, 각종 재해, 시장개방 등의 문제점을 해결하고 지속가능한 농임업 발전에 부응하는 영농을 위해 4차산업의 각종 ICT 기술이 적용된 드론 스테이션을 기반으로 식생정보·영농환경 정보 수집 및 방제 역할을 하는 스마트팜용 드론을 개발하여 사용하고 있다. 농임업용 드론은 종자 및 농약 살포(방재)뿐만 아니라 경작지 및 농작물 지도 작성, 수확량 측정, 작물 및 병충해 등 정보 수집하여 농임업의 생산성을 향상시키고 있다.

그림 1-8　스마트팜용 드론

* 출처 : 순돌이드론(www.sundori.net)

3) 항공사진촬영용 드론

고해상 카메라를 탑재한 항공촬영용 드론이 등장하자 항공촬영업계에 무인멀티콥터의 붐이 일어났다.[5] 현재 항공사진 촬영용 드론은 농임업 다음으로 가장 많이 활용하고 있다.

그림 1-9 항공촬영용 드론

* 출처 : DJI(https://www.dji.com/kr)

4) 수송용 드론

수송용 드론은 택배, 운송 등 물류에 활용하는 드론이다. 미국은 아마존, 독일은 도이치 포스트, 일본은 라쿠젠, 우리나라는 CJ 대한통운, 현대 로지스틱스, 우정사업본부가 드론 택배 상용화를 위해 기술 개발을 추진 중이다.

5) 건설용 드론

건설용 드론은 주택, 건축, 토목, 플랜트 등 건설 현장에서 드론을 활용해 일일업무량, 향후 공정 전반을 관리할 뿐만 아니라 건물 파괴, 건설자재 이동 수행 등 건설분야 전체로 급속히 확산되고 있다.

---

5) 신정호 외(2021), 드론학 개론, p.36.

6) 재난구조용 드론

재난구조용 드론은 재난이나 위급상황 발생 시 긴급구조나 실종자 수색 등에 활용되고 있다. 재난구조용 드론은 사람이 직접 접근하기 어려운 장소, 산속, 해상 등에서 정밀하게 조난수색·감시정찰·화재진압·구호물품 수송·조난현장 긴급 출동 등을 할 수 있고 신속하게 인명을 구조할 수 있는 장점이 있다.

그림 1-10　재난구조용 드론

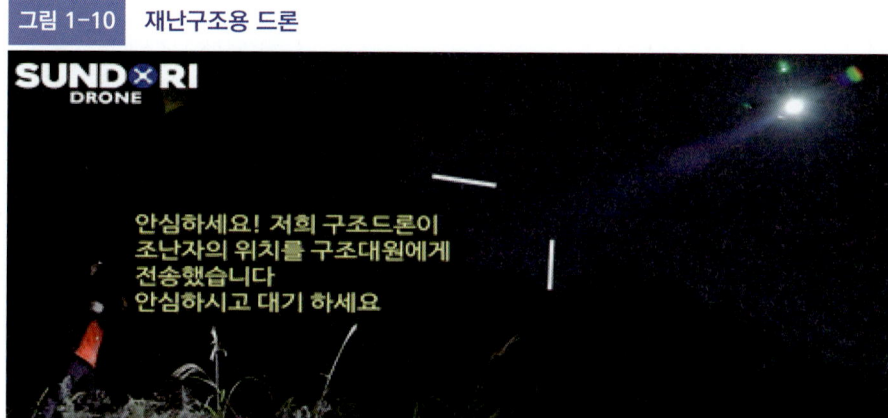

* 출처 : 순돌이드론(www.sundori.net)

7) 감시조사용 드론

감시조사용 드론은 사람이 접근하기 어려운 생화학 등 환경 오염지역, 가스누출 지역, 폭발물 설치지역, 해안절벽 지역 등에 출동하여 감시·정찰·조사활동을 할 수 있다.

그림 1-11　감시조사용 드론

* 출처 : 순돌이드론(www.sundori.net)

8) 기상용 드론

기상용 드론은 태풍, 홍수, 가뭄, 강풍, 강설, 황사, 지진, 쓰나미, 해일, 화산폭발, 오존층, 미세먼지 등 자연재난 및 사회재난 상황을 관측·감시하고 기상 지도를 제작하는 등 기상 관측 및 안전에 활용되고 있다. 고해상 촬영장비를 탑재한 기상관측용 드론을 상공에 띄워 태풍 또는 허리케인의 풍속, 기압, 경로 등 관측 정보를 수집할 수 있다.

9) 엔터테인먼트용 드론

오늘날 엔터테인먼트용 드론은 대형 스포츠 행사, 각종 기획행사 등에 군집드론이 활용되고 있다. 2018년 평창 동계올림픽, 2022년 북경 동계올림픽에서 밤하늘의 군집드론의 향연은 세계인들에게 감동을 선사하였다. 향후 4차 산업기술을 활용한 엔터테인먼트용 드론은 크게 성장할 것으로 기대된다.

10) 기타 드론

기타 통신, 조류 퇴치, 가축몰이, 보험산정, 통계조사, 지형정보, 기록물 관리, 의료, 낚시, 취미, 생태/지리, 예술 등 드론을 활용하는 사업 분야가 공공과 민간사업에서 폭발적으로 증가할 것으로 예상된다.

또한, 미국, 중국 등은 드론을 활용한 인공강우와 스모그를 제거하는 기술도 꾸준히 연구를 진행하고 있다.

3. 프로펠러의 개수에 따른 분류

o 모노콥터(Mono Copter) : 로터(Rotor)[6] 1개
o 바이콥터(Bi Copter) : 로터(Rotor) 2개
o 드라이콥터(Tri Copter) : 로터 3개, 바이콥터의 꼬리쪽에 로터를 추가한 것이다.
o 쿼드콥터(Quad Copter) : 로터 4개, 구조적인 안전성이 높아서 가장 많이 사용된다.
o 헥사콥터(Hexa Copter) : 로터 6개

---

6) 로터(Rotor)는 발전기, 전동기, 터빈 등의 회전 기계에서 회전하는 부분을 총칭하여 부르는 말이다.

o 옥토콥터(Octo Copter) : 로터 8개
o 데카콥터(Deca Copter) : 로터 10개
o 도데카콥터(Dodeca Copter) : 로터 12개
o 헥사데카(Hexadeca Copter) : 로터 16개

☞ **참조 : 차세대 수직이착륙 무인기(플렉스로터)**

o 미국 드론 제조업체 에어로벨(Aerovel) 사가 개발한 차세대 수직이착륙(VTOL : Vertical Take-Off and Landing) 무인기인 플렉스로터(Flexrotor)는 기존의 고정익 무인기(활주로나 발사대가 필요)와 회전익 무인기(수직이착륙 가능)의 한계를 극복한 차세대 신개념 무인기로 주목받고 있다(비행기와 헬리콥터 장점 결합).

o 플렉스로터는 테일시터(tail-sitter)를 이용해 수직으로 이착륙하며 3~4㎡의 공간만 있으면 지상뿐만 아니라 해상(순양함, 구축함, 초계함 등)에서도 발사가 가능하여 주로 해군에서 감시정찰용(ISR : Intelligent Surveillance and Reconnaissance)으로 많이 운용하고 있다. 또한 모듈화 설계를 통해 205×57×38cm 크기의 박스에 넣어 공급되며 조립 시간이 10분 내외로 짧다.

o 크기는 전고 2m, 전폭 3m로 작고, 중량도 25kg으로 가볍고, 고해상 카메라·레이더·자동식별장치(AIS : Auto Identification System) 등 7.7kg의 장비를 탑재하여 1,300m의 고도에서 최대 30시간 2,000km를 비행할 수 있다.

o 우리나라도 한국항공우주산업(KAI), 대한항공 등이 수직이착륙 무인기 사업에 진출하여 미래 첨단 무인기 사업영역을 확대해나가고 있다.

그림 1-12 차세대 수직이착륙 무인기(플렉스로터)

* 출처 : 자유일보(https://www.jayupress.com/news/userArticlePhoto.html)

제4장 초경량비행장치의 종류[7]

1. 동력 비행장치

동력 비행장치는 고정의 날개(고정익)를 부착한 형태로 동력(엔진 등)을 이용하여 프로펠러를 회전시킴으로써 추진력을 얻는 비행장치로 타면조종형과 체중이동형이 있다.

타면조종형은 무게 115kg 이하, 좌석 1개로 제한되어 있으며 일반 비행기와 비슷한 형태로 날개(주날개 및 꼬리날개)를 이용하여 방향을 조절하는 것으로 국내에서 주로 사용하고 있다. 체중이동형도 무게 115kg 이하, 좌석 1개로 제한되어 있으며 행글라이더를 기본으로 하고 있으며 체중을 이동하여 비행의 방향을 조종한다.

그림 1-13 타면조종형

* 출처 : 항공안전기술원

그림 1-14 체중이동형

* 출처 : 항공안전기술원

2. 회전익 비행장치

회전익 비행장치는 1개 이상의 날개를 회전시켜 양력을 얻는 비행장치로 초경량 헬리콥터와 초경량 자이로플레인이 있다.

초경량헬리콥터는 통상의 헬리콥터와 구조가 동일하며 115kg 이하, 좌석 1개로 제한을 받으며 꼬리 회전날개의 힘을 이용하여 방향을 조종한다. 반면에 초경량자이로플레인은 고정익과 회전익의 조합형으로 꼬리 고정익 날개로 방향을 조종하며 115kg 이하,

---

[7] 이찬석(2022), 비법전수 레전드 드론 무인멀티콥터 필기시험문제, pp.40~45.

좌석 1개로 제한을 받는다.

그림 1-15 초경량헬리콥터

* 출처 : 항공안전기술원

그림 1-16 초경량자이로플레인

* 출처 : 항공안전기술원

3. 동력 패러글라이더

그림 1-17 동력패러글라이더

* 출처 : 항공안전기술원

동력 패러글라이더(paraglider)는 낙하산류에 추진력을 얻는 장치를 부착한 비행장치로 ① 착륙장치가 없는 비행장치, ② 착륙장치가 있는 것으로 좌석이 1개이고 자체중량이 115kg 이하인 비행장치를 말한다. 직경 1m 가량의 작은 엔진이 프로펠러를 회전시켜 추진력을 발생해 비행하는 것으로 낮은 평지에서 높은 곳으로 날아올라 비행하는 스포츠이다. 패러글라이딩이 높은 산에 올라가 평지를 향해 비행하는 스포츠라면, 동력 패러글라이더는 평지에서 엔진을 메고 가속시켜 이륙하기 때문에 일명 모터패러(Motorpara)고도 부른다.

4. 기구류

기체의 성질·온도 차 등을 이용(열, 가스, 헬륨 등)하는 비행장치로 유인자유기구 또는 무인자유기구, 계류식 기구 등이 있다.
유인 또는 무인 자유기구는 방향을 전환하는 장치가 없어 바람부는 방향으로 자유롭게 비행하는 기구이다. 반면 계류식(繫留式) 기구는 로프나 선(케이블)을 이용하여 지상과 연결하여 사용하는 기구이다.

그림 1-18 계류식 기구

그림 1-19 자유 기구

* 출처 : 항공안전기술원

* 출처 : 네이버 이미지

5. 무인 비행장치

무인 비행장치 또는 무인항공기(UAV : Unmanned Aerial Vehicle)는 사람이 타지 않고 원격 조종이나 스스로 조종되는 비행체를 뜻한다. 무인 비행장치에는 자체중량 150kg 이하인 무인비행기, 무인헬리콥터, 무인 멀티콥터와 무인비행선이 있다.

① 무인비행기는 사람이 탑승하지 않고 무선통신 장비를 이용하여 조종 또는 자동으로 비행하는 비행체이다. ② 무인헬리콥터는 무인비행기와 대동소이하나 구조가 헬리콥터로 만들어진 것이다. ③ 무인멀티콥터는 2개 이상의 다중 로터로 양력을 발생시켜 비행하는 비행체로 사람이 탑승하지 않고 무선 조종기를 조종하는 비행체이다. ④ 무인비행선은 무게 180kg 이하, 길이 20m 이하인 스스로 움직일 수 있는 추진장치를 부착하여 이동이 가능한 비행체를 말한다.

그림 1-20 무인비행기

* 출처 : 네이버 지식백과

그림 1-21 무인헬리콥터

* 출처 : 항공안전기술원

그림 1-22 무인멀티콥터

* 출처 : http://www.sundori.net/

그림 1-23 무인비행선

* 출처 : 항공안전기술원

6. 인공활력기

인공활력기는 자체중량 70kg이하인 기체로 체중 이동 등 인력으로 조종하는 행글라이더(hang-glider)와 패러글라이더(paraglider)가 있다.

행글라이더는 조립 및 분해가 편리하고 사람의 체중을 움직여 조종한다. 즉 행글라이더는 사람이 기체에 매달려서(hang) 기류(氣流)를 이용하여 공중을 비행하는 활공기(滑空機)이다.

패러글라이더는 낙하산과 행글라이더의 특성을 결합한 것이다. 즉 페러글라이더는 낙하산의 안전성, 조립분해, 운반의 용이성과 행글라이더의 속도성, 활동성 등을 장점으로 가지고 있어 세계적으로 동호인 수가 가장 많은 인공활력 항공 스포츠이다.

그림 1-24 행글라이더

* 출처 : 해시넷

그림 1-25 패러글라이더

* 출처 : 해시넷

7. 낙하산류

그림 1-26 낙하산

낙하산류는 명주, 나일론 천으로 만들어진 기구로 **공기저항**을 이용하여 사람이나 물건이 땅에 안전하게 내리는 기구를 의미한다. 땅에 내릴 때는 반구형의 우산 모양으로 떨어지면서 공기의 저항을 크게 함으로써 낙하속도를 늦춘다.

* 출처 : 해시넷(http://wiki.hash.kr)

8. 기타 비행장치

최근 상대에게 식별되지 않고 감시정찰 기능을 수행하기 위해 조류, 곤충 등의 모형을 따서 초소형으로 만든 생체모방 비행장치도 개발되고 있다. 특히 생체모방형 드론은 군사분야에서 미국, 네덜란드 등 국가를 중심으로 복합관절 날개짓 구동, 이착륙 메커니즘, 에너지 최소화 등 기술 개발이 활성화되고 있으며 지상, 수중/수상, 공중으로 확산되고 있다.

그림 1-27 생체모방 비행장치

* 출처 : 네이버 이미지(bionicbird)

PART

02

드론 조종 관련 항공법규

제1장 항공법규 체계

제2장 항공안전법

제3장 항공사업법

제4장 공항시설법

제5장 드론 활용의 촉진 및 기반조성에 관한 법률(드론법)

제1장 항공법규 체계

1. 시카고 조약과 ICAO

드론과 관련된 국제법규로 1944년 12월 시카고에서 서명한 국제민간항공협약(일명 시카고 조약)이 있다. 시카고 조약은 체약국 상공비행, ICAO 조직운영, 분쟁 및 위약 조항과 함께 조약의 부속서(Annex)[8]로 구성되어 있다. ICAO 조약은 1947년에 발효되었다.

ICAO(International Civil Aviation Organization)[9]는 시카고 조약에 따라 1947년 4월에 설립된 UN 산하 국제민간항공기구(國除民間航空機構)로 국제민간항공의 협력체제를 촉진하기 위한 목적으로 설립되었다. 우리나라는 1952년 12월에 ICAO에 정식 가입하였다.

그러나 무인항공기의 기준은 ICAO가 아직까지 무인비행 기준을 마련하지 못하고 있는 단계이기 때문에 미국, 일본, 한국 등 각국이 자국의 실정에 맞는 무인항공기 운용규정을 제정하여 시행하고 있다.

2. 항공관련 법규

대한민국은 1961년 3월 최초로 항공법을 제정하였다. 이후 몇 차례 개정을 거쳐 2017년 3월 기존 항공법을 국제기준 변화에 탄력적으로 대응하고 운영상 나타난 미비점을 개선·보완하여 항공안전법, 항공사업법, 공항시설법으로 세분화하였다.

물론 이 법들은 모두 시카고 조약의 부속서(Annex)에서 채택된 표준과 권고(Standards and Recommended Practices, SARPs)를 고려하여 개정하였다(항공안전법 제1조).

---

[8] Annex는 조약을 이행하기 위해 필요한 표준과 방식이다.
[9] 본부는 캐나다 몬트리올에 있다.

그림 2-1 항공법의 분법

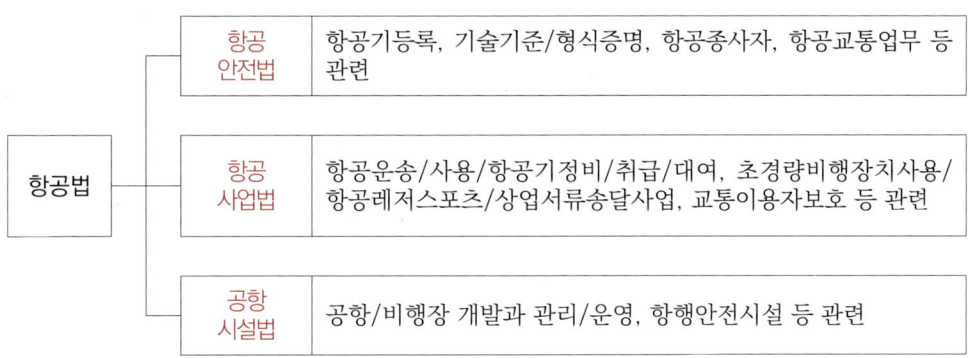

* 출처 : 한국교통안전공단 드론교육훈련센터

우리나라는 2009년 6월 경량항공기 제도 도입 때까지는 항공기와 초경량비행장치로 구분되었으나 2017년 3월 무인 비행장치가 추가된 초경량비행장치 관련 법규로 구분하여 시행하였다.

초경량비행장치의 범위는 다음과 같다.
o 동력비행장치, 회전익비행장치, 동력패러글라이더, 행글라이더, 패러글라이더, 낙하산류, 기구류
o 무인비행장치
  - 무인동력비행장치
  - 무인비행선

3. 드론 활용의 촉진 및 기반조성에 관한 법률(약칭: 드론법)

항공법 분법과는 별도로 우리나라는 2021년 12월 드론 활용의 촉진 및 기반조성, 드론시스템의 운영·관리 등에 관한 사항을 규정한 '드론 활용의 촉진 및 기반조성에 관한 법률(약칭 드론법)'을 제정하였다.

제2장 항공안전법[10]

1. 초경량비행장치의 정의 및 기준

1) 정의 (법 제2조)

초경량비행장치란 항공기와 경량항공기 외에 공기의 반작용으로 뜰 수 있는 장치로서 자체중량, 좌석 수 등 국토교통부령으로 정하는 기준에 해당하는 동력비행장치, 행글라이더, 패러글라이더, 기구류 및 무인비행장치 등을 말한다.

2) 기준 (시행규칙 제5조)

"자체중량, 좌석 수 등 국토교통부령으로 정하는 기준에 해당하는 동력비행장치, 행글라이더, 패러글라이더, 기구류 및 무인비행장치 등"이란 다음의 기준을 충족하는 동력비행장치, 행글라이더, 패러글라이더, 기구류, 무인비행장치, 회전익비행장치, 동력패러글라이더 및 낙하산류 등을 말한다. 〈개정 2020. 12. 10., 2021. 6. 9.〉

1. 동력비행장치 : 동력을 이용하는 것으로서 다음의 기준을 모두 충족하는 고정익비행장치
    o 탑승자, 연료 및 비상용 장비의 중량을 제외한 자체중량이 115킬로그램 이하일 것
    o 연료의 탑재량이 19리터 이하일 것
    o 좌석이 1개일 것
2. 행글라이더 : 탑승자 및 비상용 장비의 중량을 제외한 자체중량이 70킬로그램 이하로서 체중이동, 타면조종 등의 방법으로 조종하는 비행장치
3. 패러글라이더 : 탑승자 및 비상용 장비의 중량을 제외한 자체중량이 70킬로그램 이하로서 날개에 부착된 줄을 이용하여 조종하는 비행장치
4. 기구류 : 기체의 성질·온도차 등을 이용하는 다음의 비행장치
    o 유인자유기구
    o 무인자유기구(기구 외부에 2킬로그램 이상의 물건을 매달고 비행하는 것만 해당한다)

---

[10] 부록 무인멀티콥터(드론) 관련법(항공안전법) 참조.

o 계류식(繫留式)[11] 기구
5. **무인비행장치** : 사람이 탑승하지 아니하는 것으로서 다음의 비행장치
   o 무인동력비행장치: 연료의 중량을 제외한 자체중량이 150킬로그램 이하인 무인비행기, 무인헬리콥터 또는 무인멀티콥터
   o 무인비행선: 연료의 중량을 제외한 자체중량이 180킬로그램 이하이고 길이가 20미터 이하인 무인비행선
6. **회전익비행장치** : 위1항의 동력비행장치의 요건을 갖춘 헬리콥터 또는 자이로플레인
7. **동력패러글라이더** : 패러글라이더에 추진력을 얻는 장치를 부착한 다음의 어느 하나에 해당하는 비행장치
   o 착륙장치가 없는 비행장치
   o 착륙장치가 있는 것으로서 위1항의 동력비행장치의 요건을 갖춘 비행장치
8. **낙하산류** : 항력(抗力)을 발생시켜 대기(大氣) 중을 낙하하는 사람 또는 물체의 속도를 느리게 하는 비행장치
9. 그밖에 국토교통부장관이 종류, 크기, 중량, 용도 등을 고려하여 정하여 고시하는 비행장치

---

[11] 일정한 범위를 벗어나지 못하게 선(케이블) 등으로 지상의 고정물에 붙잡아 매어 놓는 것.

[표 2-1] 항공안전법상 기준

구분	범 위
항공기	- 최대이륙중량이 600킬로그램(수상비행에 사용하는 경우에는 650킬로그램)을 초과할 것 - 조종사 좌석을 포함한 탑승좌석 수가 1개 이상일 것 - 동력을 일으키는 기계장치(이하 "발동기"라 한다)가 1개 이상일 것
경량항공기	- 최대이륙중량이 600킬로그램(수상비행에 사용하는 경우에는 650킬로그램) 이하일 것 - 조종사 좌석을 포함한 탑승 좌석이 2개 이하일 것 - 단발 왕복발동기를 장착할 것 - 조종석은 여압(與壓)[12]이 되지 아니할 것 - 비행 중에 프로펠러의 각도를 조정할 수 없을 것 - 고정된 착륙장치가 있을 것(다만, 수상비행에 사용하는 경우에는 고정된 착륙장치 외에 접을 수 있는 착륙장치를 장착할 수 있음)
초경량 비행장치	- 탑승자, 연료 및 비상용 장비의 중량을 제외한 자체중량이 115킬로그램 이하일 것 - 좌석이 1개일 것
무인항공기	- 연료의 중량을 제외한 자체중량이 150킬로그램을 초과할 것 - 발동기가 1개 이상일 것
무인비행장치	- 무인동력비행장치 : 연료의 중량을 제외한 자체중량이 150킬로그램 이하인 무인비행기, 무인헬리콥터 또는 무인멀티콥터 - 무인비행선 : 연료의 중량을 제외한 자체중량이 180킬로그램 이하이고 길이가 20미터 이하인 무인비행선

* 출처 : 항공안전법 및 동법 시행규칙

2. 비행장치 신고

1) 신고의 종류 (시행규칙 제302조, 제303조)

가) 신규신고 : 초경량비행장치를 소유하거나 사용할 권리가 있는 자가 최초로 행하는 신고(소유하거나 사용할 권리가 있는 날부터 30일 이내)
  o 초경량비행장치를 소유하거나 사용할 수 있는 권리가 있음을 증명하는 서류
  o 초경량비행장치의 제원 및 성능표

---

12) 기압이 낮은 고도를 비행하는 항공기 등에서 기체가 통하지 않는 기내의 공기 압력을 높여 지상에 가까운 기압 상태를 유지.

o 초경량비행장치의 사진(가로 15cm, 세로 10cm의 측면사진)
나) 변경신고 : 비행장치의 용도, 소유자 등의 성명이나 명칭 또는 주소, 보관장소 등이 변경된 경우 행하는 신고(변경일로부터 30일 이내)
다) 이전신고 : 비행장치의 소유권이 이전된 경우 행하는 신고(이전된 날로부터 30일 이내)
라) 말소신고 : 비행장치의 멸실 또는 해체(정비 등 수송 또는 보관하기 위한 해체는 제외) 등의 사유가 발생한 경우 행하는 신고(사유가 발생할 날로부터 15일 이내)
o 멸실되거나 해체된 경우
o 존재 여부가 2개월 이상 불분명한 경우
o 외국에 매도된 경우
o 신고대상 기체가 소유자 변경 등으로 인하여 미신고 대상이 된 경우
 * 신고 방법 : 전산 또는 e-mail, 팩스, 우편, 방문

2) 신고대상

가) 초경량비행장치의 이륙중량이 25Kg을 초과하는 1종 무인비행장치
나) 초경량비행장치의 이륙중량이 7Kg 초과 ~ 25Kg까지의 2종 무인비행장치
다) 초경량비행장치의 이륙중량이 2Kg 초과 ~ 7Kg까지의 3종 무인비행장치

3) 신고대상 제외 (다음의 비사업용 비행장치의 경우, 시행령 제24조)

가) 행글라이더, 패러글라이더 등 동력을 이용하지 아니하는 비행장치
나) 기구류(사람이 탑승하는 것은 제외한다)
다) 계류식(繫留式) 무인비행장치
라) 낙하산류
마) 무인동력비행장치 중에서 최대이륙중량이 2Kg 이하인 것
바) 무인비행선 중에서 연료의 무게를 제외한 자체무게가 12킬로그램 이하이고, 길이가 7미터 이하인 것
사) 연구기관 등이 시험·조사·연구 또는 개발을 위하여 제작한 초경량비행장치
아) 제작자 등이 판매를 목적으로 제작하였으나 판매되지 아니한 것으로서 비행에 사용되지 아니하는 초경량비행장치

자) 군사 목적으로 사용되는 초경량비행장치

4) 신규신고 서류 (시행규칙 제301조)

가) 초경량비행장치를 소유하거나 사용할 수 있는 권리가 있음을 증명하는 서류
나) 초경량비행장치의 제원 및 성능표
다) 가로 15센티미터, 세로 10센티미터의 초경량비행장치 측면사진(무인 비행 장치의 경우에는 기체 제작번호 전체를 촬영한 사진을 포함한다)
 * 초경량비행장치 소유자 등은 안전성 인증을 받기 전(안전성 인증 대상이 아닌 초경량비행장치인 경우에는 초경량비행장치를 소유하거나 사용할 수 있는 권리가 있는 날부터 30일 이내를 말한다)까지 한국교통안전공단 이사장에게 제출하여야 한다. 이 경우 신고서 및 첨부서류는 팩스 또는 정보통신을 이용하여 제출

5) 변경·이전신고 (시행규칙 제302조)

가) 초경량비행장치의 용도
나) 초경량비행장치 소유자등의 성명, 명칭 또는 주소
다) 초경량비행장치의 보관 장소
 * 사유가 있는 날로부터 30일 이내 사유를 증명할 수 있는 서류를 첨부하여 변경·이전 신고서를 한국교통안전공단 이사장에게 제출

6) 말소신고 (시행규칙 제303조)

말소신고를 하려는 초경량비행장치 소유자 등은 그 사유가 발생한 날부터 15일 이내에 말소신고서를 한국교통안전공단 이사장에게 제출하여야 한다.
 * 사유가 있는 날로부터 15일 이내 한국교통안전공단 이사장에게 제출

3. 안전성 인증 (법 제124조)

1) 근거 (법 제124조)

국토교통부령으로 정하는 기관 또는 단체의 장으로부터 그가 정한 안정성 인증의

유효기간 및 절차·방법 등에 따라 그 초경량비행장치가 국토교통부장관이 정하여 고시하는 비행안전을 위한 기술상의 기준에 적합하다는 안전성 인증을 받지 아니하고 비행하여서는 아니 된다. 이 경우 안전성 인증의 유효기간 및 절차·방법 등에 대해서는 국토교통부장관의 승인을 받아야 하며, 변경할 때에도 또한 같다.

2) 인증 대상 (시행규칙 제305조)

가) 동력비행장치
나) 행글라이더, 패러글라이더 및 낙하산류(항공레저스포츠사업에 사용되는 것만 해당한다)
다) 기구류(사람이 탑승하는 것만 해당한다)
라) 다음의 어느 하나에 해당하는 무인비행장치(항공안전법 시행규칙 제5조 제5항)
  o 무인비행기, 무인헬리콥터 또는 무인멀티콥터 중에서 최대이륙중량이 25킬로그램을 초과하는 것
  o 무인비행선 중에서 연료의 중량을 제외한 자체중량이 12킬로그램을 초과하거나 길이가 7미터를 초과하는 것
마) 회전익비행장치
바) 동력패러글라이더
  * 검사기관 : 항공안전기술원

4. 조종자 증명 (법 제125조, 시행규칙 제306조)

1) 조종 자격증명의 종류 (법 제125조)

동력비행장치 등 국토교통부령으로 정하는 초경량비행장치를 사용하여 비행하려는 사람은 국토교통부령으로 정하는 기관 또는 단체의 장으로부터 그가 정한 해당 초경량비행장치별 자격기준 및 시험의 절차·방법에 따라 해당 초경량비행장치의 조종을 위하여 발급하는 증명(이하 "초경량비행장치 조종자 증명"이라 한다)을 받아야 한다.
다만, 무인비행장치 중 무인비행기, 무인헬리콥터 또는 무인멀티콥터 중에서

연료의 중량을 포함한 최대이륙중량이 250그램 이하인 것은 제외한다.

드론의 최대이륙중량(기체+배터리+기타 탑재장치)을 기준으로 한 자격증명의 종류
1종 자격증 25kg 초과 ~ 150kg 이하
2종 자격증 7kg 초과 ~ 25kg 이하
3종 자격증 2kg 초과 ~ 7kg 이하
4종 자격증 250g 초과 ~ 2kg 이하
　* 최대이륙중량이 250g 이하인 드론(완구형 등)은 조종자 자격증 필요 없음

2) 조종자격 종류별 시험자격 요건

[표 2-2] 조종자 자격 종류 및 비행경력

구분	비행경력	학과시험	실기평가
1종	필기시험 + 비행경력 20시간 + 실기시험 (비행경력 : 2종 자격 취득자 5시간, 3종 취득자 3시간 인정)	○	○
2종	필기시험 + 비행경력 10시간 + 실기시험(약식) (비행경력 : 2종 자격 취득자 3시간 인정)		○
3종	필기시험 + 비행경력 6시간		×
4종	온라인 교육으로 대체		

* 출처 : 한국교통안전공단

3) 조종자격 응시 기준

가) 조종자 자격
　o 학과 시험 : 1~3종은 만 14세 이상인 사람, 4종은 만 10세 이상
　o 실기 시험 + 구술 시험(1종~2종 기준) : 자격증 종류별 차이가 있음
　o 신체 조건 : 2종 보통 운전면허 또는 이를 갈음할 수 있는 신체검사 증명 소지자
　　　(신체검사 증명서 또는 항공신체검사증명서)
나) 지도조종자 자격
　o 조종 경력 : 1종 기준으로 무인 멀티콥터 비행경력 총 100시간 이상 조종자
　o 교육 및 필기시험 : 한국교통안전공단에서 실시하는 2박 3일 교육 이수 및 필기시험 합격자(70점 이상)

다) 실기평가지도 조종자 자격
   ○ 조종 경력 : 1종 기준으로 무인 멀티콥터 비행경력 총 150시간 이상 조종자
   ○ 실기 시험 : 애티모드(ATTI Mode)로 실시
   ○ 교육 : 교통안전공단에서 실시하는 실기평가과정 이수(1일)

4) 조종자 증명 취소 (법 125조 제5항)

국토교통부장관은 초경량비행장치 조종자 증명을 받은 사람이 다음의 어느 하나에 해당하는 경우에는 초경량비행장치 조종자 증명을 취소하거나 1년 이내의 기간을 정하여 그 효력의 정지를 명할 수 있다. 다만, 아래 제1호, 제3호의2, 제3호의3, 제7호 또는 제8호의 어느 하나에 해당하는 경우에는 초경량비행장치 조종자 증명을 취소하여야 한다. 〈개정 2021. 5. 18., 2021. 12. 7.〉

1. 거짓이나 그 밖의 부정한 방법으로 초경량비행장치 조종자 증명을 받은 경우
2. 이 법을 위반하여 벌금 이상의 형을 선고받은 경우
3. 초경량비행장치의 조종자로서 업무를 수행할 때 고의 또는 중대한 과실로 초경량비행장치 사고를 일으켜 인명피해나 재산피해를 발생시킨 경우
3의2. 제2항을 위반하여 다른 사람에게 자기의 성명을 사용하여 초경량비행장치 조종을 수행하게 하거나 초경량비행장치 조종자 증명을 빌려준 경우
3의3. 제4항을 위반하여 다음의 어느 하나에 해당하는 행위를 알선한 경우
   가. 다른 사람에게 자기의 성명을 사용하여 초경량비행장치 조종을 수행하게 하거나 초경량비행장치 조종자 증명을 빌려주는 행위
   나. 다른 사람의 성명을 사용하여 초경량비행장치 조종을 수행하거나 다른 사람의 초경량비행장치 조종자 증명을 빌리는 행위
4. 법 제129조 제1항에 따른 초경량비행장치 조종자의 준수사항을 위반한 경우
5. 법 제131조에서 준용하는 법 제57조 제1항을 위반하여 주류 등의 영향으로 초경량비행장치를 사용하여 비행을 정상적으로 수행할 수 없는 상태에서 초경량비행장치를 사용하여 비행한 경우
6. 법 제131조에서 준용하는 법 제57조 제2항을 위반하여 초경량비행장치를 사용하여 비행하는 동안에 같은 조 제1항에 따른 주류 등을 섭취하거나 사용한 경우
7. 법 제131조에서 준용하는 법 제57조 제3항을 위반하여 같은 조 제1항에 따른

주류 등의 섭취 및 사용 여부의 측정 요구에 따르지 아니한 경우
8. 이 조에 따른 초경량비행장치 조종자 증명의 효력정지 기간에 초경량비행장치를 사용하여 비행한 경우

5. 전문교육기관 (법 제126조, 시행규칙 제307조)

1) 전문교육기관 지정

가) 국토교통부장관은 초경량비행장치 조종자를 양성하기 위하여 국토교통부령으로 정하는 바에 따라 초경량비행장치 전문교육기관(이하 "초경량비행장치 전문교육기관"이라 한다)을 지정할 수 있다.

나) 국토교통부장관은 초경량비행장치 전문교육기관이 초경량비행장치 조종자를 양성하는 경우에는 예산의 범위에서 필요한 경비의 전부 또는 일부를 지원할 수 있다.

다) 초경량비행장치 전문교육기관의 교육과목, 교육방법, 인력, 시설 및 장비 등의 지정기준은 국토교통부령으로 정한다.

라) 국토교통부장관은 초경량비행장치 전문교육기관으로 지정받은 자가 다음의 어느 하나에 해당하는 경우에는 그 지정을 취소할 수 있다. 다만, 아래 제1호에 해당하는 경우에는 그 지정을 취소하여야 한다.
  1. 거짓이나 그 밖의 부정한 방법으로 초경량비행장치 전문교육기관으로 지정받은 경우
  2. 초경량비행장치 전문교육기관의 지정기준 중 국토교통부령으로 정하는 기준에 미달하는 경우

2) 전문교육기관 지정 요건

가) 전문교육기관 지정 신청서류
  ㅇ 전문교관의 현황

o 교육시설 및 장비의 현황
o 교육훈련계획 및 교육훈련규정

나) 지정 기준
  o 다음의 전문교관이 있을 것
    - 비행시간이 200시간(무인비행장치의 경우 조종경력이 100시간)이상이고, 국토교통부장관이 인정한 조종교육교관과정을 이수한 지도조종자 1명 이상
    - 비행시간이 300시간(무인비행장치의 경우 조종경력이 150시간)이상이고 국토교통부장관이 인정하는 실기평가과정을 이수한 실기평가조종자 1명 이상
  o 다음의 시설 및 장비(시설 및 장비에 대한 사용권을 포함한다)를 갖출 것
    - 강의실 및 사무실 각 1개 이상
    - 이륙·착륙 시설
    - 훈련용 비행장치 1대 이상
    - 출결 사항을 전자적으로 처리·관리하기 위한 단말기 1대 이상
  o 교육과목, 교육시간, 평가방법 및 교육훈련규정 등 교육훈련에 필요한 사항으로서 국토교통부장관이 정하여 고시하는 기준을 갖출 것

다) 인원, 교육장비 및 시설
  o 인원
    - 지도조종자(만 18세 이상)
    - 실기평가조종자(만 18세 이상)
  o 교재 및 장비
    - 학과교육 교재
      • 기본 교과서
      • 비행규정(무인 비행장치 제작사에서 발간한 매뉴얼)
    - 교육훈련장비
      • 무인비행장치 1대 이상 보유
      • 모의비행훈련장치 1대 이상 보유
  o 실내 시설
    - 강의실 : 면적 3㎡ 이상(1㎡당 1.2명 이하)
    - 사무실 : 면적 3㎡ 이상

ㅇ 실기교육 훈련시설(토지) : 길이 80m이상 × 폭 35m 이상
  * 무인비행장치 조종자의 자격 및 전문교육기관 지정기준(2021.6.14. 제정) 참조 (국토교통부 첨단항공과, T : 044-201-4290)

3) 전문교관의 등록 및 취소

가) 전문교관 등록
  ㅇ 다음의 어느 하나에 해당되지 않은 사람
   - 행정처분을 받고 처분을 받은 날로부터 2년이 경과하지 않는 사람
   - 등록이 취소된 날로부터 2년이 지나지 않은 사람
  ㅇ 등록 서류
   - 전문교관 등록신청서
   - 비행경력증명서
   - 조종교육교관과정 이수증명서(지도조종자에 한함)
   - 실기평가과정 이수증명서(실기평가조종자에 한함)

나) 전문교관 등록 취소
  ㅇ 행정처분을 받은 경우(효력정지 30일 이하인 경우는 제외)
  ㅇ 허위로 작성된 비행경력증명서를 확인하지 않고 서명 날인한 경우
  ㅇ 비행경력증명서를 허위로 제출한 경우(비행경력을 확인하기 위해 제출된 자료포함)
  ㅇ 실시시험위원으로 지정된 사람이 부정한 방법으로 실기시험을 진행한 경우
  ㅇ 거짓이나 그 밖의 부정한 방법으로 전문교관으로 등록된 경우
  ㅇ 취소된 사람이 다시 전문교관으로 등록하고자 하는 경우 취소된 날로부터 2년이 경과하여야 하며 조종교육교관과정 또는 실기평가과정을 다시 이수하여야 한다.
   * 이의가 있는 사람은 통보받은 날부터 근무 일수 30일 이내에 이의신청서를 제출

6. 비행승인 (법 제127조, 시행규칙 제308조)

1) 비행승인 대상 (법 제127조)

가) 국토교통부장관은 초경량비행장치의 비행안전을 위하여 필요하다고 인정하는 경우에는 초경량비행장치의 비행을 제한하는 공역(이하 "초경량비행장치 비행제한공역"이라 한다)을 지정하여 고시할 수 있다.

나) 동력비행장치 등 국토교통부령으로 정하는 초경량비행장치를 사용하여 국토교통부장관이 고시하는 초경량비행장치 비행제한공역에서 비행하려는 사람은 국토교통부령으로 정하는 바에 따라 미리 국토교통부장관으로부터 비행승인을 받아야 한다. 다만, 비행장 및 이착륙장의 주변 등 대통령령으로 정하는 제한된 범위에서 비행하려는 경우는 제외한다.

다) 위의 나항에 따른 비행승인 대상이 아닌 경우라 하더라도 다음의 어느 하나에 해당하는 경우에는 위 나항의 절차에 따라 국토교통부장관의 비행승인을 받아야 한다. 〈신설 2017. 8. 9., 2021. 12. 7.〉
 1. 법 제68조 제1호에 따른 국토교통부령으로 정하는 고도 이상에서 비행하는 경우
 2. 법 제78조 제1항에 따른 관제공역·통제공역·주의공역 중 관제권 등 국토교통부령으로 정하는 구역에서 비행하는 경우

라) 위의 나항 및 다항 제2호에 따른 국토교통부장관의 비행승인이 필요한 때에 법 제131조의2 제2항에 따라 무인비행장치를 비행하려는 경우 해당 국가기관 등의 장이 국토교통부령으로 정하는 바에 따라 사전에 그 사실을 국토교통부장관에게 알리면 비행승인을 받은 것으로 본다. 〈신설 2019. 8. 27.〉

2) 비행승인 제외 범위 (시행규칙 제308조, 영 제25조)

법 제127조 제2항 본문에서 "동력비행장치 등 국토교통부령으로 정하는 초경량비행장치"란 제5조에 따른 초경량비행장치를 말한다. 다만, 다음의 어느

하나에 해당하는 초경량비행장치는 제외한다. 〈개정 2017. 7. 18.〉

- o 시행령 제24조 제1호부터 제4호까지의 규정[13]에 해당하는 초경량비행장치(항공기대여업, 항공레저스포츠사업 또는 초경량비행장치 사용사업에 사용되지 아니하는 것으로 한정한다)
- o 시행규칙 제199조 제1호 나목에 따른 최저비행고도(150미터) 미만의 고도에서 운영하는 계류식 기구
- o 「항공사업법 시행규칙」 제6조 제2항 제1호(비료 또는 농약 살포, 씨앗 뿌리기 등 농업 지원)에 사용하는 무인비행장치로서 다음의 어느 하나에 해당하는 무인비행장치
  - 항공안전법 시행규칙 제221조 제1항 및 별표 23(공역의 구분)에 따른 관제권, 비행금지구역 및 비행제한구역 외의 공역에서 비행하는 무인비행장치
  - 「가축전염병 예방법」 제2조 제2호에 따른 가축전염병의 예방 또는 확산 방지를 위하여 소독·방역업무 등에 긴급하게 사용하는 무인비행장치
- o 다음의 어느 하나에 해당하는 무인비행장치
  - 최대이륙중량이 25킬로그램 이하인 무인동력비행장치
  - 연료의 중량을 제외한 자체중량이 12킬로그램 이하이고 길이가 7미터 이하인 무인비행선
- o 그밖에 국토교통부장관이 정하여 고시하는 초경량비행장치
- o 비행장 및 이착륙장의 주변 등 대통령령으로 정하는 제한된 범위에서 비행하려는 경우(영 제25조)
  - 비행장(군 비행장은 제외한다)의 중심으로부터 반지름 3킬로미터 이내의 지역의

---

[13] 시행령 제24조(신고를 필요로 하지 않는 초경량비행장치의 범위) 법 제122조제1항 단서에서 "대통령령으로 정하는 초경량비행장치"란 다음 각 호의 어느 하나에 해당하는 것으로서 「항공사업법」에 따른 항공기대여업·항공레저스포츠사업 또는 초경량비행장치사용사업에 사용되지 아니하는 것을 말한다. 〈개정 2020. 5. 26., 2020. 12. 10.〉
1. 행글라이더, 패러글라이더 등 동력을 이용하지 아니하는 비행장치
2. 기구류(사람이 탑승하는 것은 제외한다)
3. 계류식(繫留式) 무인비행장치
4. 낙하산류
5. 무인동력비행장치 중에서 최대이륙중량이 2킬로그램 이하인 것
6. 무인비행선 중에서 연료의 무게를 제외한 자체무게가 12킬로그램 이하이고, 길이가 7미터 이하인 것
7. 연구기관 등이 시험·조사·연구 또는 개발을 위하여 제작한 초경량비행장치
8. 제작자 등이 판매를 목적으로 제작하였으나 판매되지 아니한 것으로서 비행에 사용되지 아니하는 초경량비행장치
9. 군사목적으로 사용되는 초경량비행장치

고도 500피트 이내의 범위(해당 비행장에서 법 제83조에 따른 항공교통업무를 수행하는 자와 사전에 협의가 된 경우에 한정한다)
- 이착륙장의 중심으로부터 반지름 3킬로미터 이내의 지역의 고도 500피트 이내의 범위(해당 이착륙장을 관리하는 자와 사전에 협의가 된 경우에 한정한다)

3) 항공사진 촬영 및 비행 승인

국가정보원법 제4조(국가정보원의 직무) 및 보안업무규정 제32조(국가보안시설 및 국가보호장비 보호), 제33조(국가보안시설 및 국가보호장비 보호대책의 수립)에 의한 국가 보안시설 및 보호장비 관리지침 제29조, 제30조의 항공사진 촬영 허가 업무를 수행한다.

가) 촬영 승인
 ○ 책임부대 부대장은 촬영목적·용도·대상시설 지역의 보안상 중요도 등을 검토하여 항공촬영 허가여부를 결정한다.
 ○ 감독기관의 장은 촬영금지 시설에 대하여 국익목적 또는 국가이익상 촬영이 필요할 때에는 그 사유를 첨부하여 해당 책임부대장에게 촬영협조를 요청할 수 있다. 이 경우 국방부장관(정보본부장)에게 보고하고 국방부장관은 국정원장과 협의하여 그 제한을 완화할 수 있다.

나) 항공사진 촬영금지 시설
 ○ 국가보안시설 및 군사보안 시설
 ○ 비행장, 군항, 유도탄 기지, 댐 등 군사시설
 ○ 기타 군수산업시설 등 국가안보상 중요한 시설 및 지역

다) 신청 및 보안조치
 ○ 항공사진 촬영신청자는 촬영 4일전(공유일 제외)까지 인터넷 드론 원스톱(One Stop) 민원처리 시스템(https://drone.onestop.go.kr)을 통해 촬영 허가 신청을 한다.
 ○ 각 지역 책임부대장은 드론을 이용하여 촬영 시 조정 및 촬영자의 신원을 확인하고 촬영 전 보안조치를 실시한다.

라) 비행 승인
- ○ 항공촬영을 위한 비행은 항공촬영 승인과 별도로 국토교통부에 신고하여야 한다 (항공촬영과 비행승인은 별도 사항이다).
- ○ 비행금지구역(P-73, P-61 등)과 비행제한구역(R-75)을 비행할 경우 항공촬영 신청자는 해당 지역의 공역관리기관(합참, 수방사, 공군 등)의 별도 승인을 얻은 후 국토교통부(지방항공청)에 신고하여야 한다.

【표 2-3】 비행승인 기관

구 분		비행금지 구역(P)	비행제한 구역(R)	민간 관제권 (반경9.3km)	군 관제권 (반경9.3km)	기타 지역 (고도150m 미만)
촬영허가 (국방부)		○	○	○	○	◎
비행 승인	국방부	○*	○	X	○	X
	국토 교통부	○**	X	○	X	X
공통사항		* 국방부 : P518, P73A/B, P61A, P62A, P63A, P64A, P65A ** 국토교통부 : P61B, P62B, P63B, P64B, P65B ◎ : 국가/군사 시설 유무에 따라 달라질 수 있어 국방부에 문의 필요				
		1) 최대이륙중량 25kg 초과 기체 비행 시 고도에 상관없이 비행 승인 필요 2) 공역이 2개 이상 겹칠 경우 각 기관 허가 사항 모두 적용 3) 150m 이상 고도에서 비행할 경우 비행승인 필요				

* 출처 : 류영기 박장환(2023), 무인멀티콥터.

〈 보안업무규정 제32조 〉

① 국가정보원장은 파괴 또는 기능이 침해되거나 비밀이 누설될 경우 전략적·군사적으로 막대한 손해가 발생하거나 국가안전보장에 연쇄적 혼란을 일으킬 우려가 있는 시설 및 항공기·선박 등 중요 장비를 각각 국가 보안시설 및 국가보호 장비로 지정할 수 있다.

② 국가정보원장은 관계 중앙행정기관등 및 지방자치단체의 장과 협의하여 제1항에 따라 국가 보안시설 및 국가보호 장비를 지정하는 데 필요한 기준(이하 "지정기준"이라 한다)을 마련해야 한다. 〈개정 2020. 12. 31.〉

③ 전력시설 및 항공기 등 국가정보원장이 정하는 국가안전보장에 중요한 시설 또는 장비의 보안관리상태를 감독하는 기관의 장은 해당 시설 또는 장비가 지정기준에 부합한다고 판단할 경우 국가정보원장에게 해당 시설 또는 장비를 위의 ①항에 따라 국가 보안시설 또는 국가보호 장비로 지정해줄 것을 요청해야 한다.

④ 국가정보원장은 위의 ③항에 따른 지정 요청을 받은 경우 지정기준에 부합하는지를 심사하여 해당 시설 또는 장비의 국가보안시설 또는 국가보호장비 지정 여부를 결정하고, 그 결과를 요청 기관의 장에게 통보해야 한다.

⑤ 국가정보원장은 위의 ①항부터 ④항까지의 규정에 따라 지정된 국가보안시설 또는 국가보호장비의 보안관리상태를 감독하는 기관(이하 "감독기관"이라 한다)의 장과 협의하여 지정기준을 수정·보완할 수 있다.

4) 특별비행 승인 및 신청서류 (시행규칙 제312조의 2)

법 제129조 제5항 전단에 따라 ❶ 야간에 비행하거나 ❷ 육안으로 확인할 수 없는 범위에서 비행하려는 자는 별지 제123호의 2서식의 무인비행장치 특별비행승인 신청서에 다음의 서류를 첨부하여 지방항공청장에게 제출하여야 한다.

o 무인비행장치의 종류·형식 및 제원에 관한 서류
o 무인비행장치의 성능 및 운용한계에 관한 서류
o 무인비행장치의 조작방법에 관한 서류
o 무인비행장치의 비행절차, 비행지역, 운영인력 등이 포함된 비행계획서
o 안전성인증서(제305조 제1항에 따른 초경량비행장치 안전성인증 대상에 해당하는 무인비행장치에 한정한다)
o 무인비행장치의 안전한 비행을 위한 무인비행장치 조종자의 조종 능력 및 경력 등을 증명하는 서류
o 해당 무인비행장치 사고에 따른 제3자 손해 발생 시 손해배상 책임을 담보하기 위한 보험 또는 공제 등의 가입을 증명하는 서류(「항공사업법」 제70조제4항에 따라 보험 또는 공제에 가입하여야 하는 자로 한정한다)
o 별지 제122호 서식의 초경량비행장치 비행승인신청서(법 제129조 제6항에 따라 법 제127조 제2항 및 제3항의 비행승인 신청을 함께하려는 경우에 한정한다)

o 그밖에 국토교통부장관이 정하여 고시하는 서류

지방항공청장은 제1항에 따른 신청서를 제출받은 날부터 30일(새로운 기술에 관한 검토 등 특별한 사정이 있는 경우에는 90일) 이내에 법 제129조 제5항에 따른 무인비행장치 특별비행을 위한 안전기준에 적합한지 여부를 검사한 후 적합하다고 인정하는 경우에는 별지 제123호의 3서식의 무인비행장치 특별비행승인서를 발급하여야 한다.

이 경우 지방항공청장은 항공안전의 확보 또는 인구밀집도, 사생활 침해 및 소음 발생 여부 등 주변 환경을 고려하여 필요하다고 인정되는 경우 비행일시, 장소, 방법 등을 정하여 승인할 수 있다.

상기 규정한 사항 외에 무인비행장치 특별비행승인을 위하여 필요한 사항은 국토교통부장관이 정하여 고시한다.

5) 긴급비행 (시행규칙 제313조의 2)

무인비행장치의 적용 특례가 적용되는 긴급 비행의 목적은 다음의 어느 하나에 해당하는 공공목적으로 한다.
1. 재해·재난으로 인한 수색·구조
2. 시설물 붕괴·전도 등으로 인한 재해·재난이 발생한 경우 또는 발생할 우려가 있는 경우의 안전진단
3. 산불, 건물·선박화재 등 화재의 진화·예방
4. 응급환자 후송
5. 응급환자를 위한 장기(臟器) 이송 및 구조·구급활동
6. 산림 방제(防除)·순찰
7. 산림 보호사업을 위한 화물 수송
8. 대형사고 등으로 인한 교통장애 모니터링
9. 풍수해 및 수질오염 등이 발생하는 경우 긴급점검
10. 테러 예방 및 대응
11. 그밖에 위의 제1호부터 제10호까지에서 규정한 공공목적과 유사한 공공목적

7. 조종자 준수사항 (법 제129조, 시행규칙 제310조)

1) 준수사항 (시행규칙 제310조)

가) 초경량비행장치 조종자는 법 제129조 제1항에 따라 다음의 어느 하나에 해당하는 행위를 해서는 안 된다. 다만, 무인비행장치의 조종자에 대해서는 아래 제4호 및 제5호를 적용하지 않는다.

1. 인명이나 재산에 위험을 초래할 우려가 있는 낙하물을 투하(投下)하는 행위
2. 주거지역, 상업지역 등 인구가 밀집된 지역이나 그 밖에 사람이 많이 모인 장소의 상공에서 인명 또는 재산에 위험을 초래할 우려가 있는 방법으로 비행하는 행위

2의2. 사람 또는 건축물이 밀집된 지역의 상공에서 건축물과 충돌할 우려가 있는 방법으로 근접하여 비행하는 행위

3. 법 제78조 제1항에 따른 관제공역·통제공역·주의공역에서 비행하는 행위. 다만, 법 제127조에 따라 비행승인을 받은 경우와 다음의 행위는 제외한다.
   o 군사목적으로 사용되는 초경량비행장치를 비행하는 행위
   o 다음의 어느 하나에 해당하는 비행장치를 별표 23 제2호에 따른 관제권 또는 비행금지구역이 아닌 곳에서 제199조 제1호 나목에 따른 최저비행고도(150미터) 미만의 고도에서 비행하는 행위
     - 무인비행기, 무인헬리콥터 또는 무인멀티콥터 중 최대이륙중량이 25킬로그램 이하인 것
     - 무인비행선 중 연료의 무게를 제외한 자체 무게가 12킬로그램 이하이고, 길이가 7미터 이하인 것

4. 안개 등으로 인하여 지상목표물을 육안으로 식별할 수 없는 상태에서 비행하는 행위
5. 별표 24에 따른 비행시정 및 구름으로부터의 거리기준을 위반하여 비행하는 행위
6. 일몰 후부터 일출 전까지의 야간에 비행하는 행위. 다만, 제199조 제1호 나목에 따른 최저비행고도(150미터) 미만의 고도에서 운영하는 계류식 기구 또는 법 제124조 전단에 따른 허가를 받아 비행하는 초경량비행장치는 제외한다.
7. 「주세법」 제2조 제1호에 따른 주류, 「마약류 관리에 관한 법률」 제2조 제1호에 따른 마약류 또는 「화학물질관리법」 제22조 제1항에 따른 환각물질 등(이하 "주

류 등"이라 한다)의 영향으로 조종업무를 정상적으로 수행할 수 없는 상태에서 조종하는 행위 또는 비행 중 주류 등을 섭취하거나 사용하는 행위
8. 시행규칙 제308조 제4항에 따른 조건을 위반하여 비행하는 행위
8의2. 지표면 또는 장애물과 가까운 상공에서 360도 선회하는 등 조종자의 인명에 위험을 초래할 우려가 있는 방법으로 패러글라이더를 비행하는 행위
9. 그밖에 비정상적인 방법으로 비행하는 행위

〈 혈중 알콜농도 및 처벌기준 〉

o 혈중 알콜농도 0.02% 이상 0.06% 미만 : 효력정지 60일
o 혈중 알콜농도 0.06% 이상 0.09% 미만 : 효력정지 120일
o 혈중 알콜농도 0.09% 이상 : 효력정지 180일 또는 자격증 취소

나) 초경량비행장치 조종자는 항공기 또는 경량항공기를 육안으로 식별하여 미리 피할 수 있도록 주의하여 비행하여야 한다.

다) 동력을 이용하는 초경량비행장치 조종자는 모든 항공기, 경량항공기 및 동력을 이용하지 아니하는 초경량비행장치에 대하여 진로를 양보하여야 한다.

라) 무인비행장치 조종자는 해당 무인비행장치를 육안으로 확인할 수 있는 범위에서 조종하여야 한다. 다만, 법 제124조 전단에 따른 허가(국토교통부 장관)를 받아 비행하는 경우는 제외한다.

2) 사고보고 (시행규칙 제312조)

초경량비행장치사고를 일으킨 조종자 또는 그 초경량비행장치소유자 등은 다음의 사항을 지방항공청장에게 보고하여야 한다.
1. 조종자 및 그 초경량비행장치소유자등의 성명 또는 명칭
2. 사고가 발생한 일시 및 장소
3. 초경량비행장치의 종류 및 신고번호
4. 사고의 경위
5. 사람의 사상(死傷) 또는 물건의 파손 개요

6. 사상자의 성명 등 사상자의 인적사항 파악을 위하여 참고가 될 사항

3) 사고발생 시 조치사항

사고발생시 사고조사를 담당하는 기관은 항공철도사고조사위원회이다. 조종자로서 사고발생시 취해야 할 우선순위는 다음과 같다.
1. 인명구조를 위해 신속히 필요한 조치를 취한다.
2. 사고 조사를 위해 기체와 현장을 보존한다.
3. 사고 조사에 도움이 될 수 있는 정황 및 장비 상태에 대한 사진 및 동영상 자료를 세부적으로 촬영한다.

그림 2-2　드론 조종자 준수사항

* 출처 : 드론원스톱 민원서비스

| 그림 2-3 | 비행 전 반드시 승인받아야 하는 경우 |

  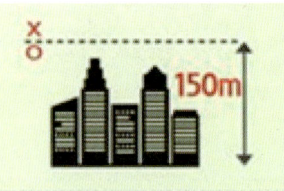

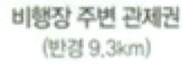

* 출처 : 국토교통부(http://www.molit.go.kr)

8. 안전개선 명령 (법 제130조, 시행규칙 제313조)

가) 국토교통부장관은 초경량비행장치사용사업의 안전을 위하여 필요하다고 인정되는 경우에는 초경량비행장치사용 사업자에게 다음의 사항을 명할 수 있다(법 제130조).
   1. 초경량비행장치 및 그 밖의 시설의 개선
   2. 그밖에 초경량비행장치의 비행안전에 대한 방해 요소를 제거하기 위하여 필요한 사항으로서 국토교통부령으로 정하는 사항

나) 국토교통부령으로 정하는 사항(시행규칙 제313조).
   1. 초경량비행장치사용 사업자가 운용중인 초경량비행장치에 장착된 안전성이 검증되지 아니한 장비의 제거
   2. 초경량비행장치 제작자가 정한 정비절차의 이행
   3. 그밖에 안전을 위하여 한국교통안전공단 이사장이 필요하다고 인정하는 사항

9. 벌 칙 (법 제138조~제167조), (시행일: 2023.1.19.부터)

1) 벌 칙

가) 항행 중 항공기 위험 발생의 죄(법 제138조)
- ㅇ 사람이 현존하는 항공기, 경량항공기 또는 초경량비행장치를 항행 중에 추락 또는 전복(顚覆)시키거나 파괴한 사람은 사형, 무기징역 또는 5년 이상의 징역에 처한다.
- ㅇ 제140조의 죄를 지어 사람이 현존하는 항공기, 경량항공기 또는 초경량비행장치를 항행 중에 추락 또는 전복시키거나 파괴한 사람은 사형, 무기징역 또는 5년 이상의 징역에 처한다.

나) 항행 중 항공기 위험 발생으로 인한 치사·치상의 죄(법 제139조)
- ㅇ 법 제138조의 죄를 지어 사람을 사상(死傷)에 이르게 한 사람은 사형, 무기징역 또는 7년 이상의 징역에 처한다.

다) 항공상 위험 발생 등의 죄(법 제140조)
- ㅇ 비행장, 이착륙장, 공항시설 또는 항행안전시설을 파손하거나 그 밖의 방법으로 항공상의 위험을 발생시킨 사람은 10년 이하의 징역에 처한다.

라) 주류 등의 섭취·사용 등의 죄(법 제146조)
- ㅇ 비행 중 주류 등을 섭취한 사람 또는 측정 요구를 따르지 아니한 사람은 3년 이하의 징역 또는 3천만 원 이하의 벌금에 처한다.
  * 군사기지 또는 군사시설의 촬영/묘사, 녹취 또는 이에 관한 문서나 도서 등을 발간 시 3년 이하의 징역 또는 3천만 원 이하의 벌금에 처함.

마) 안전성 인증검사를 받지 아니하고 비행 등의 죄(법 제161조 제2항)
- ㅇ 안전성인증을 받지 아니한 초경량비행장치를 사용하여 법 제125조 제1항에 따른 초경량비행장치 조종자 증명을 받지 아니하고 비행을 한 사람은 1년 이하의 징역 또는 1천만 원 이하의 벌금에 처한다.

바) 안전개선명령 위반 시
  o 1천만 원 이하의 벌금에 처한다.

사) 기타 위반 시 벌금
  o 6개월 이하의 징역 또는 500만 원 이하의 벌금(법 제161조 제3항)
   - 초경량비행장치의 신고 또는 변경신고를 하지 아니하고 비행을 한 자
  o 500만원 이하의 벌금(법 제161조 제4항)
   - 승인을 받지 아니하고 초경량비행장치 비행제한공역을 비행한 사람
   - 승인을 받지 아니하고 초경량비행장치를 이용하여 관제권에서 비행함으로써 항공기 이착륙을 지연시키거나 회항하게 하는 등 비행장 운영에 지장을 초래한 사람
   - 허가를 받지 아니하고 무인자유기구를 비행시킨 사람

2) 과태료 (법 제166조, 시행령 별표5)

가) 500만 원 이하(법 제166조 제1항)
  o 법 제124조를 위반하여 초경량비행장치의 비행안전을 위한 기술상의 기준에 적합하다는 안전성인증을 받지 아니하고 비행한 사람
  o 법 제132조 제1항에 따른 보고 등을 하지 아니하거나 거짓 보고 등을 한 사람
  o 법 제132조 제2항에 따른 질문에 대하여 거짓 진술을 한 사람
  o 법 제132조 제8항에 따른 운항정지, 운용정지 또는 업무정지를 따르지 아니한 자
  o 법 제132조 제9항에 따른 시정조치 등의 명령에 따르지 아니한 자

나) 400만 원 이하(법 제166조 제2항)
  o 법 제125조 제1항을 위반하여 초경량비행장치 조종자 증명을 받지 아니하고 초경량비행장치를 사용하여 비행한 사람

다) 300만 원 이하(법 제166조 제3항)
  o 다른 사람에게 자기의 성명을 사용하여 초경량비행장치 조종을 수행하게 하거나 초경량비행장치 조종자 증명을 빌려준 사람
  o 다른 사람의 성명을 사용하여 초경량비행장치 조종을 수행하거나 다른 사람의

　　　　초경량비행장치 조종자 증명을 빌린 사람
　o 위의 행위를 알선한 사람
　o 승인을 받지 아니하고 초경량비행장치를 사용하여 비행한 사람
　　- 150m 이상 고도 비행승인을 받지 않고 비행시
　　- 관제공역, 통제공역, 주의공역을 승인없이 비행시
　　- 특별비행 승인범위 외에서 비행한 경우
　o 조종자 준수사항을 따르지 아니하고 초경량비행장치를 사용하여 비행한 사람
　o 국토교통부장관이 승인한 범위 외에서 비행한 사람

라) 200만 원 이하(법 제166조 제4항)
　o 변경등록 또는 말소등록의 신청을 하지 아니한 자

마) 100만 원 이하(법 제166조 제5항)
　o 신고번호를 해당 초경량비행장치에 표시하지 아니하거나 거짓으로 표시한 초경량비행장치 소유자 등
　o 국토교통부령으로 정하는 장비를 장착하거나 휴대하지 아니하고 초경량비행장치를 사용하여 비행을 한 자
　o 법 제128조(초경량비행장치 구조 지원 장비 장착 의무) 항공안전법 제128조(초경량비행장치 구조 지원 장비 장착 의무)[14]를 위반하여 국토교통부령으로 정하는 장비를 장착하거나 휴대하지 않고 초경량비행장치를 사용하여 비행을 한 경우

바) 30만 원 이하(법 제166조 제7항)
　o 초경량비행장치의 말소신고를 하지 아니한 초경량비행장치 소유자 등
　o 초경량비행장치사고에 관한 보고를 하지 아니하거나 거짓으로 보고한 초경량비행장치 조종자 또는 그 초경량비행장치 소유자 등

---

14) 초경량비행장치를 사용하여 초경량비행장치 비행제한공역에서 비행하려는 사람은 안전한 비행과 초경량비행장치사고 시 신속한 구조 활동을 위하여 국토교통부령으로 정하는 장비를 장착하거나 휴대하여야 한다. 다만, 무인비행장치 등 국토교통부령으로 정하는 초경량비행장치는 그러하지 아니하다.

제3장 항공사업법[15]

1. 일반 사항

1) 항공사업법의 목적 (법 제1조)

이 법은 항공정책의 수립 및 항공사업에 관하여 필요한 사항을 정하며 다음과 같은 목적으로 한다.
- o 대한민국 항공사업의 체계적인 성장과 경쟁력 강화 기반을 마련
- o 항공사업의 질서유지 및 건전한 발전을 도모
- o 이용자의 편의를 향상
- o 국민경제의 발전과 공공복리의 증진에 이바지

2) 용어 정의 (법 제2조)

- o 항공사업 : 이 법에 따라 국토교통부장관의 면허, 허가 또는 인가를 받거나 국토교통부장관에게 등록 또는 신고하여 경영하는 사업을 말한다.
- o 항공기대여업 : 타인의 수요에 맞추어 유상으로 항공기, 경량항공기 또는 초경량비행장치를 대여(貸與)하는 사업을 말한다.
- o 초경량비행장치 사용사업 : 타인의 수요에 맞추어 국토교통부령으로 정하는 초경량비행장치를 사용하여 유상으로 농약살포, 사진촬영 등 국토교통부령으로 정하는 업무를 하는 사업을 말한다.
- o 초경량비행장치사용 사업자 : 국토교통부장관에게 초경량비행장치사용사업을 등록한 자를 말한다.
- o 항공레저스포츠 사업 : 타인의 수요에 맞추어 유상으로 다음의 어느 하나에 해당하는 서비스를 제공하는 사업을 말한다.
  - 항공기(비행선과 활공기에 한정한다), 경량항공기 또는 국토교통부령으로 정하는 초경량비행장치를 사용하여 조종교육, 체험 및 경관조망을 목적으로 사람을 태워 비행하는 서비스

---

[15] 부록 무인멀티콥터(드론) 관련법(항공사업법) 참조.

- 다음 중 어느 하나를 항공레저스포츠를 위하여 대여하여 주는 서비스
    • 활공기 등 국토교통부령으로 정하는 항공기
    • 경량항공기
    • 초경량비행장치
- 경량항공기 또는 초경량비행장치에 대한 정비, 수리 또는 개조서비스
o 항공레저스포츠 사업자 : 국토교통부장관에게 항공레저스포츠사업을 등록한 자를 말한다.

3) 초경량비행장치사용사업 등록 (시행규칙 제47조)

o 해당 신청이 법 제48조 제2항에 따른 등록요건을 충족함을 증명하거나 설명하는 서류 1부
o 다음의 사항을 포함하는 사업계획서
  - 사업목적 및 범위
  - 초경량비행장치의 안전성 점검 계획 및 사고 대응 매뉴얼 등을 포함한 안전관리대책
  - 자본금
  - 상호·대표자의 성명과 사업소의 명칭 및 소재지
  - 사용시설·설비 및 장비 개요
  - 종사자 인력의 개요
  - 사업 개시 예정일
o 부동산을 사용할 수 있음을 증명하는 서류(타인의 부동산을 사용하는 경우만 해당한다)

4) 항공기대여업, 항공레저스포츠 사업, 초경량비행장치사용사업 변경신고
(시행규칙 제46조, 제48조, 제51조)

o 자본금의 감소
o 사업소의 신설 또는 변경
o 대표자 변경
o 대표자의 대표권 제한 및 그 제한의 변경
o 상호의 변경

o 사업 범위의 변경

⟨ 신고기간 및 제출서류 ⟩
- 기간 : 변경 사유가 발생한 날부터 30일 이내
- 서류 : 변경 사실을 증명할 수 있는 서류
- 처리기간 : 14일

5) 무인항공 분야 항공산업의 안전증진 및 활성화 (법 제69조의 2)

가) 대상
o 초경량비행장치 중 무인비행장치
o 무인항공기의 인증, 정비 · 수리 · 개조, 사용
o 무인항공기와 관련된 서비스를 제공하는 무인항공 분야

나) 추진대상
o 무인항공 분야 항공산업의 발전을 위한 기반조성
o 무인항공 분야 항공산업에 대한 현황 및 관련 통계의 조사 · 연구
o 무인비행장치 및 무인항공기의 안전기술, 운영 · 관리체계 등에 대한 연구 및 개발
o 무인비행장치 및 무인항공기의 조종, 성능평가 · 인증, 안전관리, 정비 · 수리 · 개조 등 전문인력의 양성
o 무인항공 분야의 우수한 기업의 지원 및 육성
o 무인비행장치 및 무인항공기의 사용 촉진 및 보급
o 무인비행장치 및 무인항공기의 안전한 운영 · 관리 등을 위한 인프라 또는 비행시험 시설의 구축 · 운영
o 무인항공 분야 항공산업의 발전을 위한 국제협력 및 해외진출의 지원
o 그밖에 무인항공 분야 항공산업의 안전증진 및 활성화를 위하여 필요한 사항

6) 항공보험 등의 가입의무 (법 제70조, 시행규칙 제70조)

가) 가입 대상
o 항공운송사업자, 항공기사용사업자, 항공기대여업자

o 항공기 소유자 또는 항공기를 사용하여 비행하려는 자
o 초경량비행장치사용사업, 항공기대여업 및 항공레저스포츠사업에 사용하려는 자
o 무인비행장치 등 국토교통부령으로 정하는 초경량비행장치를 소유한 국가, 지방자치단체, 「공공기관의 운영에 관한 법률」 제4조에 따른 공공기관

나) 기본원칙
o 항공보험에 가입하지 아니하고는 항공기를 운항할 수 없다.
o 경량항공기소유자 등은 그 경량항공기의 비행으로 다른 사람이 사망하거나 부상한 경우에 피해자에 대한 보상을 위하여 안전성 인증을 받기 전까지 국토교통부령으로 정하는 보험이나 공제에 가입하여야 한다.
o 항공보험에 가입한 자는 보험가입신고서 등 보험가입 등을 국토교통부장관에게 제출하여야 한다. 이를 변경 또는 갱신한 때에도 또한 같다.

다) 보험가입 신고
o 기간 : 항공보험 등에 가입한 날부터 7일 이내
o 제출서류 : 보험가입신고서 또는 공제가입신고서에 보험증서 또는 공제증서 사본을 첨부

라) 신고서에 포함될 사항
o 가입자의 주소, 성명(법인인 경우에는 그 명칭 및 대표자의 성명)
o 가입된 보험 또는 공제의 종류, 보험료 또는 공제료 및 보험금액 또는 공제금액
o 보험 또는 공제의 종류별 발효 및 만료일
o 보험증서 또는 공제증서의 개요

마) 보험 및 공제금액
o 근거 : 자동차손해배상보장법 시행령 제3조 제1항
o 금액 : 1억 5천만 원 이상(동등한 사람 보장보험 또는 공제)

7) 결격사항 (법 제9조)

가) 공통 사항(항공안전법 제10조)
o 대한민국 국민이 아닌 사람

- o 외국정부 또는 외국의 공공단체
- o 외국의 법인 또는 단체
- o 상기 어느 하나에 해당하는 자가 주식이나 지분의 2분의 1 이상을 소유하거나 그 사업을 사실상 지배하는 법인
- o 외국인이 법인 등기사항증명서상의 대표자이거나 외국인이 법인 등기사항증명서상의 임원 수의 2분의 1 이상을 차지하는 법인
- o 피성년후견인, 피한정후견인 또는 파산선고를 받고 복권되지 아니한 사람

나) 국내항공운송사업과 국제항공운송사업 면허의 결격사유 등
- o 항공사업법, 항공안전법, 공항시설법, 항공보안법, 항공·철도 사고조사에 관한 법률을 위반하여 금고 이상의 실형을 선고받고 그 집행이 끝난 날 또는 집행을 받지 아니하기로 확정된 날부터 3년이 지나지 아니한 사람
- o 항공사업법, 항공안전법, 공항시설법, 항공보안법, 항공·철도 사고조사에 관한 법률을 위반하여 금고 이상의 형의 집행유예를 선고받고 그 유예기간 중에 있는 사람
- o 국내항공운송사업, 국제항공운송사업, 소형항공운송사업 또는 항공기사용사업의 면허 또는 등록의 취소처분을 받은 후 2년이 지나지 아니한 자. (다만, 피성년후견인 또는 파산선고를 받고 복권되지 아니한 사람이 법인에 있거나 상속을 받고 3개월 이내 타인에게 양도하지 않아 면허 또는 등록이 취소된 경우는 제외)
- o 임원 중에 상기 요건 중 어느 하나에 해당하는 사람이 있는 법인

다) 초경량비행장치사용사업 등록 결격사유
- o 초경량비행장치사용사업 등록취소 처분을 받은 후 2년이 지나지 아니한 자
  (단, 피성년후견인 또는 파산선고를 받고 복권되지 아니하여 등록이 취소된 경우는 제외)

라) 항공기대여업 등록 결격사항
- o 항공기대여업 등록취소 처분을 받은 후 2년이 지나지 아니한 자
  (단, 피성년후견인 또는 파산선고를 받고 복권되지 아니하여 등록이 취소된 경우는 제외)

마) 항공레저스포츠사업 등록 결격사항
- o 항공기취급업, 항공기정비업 또는 항공레저스포츠사업 등록취소 처분을 받은 후 2년이 지나지 아니한 자
  (단, 피성년후견인 또는 파산선고를 받고 복권되지 아니하여 등록이 취소된 경우는 제외)

2. 항공기 대여업 (법 제2조 제21호)

1) 등록 요건

가) 자본금 또는 자산평가액
- o 법인 : 자본금 2억 5천만 원 이상(경량항공기 또는 초경량비행장치만을 대여하는 경우 3천만 원 이상)
- o 개인 : 자산평가액 3억 7천 5백만 원 이상(경량항공기 또는 초경량비행장치만을 대여하는 경우 3천만 원 이상)

나) 항공기, 경량항공기 또는 초경량비행장치 1대 이상

다) 보험가입
- o 여객보험(여객없는 초경량비행장치 제외)
- o 기체보험(경량항공기, 초경량비행장치 제외)
- o 제3자보험 및 승무원 보험(승무원 없는 초경량비행장치 제외)

2) 등록신청 서류 (시행규칙 제45조)

가) 등록신청서

나) 다음 사항이 포함된 사업계획서
- o 자본금
- o 상호·대표자의 성명과 사업소의 명칭 및 소재지
- o 예상 사업수지계산서

o 재원 조달방법
o 사용 시설 · 설비 및 장비 개요
o 종사자 인력의 개요
o 사업 개시 예정일

다) 부동산을 사용할 수 있음을 증명하는 서류(타인의 부동산을 사용하는 경우만 해당)

3. 항공레저스포츠 사업

1) 정의 (법 제2조 제26호)

타인의 수요에 맞추어 유상으로 다음의 어느 하나에 해당하는 서비스를 제공하는 사업을 말한다.

가) 항공기(비행선과 활공기에 한정한다), 경량항공기 또는 국토교통부령으로 정하는 초경량비행장치를 사용하여 조종교육, 체험 및 경관조망을 목적으로 사람을 태워 비행하는 서비스

나) 다음 중 어느 하나를 항공레저스포츠를 위하여 대여하여 주는 서비스
o 활공기 등 국토교통부령으로 정하는 항공기
o 경량항공기
o 초경량비행장치

다) 경량항공기 또는 초경량비행장치에 대한 정비, 수리 또는 개조서비스

2) 항공레저스포츠 사업자

법 제50조 제1항에 따라 국토교통부장관에게 항공레저스포츠사업을 등록한 자를 말한다.

3) 등록요건 (법 제50조 제2항, 시행령 제24조)

o 자본금 또는 자산평가액이 3천만 원 이상으로서 대통령령으로 정하는 금액 이상일 것
o 항공기, 경량항공기 또는 초경량비행장치 1대 이상 등 대통령령으로 정하는 기준에 적합할 것
o 자격기준을 충족하는 조종사 1명 이상
o 그밖에 사업 수행에 필요한 요건으로서 국토교통부령으로 정하는 요건을 갖출 것
   * 기타 조종교육 · 체험 및 경관조망 목적별, 대여 서비스별, 정비 · 수리 · 개조 · 서비스별, 추가 또는 재등록시 자본금 충족기준별로 인력, 장비, 시설, 보험 등 상세한 등록요건은 령 제24조 별표-10 참조 바람.

4) 등록신청 서류 (시행규칙 제49조)

가) 등록신청서(시행규칙 별지26호 서식)

나) 등록요건을 충족함을 증명하거나 설명하는 서류
   o 자본금 또는 자산평가액 3천만 원 이상 대통령령으로 정하는 기준
   o 항공기, 경량항공기 또는 초경량비행장치 1대 이상

다) 다음 사항을 포함하는 사업계획서
   o 자본금
   o 상호 · 대표자의 성명과 사업소의 명칭 및 소재지
   o 해당 사업의 항공기 등 수량 및 그 산출근거와 예상 사업수지계산서
   o 재원 조달방법
   o 사용 시설 · 설비, 장비 및 이용자 편의시설 개요
   o 종사자 인력의 개요
   o 사업 개시 예정일
   o 영업구역 범위 및 영업시간
   o 탑승료 · 대여료 등 이용요금
   o 항공레저 활동의 안전 및 이용자 편의를 위한 안전 관리대책(항공레저시설 관리 및 점검계획, 안전 수칙 · 교육 · 점검계획, 사고발생 시 비상연락체계, 탑승자

기록관리, 기상상태 현황 등)

라) 사업시설 부지 등 부동산을 사용할 수 있음을 증명하는 서류(타인의 부동산을 사용하는 경우)

5) 등록제한

o 안전사고 우려, 이용자들의 심한 불편 초래, 공익침해 우려의 경우
o 인구밀집지역, 사생활 침해, 교통, 소음 및 주변환경 등을 고려할 때 영업행위가 부적합하다고 인정하는 경우
o 그밖에 항공안전 및 사고예방 등을 위하여 국토교통부장관이 항공레저스포츠 사업의 등록제한이 필요하다고 인정하는 경우

4. 초경량비행장치 사용사업

1) 정의 (법 제2조 제23호, 시행규칙 제6조 제2항)

타인의 수요에 맞추어 국토교통부령으로 정하는 초경량비행장치를 사용하여 유상으로 농약살포, 사진촬영 등 국토교통부령으로 정하는 다음 업무를 하는 사업을 말한다.
o 비료 또는 농약 살포, 씨앗 뿌리기 등 농업 지원
o 사진촬영, 육상·해상 측량 또는 탐사
o 산림 또는 공원 등의 관측 또는 탐사
o 조종교육
o 그 밖의 업무로서 다음의 어느 하나에 해당하지 아니하는 업무
  - 국민의 생명과 재산 등 공공의 안전에 위해를 일으킬 수 있는 업무
  - 국방·보안 등에 관련된 업무로서 국가 안보를 위협할 수 있는 업무

2) 등록요건 (법 제48조)

【표 2-4】 초경량비행장치 사용사업의 등록요건

구 분	등록 요건	비 고
자본금 또는 자산평가액	법인 : 납입자본금 3천만 원 이상 개인 : 자산평가액 3천만 원 이상	최대이륙중량 25킬로그램 이하는 제외
조종자	1명 이상	
비행장치	초경량비행장치 1대 이상	
보험가입	제3자 배상책임보험 등	해당보험 상당 공제포함

3) 등록신청 서류

가) 등록신청서(시행규칙 별지26호 서식)

나) 등록요건을 충족함을 증명하거나 설명하는 서류
  o 자본금 또는 자산평가액 3천만 원 이상 대통령령으로 정하는 기준
  o 초경량비행장치 1대 이상

다) 다음의 사항을 포함하는 사업계획서
  o 사업목적 및 범위
  o 상호·대표자의 성명과 사업소의 명칭 및 소재지
  o 초경량비행장치의 안전성 점검계획 및 사고대응 매뉴얼 등을 포함한 안전관리대책
  o 사용 시설·설비, 장비 개요
  o 종사자 인력의 개요
  o 사업 개시 예정일
  o 영업구역 범위 및 영업시간

라) 부동산을 사용할 수 있음을 증명하는 서류(타인의 부동산을 사용하는 경우)

4) 등록제한 (법 제48조)

o 법 제9조(면허의 결격사유)에 해당하는 자(미성년후견인, 피한정후견인 등)
o 초경량비행장치사용사업 등록의 취소처분을 받은 후 2년이 지나지 아니한 자. 다만, 법 제9조 제2호에 해당하여 법 제49조 제8항에 따라 초경량비행장치사용사업 등록이 취소된 경우는 제외한다.

5. 준용법규

1) 사업계획 등의 변경 (법 제32조, 시행규칙 제34조)

가) 항공기사용사업자는 등록할 때 제출한 사업계획에 따라 그 업무를 수행하여야 한다.
  o 예외사항
    - 기상악화
    - 안전운항을 위한 정비로서 예견하지 못한 정비
    - 천재지변
    - 상기 사유에 준하는 부득이한 사유

나) 항공기사용사업자는 사업계획을 변경하려는 경우에는 국토교통부장관의 인가를 받아야 한다. 다만, 국토교통부령으로 정하는 다음의 경미한 사항을 변경하려는 경우에는 국토교통부장관에게 신고하여야 한다.
  o 자본금의 변경
  o 사업소의 신설 또는 변경
  o 대표자 변경
  o 대표자의 대표권 제한 및 그 제한의 변경
  o 상호 변경
  o 사업범위의 변경
  o 항공기 등록 대수의 변경

다) 변경하려는 자는 변경 사유가 발생한 날부터 30일 이내 변경신고서에 변경 사실을 증명할 수 있는 서류를 첨부하여 지방항공청장에게 제출하여야 한다. 이 경우 변경 사항은 「전자정부법」 제36조 제1항에 따라 행정정보의 공동이용을 통하여 법인 등기사항증명서를 확인함으로써 증명서류를 갈음할 수 있다.

라) 사업계획의 변경인가 기준(법 제32조)
   o 해당 사업의 시작으로 항공교통의 안전에 지장을 줄 염려가 없을 것
   o 해당 사업의 시작으로 사업자 간 과당경쟁의 우려가 없고 이용자의 편의에 적합할 것

2) 명의대여 등의 금지 (법 제33조)

항공기사용사업자는 타인에게 자기의 성명 또는 상호를 사용하여 항공기사용사업을 경영하게 하거나 그 등록증을 빌려주어서는 아니 된다.

3) 양도·양수 (법 제34조, 시행규칙 제35조)

지방항공청장은 다음의 사항을 공고하여야 한다.
o 양도·양수인의 성명(법인의 경우에는 법인의 명칭 및 대표자의 성명) 및 주소
o 양도·양수의 대상이 되는 사업범위
o 양도·양수의 사유
o 양도·양수 인가 신청일 및 양도·양수 예정일
   * 양도인과 양수인은 계약일부터 30일 이내에 연명으로 인가신청 서류를 첨부하여 지방항공청장에게 제출해야 한다.

4) 합병 (법 제35조, 시행규칙 제36조)

지방항공청장은 다음의 사항을 확인하여야 한다.
o 합병의 방법과 조건에 관한 서류
o 당사자가 신청 당시 경영하고 있는 사업의 개요를 적은 서류
o 합병 후 존속하는 법인 또는 합병으로 설립되는 법인이 법 제9조의 결격사유에

해당하지 아니함을 증명하는 서류와 법 제30조 제2항의 기준을 충족을 증명하거나 설명하는 서류
o 합병계약서
o 합병에 관한 의사결정을 증명하는 서류
　* 항공기사용사업자는 계약일부터 30일 이내에 연명으로 합병신고서에 상기 서류를 첨부하여 지방항공청장에게 제출해야 한다.

5) 상속 (법 제36조)

o 항공기사용사업자가 사망한 경우 그 상속인(상속인이 2명 이상인 경우 협의에 의한 1명의 상속인을 말한다)은 피상속인인 항공기사용사업자의 이 법에 따른 지위를 승계한다.
o 피상속인이 사망한 날부터 30일 이내에 국토교통부장관에게 신고하여야 한다.
o 상속인이 법 제9조(면허의 결격사유)[16] 각호의 어느 하나에 해당하는 경우에는 3개월 이내에 그 항공기사용사업을 타인에게 양도할 수 있다.

6) 휴업 (법 제37조, 시행규칙 제38조)

o 휴업 신고서는 휴업 예정일 5일 전까지 지방항공청장에게 제출하여야 한다.
o 휴업기간은 6개월을 초과할 수 없다.

7) 폐업 (법 제38조, 시행규칙 제39조)

o 폐업 신고를 하려는 항공기사용사업자는 별지 제25호 서식의 폐업 신고서를 폐업 예정일 15일 전까지 지방항공청장에게 제출하여야 한다.
o 폐업을 할 수 있는 경우는 다음과 같다.
　- 폐업일 이후 예약 사항이 없거나, 예약 사항이 있는 경우 대체 서비스 제공 등의 조치가 끝났을 것
　- 폐업으로 항공시장의 건전한 질서를 침해하지 아니할 것

---

[16] 항공사업법 제9조 참조(제3장 항공사업법 1.일반사항 결격사유 항목에 전술함)

8) 사업개선 명령 (법 제39조)

o 국토교통부장관은 항공기사용사업의 서비스 개선을 위하여 필요하다고 인정되는 경우에는 항공기사용사업자에게 다음의 사항을 명할 수 있다.
  - 사업계획의 변경
  - 항공기 및 그 밖의 시설의 개선
  - 항공기사고로 인하여 지급할 손해배상을 위한 보험계약의 체결
  - 항공에 관한 국제조약을 이행하기 위하여 필요한 사항
  - 그밖에 항공기사용사업 서비스의 개선을 위하여 필요한 사항

9) 등록취소 등 (법 제40조, 시행규칙 제40조 별표 2)

국토교통부장관은 항공기사용사업자가 다음의 어느 하나에 해당하면 그 등록을 취소하거나 6개월 이내의 기간을 정하여 그 사업의 전부 또는 일부의 정지를 명할 수 있다. 다만, 아래 제1호·제2호·제4호·제13호 또는 제15호에 해당하면 그 등록을 취소하여야 한다. 처분의 기준 및 절차와 그 밖에 필요한 사항은 국토교통부령으로 정한다.

1. 거짓이나 그 밖의 부정한 방법으로 등록한 경우
2. 법 제30조 제1항에 따라 등록한 사항을 이행하지 아니한 경우
3. 법 제30조 제2항에 따른 등록기준에 미달한 경우. 다만, 다음의 어느 하나에 해당하는 경우는 제외한다.
   o 등록기준에 일시적으로 미달한 후 3개월 이내에 그 기준을 충족하는 경우
   o 「채무자 회생 및 파산에 관한 법률」에 따라 법원이 회생절차개시의 결정을 하고 그 절차가 진행 중인 경우
   o 「기업구조조정 촉진법」에 따라 금융채권자협의회가 채권금융기관 공동관리절차 개시의 의결을 하고 그 절차가 진행 중인 경우
4. 항공기사용사업자가 법 제9조 각호의 어느 하나에 해당하게 된 경우. 다만, 다음의 어느 하나에 해당하는 경우는 제외한다.
   o 법 제9조 제6호에 해당하는 법인이 3개월 이내에 해당 임원을 결격사유가 없는 임원으로 바꾸어 임명한 경우
   o 피상속인이 사망한 날부터 3개월 이내에 상속인이 항공기사용사업을 타인에게 양도한 경우

4의2. 법 제30조의 2 제1항을 위반하여 보증보험 등에 가입 또는 예치하지 아니한 경우
5. 법 제32조 제1항을 위반하여 사업계획에 따라 사업을 하지 아니한 경우 및 같은 조 제2항에 따라 인가를 받지 아니하거나 신고를 하지 아니하고 사업계획을 변경한 경우
6. 법 제33조를 위반하여 타인에게 자기의 성명 또는 상호를 사용하여 사업을 경영하게 하거나 등록증을 빌려준 경우
7. 법 제34조 제1항을 위반하여 신고를 하지 아니하고 사업을 양도·양수한 경우
8. 법 제35조 제1항을 위반하여 합병신고를 하지 아니한 경우
9. 법 제36조 제2항을 위반하여 상속에 관한 신고를 하지 아니한 경우
10. 법 제37조 제1항 및 제2항을 위반하여 신고 없이 휴업한 경우 및 휴업기간이 지난 후에도 사업을 시작하지 아니한 경우
11. 법 제39조 제1호 또는 제3호에 따른 사업개선 명령을 이행하지 아니한 경우
12. 법 제62조 제6항을 위반하여 요금표 등을 갖추어 두지 아니하거나 항공교통이용자가 열람할 수 있게 하지 아니한 경우
13. 「항공안전법」 제95조 제2항에 따른 항공기 운항의 정지명령을 위반하여 운항정지기간에 운항한 경우
14. 국가의 안전이나 사회의 안녕질서에 위해를 끼칠 현저한 사유가 있는 경우
15. 이 조에 따른 사업정지명령을 위반하여 사업정지기간에 사업을 경영한 경우

10) 과징금 부과 등 (법 제41조, 시행령 제19조 별표 5)

국토교통부장관은 항공기사용사업자가 법 제40조 제1항 제3호, 제4호의2, 제5호부터 제12호까지 또는 제14호의 어느 하나에 해당하여 사업의 정지를 명하여야 하는 경우로서 사업을 정지하면 그 사업의 이용자 등에게 심한 불편을 주거나 공익을 해칠 우려가 있는 경우에는 사업정지처분을 갈음하여 10억 원 이하의 과징금을 부과할 수 있다.

6. 의무 및 벌칙

1) 운송약관 비치 의무 (법 제62조, 시행규칙 제65조)

항공기사용사업자, 항공기정비업자, 항공기취급업자, 항공기대여업자, 초경량비행장치사용사업자 및 항공레저스포츠사업자는 요금표 및 약관(운송약관)을 영업소나 그 밖의 사업소에서 항공교통이용자가 잘 볼 수 있는 곳(발권대, 안내데스크, 항공기 내 등)에 갖추어 두고, 항공교통이용자가 열람할 수 있게 하여야 한다.

2) 경량항공기 등의 영리 목적 사용금지 (법 제71조)

누구든지 경량항공기 또는 초경량비행장치를 사용하여 비행하려는 자는 다음의 어느 하나에 해당하는 경우를 제외하고는 경량항공기 또는 초경량비행장치를 영리 목적으로 사용해서는 아니 된다.
1. 항공기대여업에 사용하는 경우
2. 초경량비행장치사용사업에 사용하는 경우
3. 항공레저스포츠사업에 사용하는 경우

3) 보고, 출입 및 검사 등 (법 제73조, 시행규칙 제71조의 2)

검사 또는 질문을 하려면 검사 또는 질문을 하기 7일 전까지 검사 또는 질문의 일시, 사유 및 내용 등의 계획을 피검사자 또는 피질문자에게 알려야 한다. 다만, 긴급한 경우이거나 사전에 알리면 증거인멸 등으로 검사 또는 질문의 목적을 달성할 수 없다고 인정하는 경우에는 그러하지 아니할 수 있다.

국토교통부장관으로부터 업무에 관한 보고 또는 서류의 제출을 요청받은 자는 그 요청을 받은 날부터 15일 이내에 보고(전자문서에 의한 보고를 포함한다)하거나 자료를 제출(전자문서에 의한 제출을 포함한다)해야 한다.

4) 청문 (법 제74조)

다음의 어느 하나에 해당하는 처분을 하려면 청문을 하여야 한다.
1. 항공기대여업 등록의 취소
2. 초경량비행장치사용사업 등록의 취소
3. 항공레저스포츠사업 등록의 취소

5) 보조금 등의 부정 교부 및 사용 등에 관한 죄 (법 제77조)

보조금, 융자금을 거짓이나 그 밖의 부정한 방법으로 교부받은 자 : 5년 이하의 징역 또는 5천만 원 이하의 벌금에 처한다.

6) 항공사업자의 업무 등에 관한 죄 (법 제78조 제2항)

다음의 어느 하나에 해당하는 자는 1년 이하의 징역 또는 1천만 원 이하의 벌금에 처한다.
1. 명의대여 등의 금지를 위반한 항공기사용사업자
2. 등록을 하지 아니하고 항공기대여업을 경영한 자
3. 등록을 하지 아니하고 초경량비행장치사용사업을 경영한 자
4. 명의대여 등의 금지를 위반한 초경량비행장치사용사업자
5. 등록을 하지 아니하고 항공레저스포츠사업을 경영한 자
6. 명의대여 등의 금지를 위반한 항공레저스포츠사업자

다음의 어느 하나에 해당하는 자는 1천만 원 이하의 벌금에 처한다.
1. 법 제32조 제1항을 위반하여 등록할 때 제출한 사업계획대로 업무를 수행하지 아니한 자
2. 법 제32조 제2항에 따른 인가를 받지 아니하고 사업계획을 변경한 자
3. 법 제47조 제7항에서 준용하는 법 제39조에 따른 명령을 위반한 항공기대여업자
4. 법 제49조 제7항에서 준용하는 법 제39조에 따른 명령을 위반한 초경량비행장치 사용사업자
5. 법 제51조 제6항에서 준용하는 법 제39조에 따른 명령을 위반한 항공레저스포츠사업자

7) 경량항공기 등의 영리 목적 사용에 관한 죄 (법 제80조)

o 경량항공기를 영리 목적으로 사용한 자는 1년 이하의 징역 또는 1천만 원 이하의 벌금에 처한다.
o 초경량비행장치를 영리 목적으로 사용한 자는 6개월 이하의 징역 또는 500만 원 이하의 벌금에 처한다.

8) 검사 거부 등의 죄 (법 제81조)

o 검사 또는 출입을 거부·방해하거나 기피한 자는 500만 원 이하의 벌금에 처한다.

9) 양벌규정 (법 제82조)

법인의 대표자나 법인 또는 개인의 대리인, 사용인, 그 밖의 종업원이 그 법인 또는 개인의 업무에 관하여 법 제77조부터 제81조까지의 어느 하나에 해당하는 위반행위를 하면 그 행위자를 벌하는 외에 그 법인 또는 개인에게도 해당 조문의 벌금형을 과(科)한다.
다만, 법인 또는 개인이 그 위반행위를 방지하기 위하여 해당 업무에 관하여 상당한 주의와 감독을 게을리하지 아니한 경우에는 그러하지 아니하다.
  1. 법 제77조(보조금 등의 부정 교부 및 사용 등에 관한 죄)
  2. 법 제78조(항공사업자의 업무 등에 관한 죄)
  3. 법 제79조(외국인 국제항공운송사업자 등의 업무 등에 관한 죄)
  4. 법 제80조(경량항공기 등의 영리 목적 사용에 관한 죄)
  5. 법 제81조(검사 거부 등의 죄)

10) 과태료 (법 제84조, 시행령 제35조 별표 11)

다음의 어느 하나에 해당하는 자에게는 500만 원 이하의 과태료를 부과한다.
  1. 법 제38조를 위반하여 폐업하거나 폐업 신고를 하지 아니하거나 거짓으로 신고한 자
  2. 법 제62조 제6항에 따른 요금표 등을 갖추어 두지 아니하거나 거짓 사항을 적은 요금표 등을 갖추어 둔 자
  3. 법 제70조 제3항 또는 제4항을 위반하여 보험 또는 공제에 가입하지 아니하고 경량항공기 또는 초경량비행장치를 사용하여 비행한 자
  4. 법 제70조 제5항에 따른 자료를 제출하지 아니하거나 거짓으로 자료를 제출한 자
  5. 법 제73조 제1항에 따른 보고 등을 하지 아니하거나 거짓 보고 등을 한 자
  6. 법 제73조 제2항 또는 제3항에 따른 질문에 대하여 거짓으로 진술한 자

제4장 공항시설법[17]

1. 금지 행위 (법 제56조)

누구든지 항공기, 경량항공기 또는 초경량비행장치를 향하여 물건을 던지거나 그 밖에 항행에 위험을 일으킬 우려가 있는 행위를 해서는 아니 된다. 다만, 다음의 어느 하나에 해당하는 자는 「항공안전법」 제127조의 비행승인(같은 조 제2항 단서에 따라 제한된 범위에서 비행하려는 경우를 포함한다)을 받지 아니한 초경량비행장치가 공항 또는 비행장에 접근하거나 침입한 경우 해당 비행장치를 퇴치·추락·포획하는 등 항공안전에 필요한 조치를 할 수 있다.
  o 국가 또는 지방자치단체
  o 공항운영자
  o 비행장시설을 관리·운영하는 자

---

17) 부록 무인멀티콥터(드론) 관련법(공항시설법) 참조.

제5장 드론 활용의 촉진 및 기반조성에 관한 법률(드론법)[18]

1. 목적 (법 제1조, 제3조)

이 법은 드론 활용의 촉진 및 기반조성, 드론시스템의 운영·관리 등에 관한 사항을 규정하여 드론산업의 발전 기반을 조성하고 드론산업의 진흥을 통한 국민편의 증진과 국민경제의 발전에 이바지함을 목적으로 한다(법 제1조).

국가 및 지방자치단체는 드론산업을 지속 가능한 경제 성장 동력으로 육성하고 기업 간 상생 문화를 구축하며 건전한 산업생태계를 조성하기 위하여 행정적·재정적·기술적 지원을 할 수 있다. 또한 국가 및 지방자치단체는 소방·방재·방역·보건·측량·감시·구호 등의 공공부문에서 드론이 활용될 수 있도록 노력하여야 한다(법 제3조).

2. 정책추진 체계

1) 드론산업발전기본 계획의 수립 (법 제2조)

가) 정부는 대통령령으로 정하는 절차에 따라 드론산업의 육성 및 발전에 관한 기본계획(이하 "기본계획"이라 한다)을 5년마다 수립·시행하여야 한다.

나) 기본계획에는 다음의 사항이 포함되어야 한다.
　1. 드론산업의 현황과 향후 전망
　2. 드론산업 육성을 위한 정책의 기본방향
　3. 드론산업의 부문별 육성 시책
　4. 드론산업 육성을 위한 연구개발 지원
　5. 드론산업 육성을 위한 제도 개선
　6. 드론산업 관련 사용자 보호
　7. 드론산업 관련 국제협력 및 해외시장 진출 지원
　8. 드론산업 육성을 위한 투자소요 및 재원조달 방안

---

[18] 부록 무인멀티콥터(드론) 관련법(드론법) 참조.

9. 그 밖에 드론산업 육성을 위하여 필요한 사항

다) 정부는 기본계획의 수립을 위하여 관계 중앙행정기관의 장, 특별시장·광역시장·특별자치시장·도지사 또는 특별자치도지사(이하 "시·도지사"라 한다) 및 공공기관(「공공기관의 운영에 관한 법률」 제4조에 따른 공공기관을 말한다. 이하 같다)의 장에게 관련 자료를 요청할 수 있다. 이 경우 자료 제공을 요청받은 각 기관의 장은 정당한 사유가 없으면 이에 따라야 한다.

라) 정부는 기본계획을 수립하거나 대통령령으로 정하는 중요한 사항을 변경하려면 관계 중앙행정기관의 장 및 시·도지사와 협의하여야 한다.

마) 정부는 기본계획을 수립하거나 변경하였을 때에는 그 내용을 관보에 즉시 고시하고, 관계 중앙행정기관의 장 및 시·도지사에게 알려야 한다.

바) 정부는 기본계획에 따라 연도별 시행계획을 수립하여야 한다.

2) 드론산업 실태조사 (법 제6조)

가) 정부는 드론산업 관련 정책의 효과적인 수립·시행을 위하여 매년 드론산업 전반에 걸친 실태조사를 실시할 수 있다.

나) 정부는 위의 가항에 따른 실태조사를 실시하는 경우 공공 및 민간부문의 드론시스템에 대한 중장기 수요전망을 포함할 수 있다.

다) 정부는 위의 가항에 따른 실태조사와 나항에 따른 수요전망 작성을 위하여 필요한 경우 중앙행정기관의 장, 시·도지사 및 공공기관의 장에게 필요한 자료를 요청할 수 있으며 각 기관의 장은 특별한 사유가 없으면 이에 따라야 한다.

라) 위의 가항부터 다항까지에 따른 실태조사의 대상·방법 및 절차에 관하여 필요한 사항은 대통령령으로 정한다.

3) 드론산업협의체 구성 및 운영 (법 제7조)

가) 정부는 드론의 운영·관리 등 드론산업과 관련된 업무를 담당하는 국가기관과 지방자치단체의 공무원, 공공기관의 임원 또는 직원 및 드론산업에 종사하는 사업자 등을 구성원으로 하는 드론산업협의체를 구성·운영할 수 있다.

나) 드론산업협의체 구성 및 운영에 관하여 필요한 사항은 대통령령으로 정한다.

4) 공공기관 드론 활용 등의 요청 (법 제8조)

국토교통부장관은 드론산업의 활성화를 위하여 중앙행정기관의 장, 시·도지사 및 공공기관의 장에게 드론시스템의 도입 및 활용 등을 요청할 수 있다.

3. 드론산업의 육성

정부는 드론시스템의 기술개발을 촉진하고 기본계획을 효율적으로 추진하기 위하여 대통령령으로 정하는 바에 따라 드론시스템의 기술 발전에 필요한 연구·개발 사업을 할 수 있으며 드론시스템의 연구·개발자, 제작자 및 수요자 간의 연계협력, 공공기관, 법인, 단체 및 대학 간의 공동연구 촉진을 위해 필요한 지원을 할 수 있다.

1) 드론 정보체계의 구축 운영 (법 제9조의2로 2023년 5월 16일부로 시행)

가) 국토교통부장관은 드론 관련 정보 및 자료 등을 체계적으로 관리하고 안전한 드론 활용 기반을 조성하기 위하여 다음의 정보를 포함한 드론 정보체계(이하 "정보체계"라 한다)를 구축·운영할 수 있다.
 1. 드론 관련 사고 현황·이력 등에 관한 정보
 2. 드론 관련 보험가입·보험금청구 등에 관한 정보
 3. 「항공안전법」 제122조 및 제123조에 따른 초경량비행장치(무인비행장치에 한정한다)의 신고 및 변경신고 등에 관한 정보
 4. 「항공안전법」 제125조에 따른 초경량비행장치(무인비행장치에 한정 한다)의 조종자 증명 등에 관한 정보

5. 「항공사업법」 제48조 및 제49조에 따른 초경량비행장치사용사업의 등록, 사업계획, 양도 · 양수, 합병, 상속, 휴업 및 폐업 등에 관한 정보
6. 그밖에 정보체계의 구축 · 운영을 위하여 필요한 정보로서 대통령령으로 정하는 정보

나) 국토교통부장관은 정보체계의 구축 · 운영을 위하여 필요한 경우 관계 중앙행정기관의 장, 지방자치단체의 장, 공공기관의 장, 관련 기관 및 단체의 장 등에게 필요한 자료 또는 정보의 제공을 요청할 수 있다. 이 경우 자료 또는 정보의 제공을 요청받은 자는 특별한 사유가 없으면 이에 따라야 한다.

다) 그밖에 정보체계의 구축 · 운영 등에 필요한 사항은 국토교통부령으로 정한다.

2) 드론특별자유화구역의 지정 및 관리 (법 제10조)

가) 국토교통부장관은 드론시스템의 실용화 및 사업화 등을 촉진하기 위하여 드론특별자유화 구역(이하 "드론특별자유화구역"이라 한다)을 지정 · 운영할 수 있다.

나) 국토교통부장관은 위의 가항의 드론특별자유화구역에서 행하는 드론 실용화 및 사업화 등을 위해 다음에 따른 법률에 규정된 인증 · 허가 · 승인 · 평가 · 신고 등을 대통령령으로 정하는 바에 따라 유예 또는 면제하거나 간소화할 수 있다.
1. 「항공안전법」 제23조에 따른 특별감항 증명
2. 「항공안전법」 제68조에 따른 무인항공기의 비행 허가
3. 「항공안전법」 제124조에 따른 시험비행 허가 또는 안전성 인증
4. 「항공안전법」 제127조에 따른 비행승인
5. 「항공안전법」 제129조 제5항에 따른 특별비행의 승인
6. 「전파법」 제58조의 2에 따른 적합성 평가

3) 드론시범사업구역의 지정 및 관리 (법 제11조)

가) 국통부장관은 대통령령으로 정하는 바에 따라 드론시스템의 실증·시험 등을 원활하게 수행하기 위한 드론시범사업구역(이하 "드론시범사업구역"이라 한다)을 지정·운영할 수 있다.

나) 국토교통부장관은 드론시범사업구역에서 다음의 어느 하나에 해당하는 자에게 행정적·재정적 지원을 할 수 있다.
  1. 드론의 성능시험 및 개발 등을 위하여 비행을 하는 자
  2. 안전기준 연구 등을 위하여 드론을 비행하는 자
  3. 그밖에 국토교통부령으로 정하는 자

4) 창업의 활성화 (법 제12조)

정부는 드론산업과 관련된 창업을 촉진하고 활성화하기 위하여 대통령령으로 정하는 바에 따라 다음의 행정적·재정적 지원을 할 수 있다.
  1. 창업자금의 융자
  2. 드론 관련 연구개발 성과의 제공
  3. 시험 장비 및 설비의 지원
  4. 그밖에 대통령령으로 정하는 사항

5) 드론첨단기술의 지정 및 지원 (법 제13조)

가) 산업통상자원부장관은 드론산업 관련 기술의 개발 및 활용을 촉진하기 위하여 기존 드론시스템을 첨단화한 기술을 대통령령으로 정하는 바에 따라 드론첨단기술(드론첨단기술이 접목된 제품을 포함한다. 이하 같다)로 지정할 수 있다.

나) 산업통상자원부장관은 관계 중앙행정기관의 장, 시·도지사 및 공공기관의 장에게 드론첨단기술을 우선 구매하여 사용하도록 요청할 수 있다.

다) 중소벤처기업부장관은 산업통상자원부장관의 요청에 따라 중소기업

(「중소기업기본법」 제2조에 따른 중소기업자를 말한다)이 개발한 드론첨단기술을 「중소기업제품 구매촉진 및 판로지원에 관한 법률」 제6조에 따른 경쟁제품으로 지정할 수 있다.

라) 산업통상자원부장관은 드론첨단기술로 지정된 기술이 다음의 어느 하나에 해당하는 경우에는 그 지정을 취소하거나 3개월 이내의 기간을 정하여 지정의 효력을 정지할 수 있다. 다만, 제1호에 해당하는 경우에는 그 지정을 취소하여야 한다.
1. 거짓이나 그 밖의 부정한 방법으로 지정을 받은 경우
2. 제1항에 따라 대통령령으로 정하는 드론첨단기술의 지정 기준에 적합하지 아니하게 된 경우

마) 위의 가항에 따른 드론첨단기술의 지정 및 라항에 따른 지정취소 등에 필요한 사항은 대통령령으로 정한다.

4. 전문인력의 양성 (법 제18조)

가) 정부는 드론산업 관련 전문인력의 양성과 자질 향상을 위하여 교육훈련을 실시할 수 있다.

나) 정부는 대통령령으로 정하는 연구소나 대학, 그 밖의 기관이나 단체를 전문인력 양성기관으로 지정하여 제1항에 따른 교육훈련을 실시하게 할 수 있으며, 이에 필요한 예산을 지원할 수 있다.

다) 위의 가항 및 나항에 따른 전문인력의 양성, 교육훈련에 관한 계획의 수립 및 전문인력 양성기관의 지정 요건·절차 등에 필요한 사항은 대통령령으로 정한다.

라) 정부는 위의 나항에 따라 전문인력 양성기관으로 지정받은 자가 다음의 어느 하나에 해당하게 된 때에는 그 지정을 취소할 수 있다. 다만, 아래 제1호에 해당하는 경우에는 그 지정을 취소하여야 한다.

1. 거짓이나 그 밖의 부정한 방법으로 지정을 받은 경우
2. 대통령령으로 정하는 지정 요건에 계속하여 3개월 이상 미달한 경우
3. 교육을 이수하지 아니한 사람을 이수한 것으로 처리한 경우

5. 해외진출 및 국제협력 (법 제19조)

가) 정부는 드론산업의 국제협력 및 해외시장 진출을 추진하기 위하여 관련 기술 및 인력의 국제교류, 국제전시회 참가, 국제표준화, 국제공동연구개발 등의 사업을 지원할 수 있다.

나) 정부는 대통령령으로 정하는 기관이나 단체로 하여금 위의 가항의 사업을 수행하게 할 수 있으며 필요한 예산을 지원할 수 있다.

6. 청문 (법 제20조)

행정청은 다음의 어느 하나에 해당하는 처분을 하려면 청문을 하여야 한다.
1. 법 제13조 제4항에 따른 드론첨단기술의 지정 취소
2. 법 제16조 제3항에 따른 우수사업자의 지정 취소
3. 법 제18조 제4항에 따른 전문인력 양성기관의 지정 취소

7. 벌칙 (법 제25조, 제26조)

가) 위탁받은 업무를 수행하는 과정에서 알게 된 비밀을 누설하는 자는 3년 이하의 징역 또는 3천만원 이하의 벌금에 처한다.

나) 다음의 어느 하나에 해당하는 자는 2년 이하의 징역 또는 2천만원 이하의 벌금에 처한다.
1. 거짓 또는 그 밖의 부정한 방법으로 드론첨단기술을 지정받은 자
2. 거짓 또는 그 밖의 부정한 방법으로 우수사업자로 지정받은 자

3. 거짓 또는 그 밖의 부정한 방법으로 전문인력 양성기관으로 지정받은 자

다) 양벌 규정 : 법인의 대표자나 법인 또는 개인의 대리인, 사용인, 그 밖의 종업원이 그 법인 또는 개인의 업무에 관하여 위반행위를 하면 그 행위자를 벌하는 외에 그 법인 또는 개인에게도 해당 조문의 벌금형을 과(科)한다. 다만, 법인 또는 개인이 그 위반행위를 방지하기 위하여 해당 업무에 관하여 상당한 주의와 감독을 게을리 하지 아니한 경우에는 그러하지 아니하다.

그림 2-4 드론 민원서비스 처리 기관(각종 신고 및 신청)

사전준비절차	사업자	기체신고	한국교통안전공단 drone.onestop.go.kr
		안정성 인증 (25kg 초과)	항공안전기술원 www.kiast.or.kr
		보험가입	손해보험회사
		조종자 증명 (250g 초과)	한국교통안전공단 www.kotsa.or.kr
		사업등록	지방항공청 drone.onestop.go.kr
	비사업용	기체신고 (2kg 초과)	한국교통안전공단 drone.onestop.go.kr
		안정성 인증 (25kg 초과)	항공안전기술원 www.kiast.or.kr
		조종자 증명 (250g 초과)	한국교통안전공단 www.kotsa.or.kr
비행승인 — 항공촬영허가		비행승인신청	승인기관 항공청, 군, 출장소
		원스톱 드론민원 서비스 drone.onestop.go.kr	
		항공촬영신청	허가기관 군

* 출처 : 드론원스톱 민원서비스(https://drone.onestop.go.kr)

☞ 참조 : 드론 원스톱 민원 처리부서(비행승인 기관)

【표 2-5】초경량비행장치 비행승인 관할 기관 연락처

지역	관할기관	연락처
인천, 경기 서부지역 (화성, 시흥, 의왕, 군포, 과천, 수원, 오산, 평택, 강화)	서울지방항공청 (항공운항과)	TP: 032-740-2157~8 FAX: 032-740-2159
서울, 경기 동부지역 (부천, 광명, 김포, 고양, 구리, 여주, 이천, 성남, 광주, 용인, 안성, 가평, 양평, 의정부, 남양주)	김포항공관리사무소 (안전운항과)	TP: 02-2660-5733
강원 영동지역 (고성, 속초, 양양, 강릉, 동해, 삼척, 태백)	양양공항출장소	TP: 033-670-7206
강원 영서지역 (철원, 화천, 양구, 인제, 춘천, 홍천, 원주, 횡성, 평창, 영월, 정선)	원주공항출장소	TP: 033-340-8202
충청남북도	청주공항출장소	TP: 043-210-6204
전라북도	군산공항출장소	TP: 063-471-5820
전라남도, 경상남북도, 부산, 대구, 울산, 광주 (관제권 외 지역)	부산지방항공청 (항공운항과)	TP: 051-974-2152~3 FAX: 051-971-1219
제주	제주지방항공청 (안전운항과)	TP: 064-797-1745 FAX: 064-797-1759
	정석비행장	TP: 064-780-0353

* 출처 : 드론원스톱 민원서비스(https://drone.onestop.go.kr)

PART

03

공역과 항공역학 및 기상

제1장 공역이란?

제2장 공역의 구분

제3장 우리나라의 공역 현황

제4장 항공역학

제5장 항공기상

제1장 공역이란?

1. 공역의 개념

공역(空域, Airspace)이란 항공기, 초경량비행장치 등의 안전한 활동을 보장하기 위하여 지표면 또는 해수면으로부터 일정 높이의 특정 범위로 정해진 공간을 말한다(국토교통부 고시 공역관리규정 제5조). 또한 공역은 국가의 무형자원 중의 하나로 항공기 비행의 안전, 항행안전관리, 주권보호 및 국가방위 목적으로 지정하여 사용한다.

공역의 설정은 국가안전보장과 항공안전, 항공교통에 관한 서비스의 제공 여부, 이용자의 편의성, 공역의 활용에 대한 효율성과 경제성 등을 고려하여 설정한다.[19]

2. 공역의 범위

1) 국제민간항공기구의 항공교통관리권역(8개)

항공교통관리권역(ATM Region)이란 국제민간항공기구(ICAO)가 항공기 비행을 지원할 목적으로 전 세계 공역을 태평양(PAC), 북미(NAM), 카리브(CAR), 남미(SAM), 유럽(EUR), 북대서양(NAT), 아프리카/인도양(AFI), 중동/아시아(MID/ASIA) 8개의 권역으로 분할하여 관리하는 구역이다.[20]

우리나라는 중동/아시아(MID/ASIA) 권역에 속하며 APAC(아시아 및 태평양 권역사무소 : 태국 방콕)에 소속되어 있다.

---

19) 신정호 외(2021), 드론학 개론, p.253.
20) 위의 책, p.253.

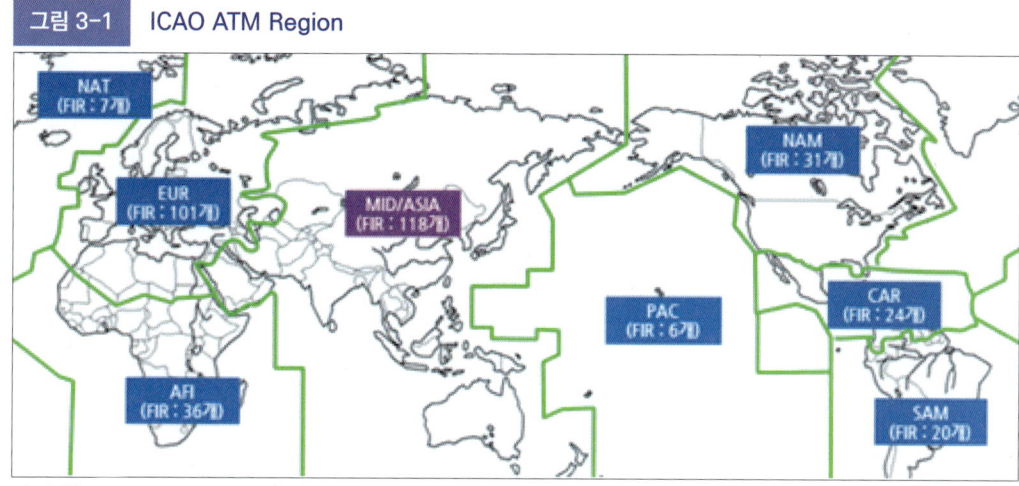

그림 3-1 ICAO ATM Region

* 출처 : ICAO Doc 7030(Regional Supplementary Procedures)

2) 국제민간항공기구의 지역사무소(7개)

o APAC(아시아 및 태평양 권역사무소) : 태국 방콕
　* 우리나라는 APAC에 소속되어 있음
o ESAF(동남 아프리카 권역사무소) : 케냐 나이로비
o WACAF(중서 아프리카 권역사무소) : 세네갈 다카
o EUR/NAT(유럽 및 북대서양 권역사무소) : 프랑스 파리
o MID(중동 권역사무소) : 이집트 카이로
o NACC(북중미 권역사무소) : 멕시코 멕시코시티
o SAM(남미 권역사무소) : 페루 리마

3. 공역의 분류[21]

1) 주권공역(Territory)

가) 영공(Territorial airspace) : 영토(Territory)와 영해(Territorial Sea)의 상공으로서 완전하고 배타적인 주권을 행사할 수 있는 공간
　o 영토 : 헌법 제3조에 의한 한반도와 그 부속 도서

---
21) 국토교통부 항공교통본부(https://www.molit.go.kr/USR/policyData/dtl?id=299)

o 영해 : 영해법 제1조에 의한 기선으로부터 측정하여 그 외측 12해리 선까지 이르는 수역

나) 공해상(Over the high seas)에서의 체약국의 의무 : 체약국은 공해상에서 운항하는 항공기에 적용할 자국의 규정을 시카고 조약에 의거하여 수립하여야 하며, 수립된 규정을 위반하는 경우 처벌 가능(시카고 조약 12조)

2) 비행정보구역(FIR : Flight Information Region)

비행정보구역(飛行情報區域)의 명칭은 국명(國名)을 사용하지 않고 비행정보업무를 담당하는 센터의 명칭을 그대로 사용한다. 따라서 한국의 FIR는 인천에 위치한 건설교통부 산하 항공교통센터에서 비행정보업무를 제공하므로 인천 FIR(Incheon Flight Information Region)라 한다.

우리나라의 인접국 비행정보구역은 일본(후쿠오카), 중국(상해·심양), 북한(평양) 비행정보구역이 있으며 지역관제업무, 비행정보업무, 경보업무 등에 관하여 상호 협조체제를 구축하고 있다.

각 권역을 국가별 영토 및 항행지원 능력을 감안하여 비행정보구역으로 지정, 자국 FIR 내에서 비행정보업무(Flight Information Services) 및 조난항공기에 대한 경보업무(Alerting Services)를 제공한다.

FIR은 ICAO 지역항공항행회의에서의 합의에 따라 이사회가 결정하며 국제민간항공협약 부속서 2 및 11에서 정한 기준에 의거, 당사국들은 관할공역 내에서 등급별 공역을 지정하고 항공교통업무를 제공하도록 규정하고 있다.

가) 국가별 FIR 면적
  o 대한민국(인천 FIR) : 43만 ㎢
  o 북한(평양 FIR) : 32만 ㎢
  o 중국(상해 FIR, 심양 FIR 등) : 960만 ㎢
  o 홍콩 FIR : 37만 ㎢
  o 일본(후쿠오카 FIR) : 930만 ㎢
  o 대만(타이베이 FIR) : 41만 ㎢

나) 대한민국의 비행정보구역(인천 FIR)

o 북쪽 : 휴전선
o 동쪽 : 속초 동쪽 방향으로 약 210 NM
o 남쪽 : 제주 남쪽 방향으로 약 200 NM
o 서쪽 : 인천 서쪽 방향으로 약 130 NM

그림 3-2 한반도 인접 비행정보구역

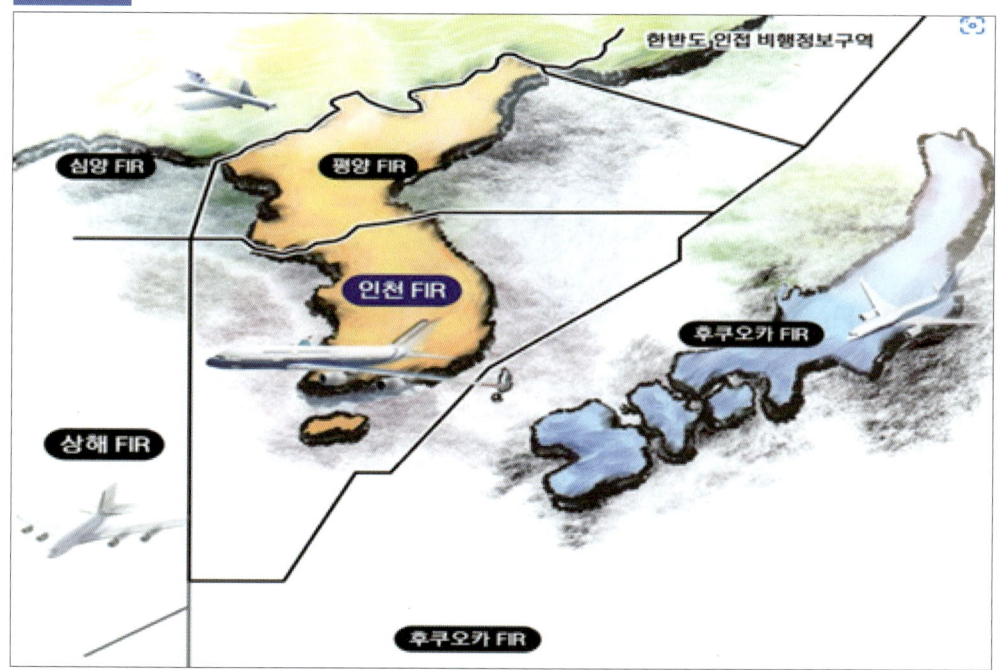

* 출처 : https://post.naver.com/viewer/postView.nhn?volumeNo=28690056&memberNo

구분	중국	일본	한국	대만	홍콩	북한
면적	960㎢	930㎢	43㎢	41㎢	37㎢	32㎢

3) 영구공역 및 임시공역

가) **영구공역** : 관제공역, 비관제공역, 통제공역, 주의공역 등이 항공로지도 및 항공정보간행물(AIP : Aeronautical Information Publication)에 고시되어 통상적으로 3개월 이상 동일 목적으로 사용되는 일정한 수평 및 수직 범위의 공역(국토교통부 장관이 지정·고시)

나) 임시공역 : 공역의 설정 목적에 맞게 3개월 미만의 기간만 단기간으로 설정되는 수평 및 수직 범위의 공역(국토교통부 항공교통본부장 등이 NOTAM에 고시)

　　* 항공고시보(NOTAM : Notice To Airman) : 항공관련 시설, 업무, 절차 또는 장애요소, 항공기 운항관련자가 필수적으로 알아야 할 지식 등의 신설, 상태 또는 변경과 관련된 정보를 통신수단을 통해 배포되는 공고문을 말한다.

4) 공역관리 및 운용

국토해양부는 인천 비행정보구역 내 항공기의 안전하고 효율적인 비행과 항공기의 수색 또는 구조에 필요한 정보제공을 위한 공역을 지정·공고하며, 공역의 설정 및 관리에 필요한 사항을 심의하기 위하여 공역위원회(위원장 : 항공정책실장)를 운영 중이다.

항공교통센터는 공역위원회에 상정할 안건을 사전에 심의·조정하고, 공역위원회로부터 위임받은 사항을 처리하기 위한 실무기구로 공역실무위원회(위원장 항공교통센터장)를 운영 중이다.

제2장 공역의 구분

1. 제공되는 항공교통업무에 따른 구분

【표 3-1】 항공교통업무에 따른 구분

종 류		내 용
관제공역	A등급	모든 항공기가 계기비행을 하여야 하는 공역
	B등급	계기비행 및 시계비행을 하는 항공기가 비행가능하고 모든 항공기에 분리를 포함한 항공 교통관계 업무가 제공되는 공역
	C등급	모든 항공기에 항공교통관제업무가 제공되나, 시계비행을 하는 항공 기간에는 비행정보업무만 제공되는 공역
	D등급	모든 항공기에 항공교통관제업무가 제공되나, 계기비행을 하는 항공기와 시계비행을 하는 항공기 및 시계비행을 하는 항공기 간에는 비행정보업무만 제공되는 공역
	E등급	계기비행을 하는 항공기에 항공교통관제업무가 제공되고 시계비행을 하는 항공기에 비행 정보업무가 제공되는 공역
비관제공역	F등급	계기비행을 하는 항공기에 비행정보업무와 항공교통조언업구가 제공되고 시계비행 항공기에 비행정보업무가 제공되는 공역
	G등급	모든 항공기에 비행정보업무만 제공되는 공역

* 출처 : 항공안전법 시행규칙 제22조 제1항 별표 23

2. 공역의 사용목적에 따른 구분

【표 3-2】 사용목적에 따른 구분

구 분		내 용
관제 공역	관제권	항공안전법 제2조 제25호에 따른 공역으로서 비행정보구역 내의 B, C 또는 D등급 공역 중에서 시계 및 계기비행을 하는 항공기에 대하여 항공교통관제업무를 제공하는 공역
	관제구	항공안전법 제2조 제26호 따른 공역(항공로 및 접근관제구역을 포함한다)으로서 비행정보구역 내의 A, B, C, D 및 E등급 공역에서 시계 및 계기비행을 하는 항공기에 대하여 항공교통관제업무를 제공하는 공역
	비행장교통구역	항공안전법 제2조 제25호에 따른 공역 외의 공역으로서 비행정보구역 내의 D등급에서 시계비행을 하는 항공기 간에 교통정보를 제공하는 공역
비관제 공역	조언구역	항공교통조언업무가 제공되도록 지정된 비관제공역
	정보구역	비행정보업무가 제공되도록 지정된 비관제공역
통제 공역	비행금지구역 (P)	안전, 국방상, 그 밖의 이유로 항공기의 비행을 금지하는 공역
	비행제한구역 (R)	항공사격, 대공사격 등으로 인한 위험으로부터 항공기의 안전을 보호하거나 그 밖의 이유로 비행허가를 받지않은 항공기의 비행을 제한하는 공역
	초경량비행장치 비행제한구역	초경량비행장치의 비행안전을 확보하기 위하여 초경량비행장치의 비행활동에 대한 제한이 필요한 공역
주의 공역	훈련구역	민간항공기의 훈련공역으로서 계기비행 항공기로부터 분리를 유지할 필요가 있는 공역
	군작전구역	군사작전을 위하여 설정된 공역으로서 계기비행 항공기로부터 분리를 유지할 필요가 있는 공역
	위험구역	항공기의 비행 시 항공기 또는 지상 시설물에 대한 위험이 예상되는 공역
	경계구역	대규모 조종사의 훈련이나 비정상 형태의 항공활동이 수행되는 공역

* 출처 : 항공안전법 시행규칙 제22조 제1항 별표 23

o P(Prohibited) : 비행금지구역
o R(Restricted) : 비행제한구역
o 관제공역 : 항공기의 안전 운항을 위하여 규제가 가해지고 인력과 장비가 투입되어

적극적으로 항공교통관제업무가 제공되는 공역이다.
o 관제권(CTR : Control Zone) : 계기비행 항공기가 이착륙하는 공항 주위에 설정되는 공역으로 공항 중심(ARP)으로부터 반경 5NM 내에 있는 원통구역과 계기출발 및 도착절차를 포함하는 공역을 말하며 그 권역 상공에 다른 공역이 설정되지 않는 한 상한 고도는 없다.

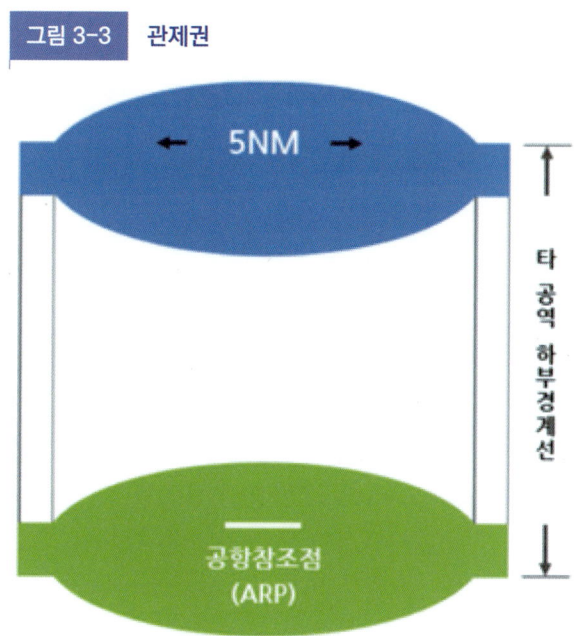

그림 3-3 관제권

* 출처 : 국토교통부 항공교통본부

o 관제구(CTA : Control Area) : 지표면 또는 수면으로부터 200m 이상 높이의 공역이다.
o 비관제공역 : 항공관제 능력이 미치지 않아 서비스를 제공할 수 없는 공해 상공의 공역 또는 항공 교통량이 아주 적어 공중충돌 위험이 크지 않아서 항공관제업무 제공이 비경제적이라고 판단되어 항공교통관제업무가 제공되지 않은 공역이다.
o 통제공역 : 항공교통의 안전을 위해 항공기의 비행을 금지하거나 제한할 필요가 있는 공역이다.
o 주의공역 : 항공기의 비행 시 조종사의 특별한 주의 · 경계 · 식별 등이 필요한 공역이다.

3. 기타 공역

1) 방공식별구역(ADIZ : Air Defense Identification Zone)

　방공식별구역은 영공방위를 위해 이 공역을 비행하는 항공기에 대하여 식별, 위치 결정 및 통제업무를 실시하는 공역이다.
　비행정보구역과는 별도로 한국방공식별구역(韓國防空識別區域, KADIZ : Korea Air Defense Identification Zone)을 설정하여 국방부가 관리한다.
　영공 침입을 방지하기 위하여 각국이 설정하는 공역(空域)이다. 국제법상 주권을 가진 영공으로는 인정되지 않는다. 영공에서부터의 식별거리를 설정하는 것이기 때문에 대개 국가 간의 협상이 아닌 어느 한 국가의 일방적인 선포로 이루어진다. 따라서 국제적으로는 인정되지 않는 개념이다.
　한국방공식별구역은 1951년 미국 태평양공군사령부에 의해 극동방위 목적으로 설정되었는데, 이 당시 이어도가 제외돼 있어 그동안 논란이 되었다. 그러다가 2013년 11월 중국이 이어도 등을 포함한 방공식별구역(CADIZ)를 선포하자, 우리나라는 이에 대응한 새 방공식별구역을 2013년 12월 8일 선포했다. 우리나라의 새 방공식별구역은 기존 한국방공식별구역(KADIZ)의 남쪽 구역을 국제민간항공기구(ICAO)가 설정한 비행정보구역(FIR)과 일치시킨 것으로 기존에 포함되지 않아 논란을 일으켰던 이어도, 마라도, 홍도를 포함시켰다. 이 새 한국방공식별구역(KADIZ)은 2013년 12월 15일부터 효력이 발생되었다.[22]

2) 제한식별구역(Limited Identification Zone)

　제한식별구역은 방공식별구역에서 평시 국내 운항을 용이하게 하고 효율적으로 각종 비행작전, 방공작전을 도모하기 위하여 설정한 공역이다. 공군 작전사령관이 합참의장의 승인을 받아 설정한다.
　우리나라는 해안선을 따라 한국제한식별구역(韓國制限識別區域, KLIZ : Korea Limited Identification Zone)을 설정하여 국방부(공군)가 관리한다.
　이 구역에서는 항공기 식별이 안 될 경우 요격기를 투입한다.

---

22) 네이버 지식백과(https://terms.naver.com/)

제3장 우리나라의 공역 현황

1. 항공로

항공로(airway)는 항공기의 항행에 적합하도록 항행안전무선시설(VOR 등)을 이용하여 설정하는 공중의 통로(Corridor)이다.[23] 항공로의 너비는 육상에서는 18㎞, 해상에서는 90㎞이며 높이는 지상 200m에서 무한 상공까지 연결된 공간이다. 항공로의 설정은 국제민간항공기구(ICAO)에서 정한 비행 정보구역을 관할하는 나라가 행하며, 항공로지(航空路誌), 노탐(NOTAM; Notice To Airman)에 의해 고시된다.[24]

o 우리나라 항공로 : 총 52개
  - 국제 11개
  - 국내 41개

【표 3-3】 항공로

구 분			항공로수	명 칭
국제	A	재래식	4	A582, A586, A593, A595
	B	재래식	3	B332, B467, B576
	G	재래식	3	G339, G585, G597
	L	RNAV	1	L512
국내	V	재래식	4	V11, V543, V547, V549
	W	재래식	4	W45, W61, W62, W526
	Y	RNAV	17	Y233, Y437, Y579, Y253, Y644, Y655, Y657 Y659, Y677, Y685, Y697, Y711, Y722, Y744 Y781, Y782, Y590
	Z	RNAV	16	Z50, Z51, Z52, Z53, Z54, Z55, Z56, Z57, Z63 Z81, Z82, Z83, Z84, Z85, Z86, Z91
총 계			52	국제 : 11개, 국내 : 41개

* 출처 : 국토교통부

---

23) 한국교통안전공단(2022), 초경량비행장치 조종교육교관과정, p.63.
24) 네이버 지식백과(https://terms.naver.com)

2. 접근관제구역

접근관제구역(Terminal Control Area)은 관제구의 일부분으로 항공교통센터로부터 구역, 업무범위, 사용고도 등을 협정으로 위임받아 운영한다.

o 대한민국(인천 FIR 내) 접근관제구역(14개소)
- 국토부 : 서울, 제주
- 한국공군 : 김해, 광주, 사천, 대구, 강릉, 중원, 해미, 원주, 예천
- 한국해군 : 포항
- 미 공군 : 오산, 군산

그림 3-4 접근관제구역

* 출처 : 국토교통부 항공교통본부 홈페이지(www.molit.go.kr)

3. 공항

공항(空港, airport)은 여객기, 화물 항공기의 이륙과 착륙(airfield), 운송이 가능하기 위한 설비가 갖추어진 비행장을 말한다. 즉 공항은 비행기가 뜨고 내릴 수 있는 활주로, 탑승수송 및 여객 업무처리, 탑승자 대기, 세관, 출입국관리, 검역 등을 위한 시설이 마련되어 있는 것이 일반적이다.

2022년 현재 우리나라의 공항은 다음과 같다.
  o 국제공항 : 8개(인천, 김포, 제주, 김해, 청주, 대구, 양양, 무안)
  o 국내공항 : 7개(군산, 여수, 포항경주, 울산, 원주, 사천, 광주)
  o 군민공용 : 8개(원주, 청주, 대구, 포항, 김해, 사천, 광주, 군산)

4. 비행금지 및 제한구역

1) 비행금지구역

비행금지구역(flight prohibited area)은 안전, 국방상 그 밖의 목적으로 항공기 비행을 금지하는 공역이다. 즉 영공을 가진 국가 등의 관련 법규에 따라 지정된 상공에서의 비행을 금지하는 공역을 의미한다. 우리나라의 비행금지구역은 용산 대통령실과 국방부 청사, 휴전선 일대, 고리·월성 등 원자력 발전소 주변 등으로 구체적으로 다음과 같다.

  o 서울 지역
    - P-73 A/B : A 공역은 용산 대통령실과 국방부 청사를 중심으로 하는 반경 2NM(3.7km), B 공역은 중심반경 4.5NM, 허가 없이 침범시 격추하며 비행 시 7일 이전 육군 수도방위사령부에 승인을 받아야 한다.
  o 휴전선 접경지역
    - P-518 : 군사분계선으로부터 여러 개 지점을 연결
  o 한국원자력발전소 및 연구원 지역 : P-61 ~ P-65
    - 고리(P-61), 월성(P-62), 영광(P-63), 울진(P-64), 대전(P-65)
    - A 지역 : 중심으로부터 3.7km(대전연구소는 1.86km)
    - B 지역 : 18.6km

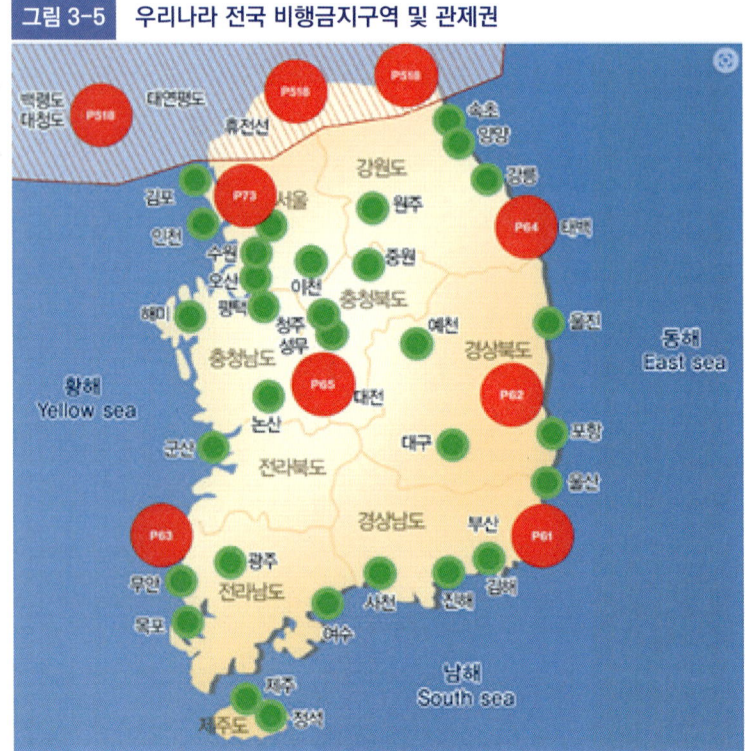

그림 3-5 우리나라 전국 비행금지구역 및 관제권

* 출처 : 드론원스톱민원서비스

2) 비행제한구역

비행제한구역(flight restricted area)은 항공사격, 대공사격 등으로 인한 위험으로부터 항공기의 안전을 보호하거나 그 밖의 이유로 비행허가를 받지 아니한 항공기의 비행을 제한하는 공역이다. 우리나라의 비행금지구역은 다음과 같다.

- o 공군 작전공역
- o 공항지역 : 군 민간비행장 주변 5NM(9.3km) 이내 지역
- o 서울지역 비행제한구역(R-75) : 군사적 목적으로 설정된 수도권의 비행제한구역으로 비행을 위해서는 수도방위사령부에 사전 비행계획을 승인받아야 한다.
  * 비행금지구역 P-73보다 바깥쪽인 R-75라고 불리는 비행제한구역 침범 시 즉각 두 차례 경고 방송, 이어 비행체가 R-75 구역을 완전히 침범한 후에는 신호탄을 발사, 경고 방송과 신호탄 발사에도 불구하고 P-73 비행금지구역으로 접근 시에는 곧바로 경고사격을 실시, 그리고, 비행체가 "비행금지구역으로 완전히 침범한 상황에서는 적대행위로 간주하여 교전수칙에 따라 격추사격을 하라"고 군 대응 매뉴얼에 규정돼 있음.

3) 기타 군 사격장 등 공역

우리나라는 전국에 걸쳐 용문(R-1), 오천(R-89), 대청도(R-116) 등이 군 사격장 공역이 지정되어 운영되고 있다.

5. 비행장교통구역(ATZ)

비행장교통구역(ATZ : Aerodrome Traffic Zone)은 관제권 외 D등급에서 시계비행을 하는 항공기 간에 교통정보를 제공하는 공역이다. 우리나라의 비행장교통구역은 다음과 같다.
o 수평적으로 비행장 중심으로부터 반경 3NM 이내
o 수직적으로 지표면으로부터 3,000ft 이내
o 우리나라의 ATZ : 총 13개
 - 육군 : 11개(춘천, 홍천, 조치원, 전주, 영천 등)
 - 민간 : 2개

6. 초경량비행장치 비행 공역

초경량비행장치 비행공역(UA)에서는 150m 미만의 고도에서 비행승인 없이 비행이 가능하며 기본적으로 그 외 지역에서는 25Kg 초과 무인비행장치는 비행승인을 받아야 비행이 가능하다. 또한 무인비행선 중 연료의 무게를 제외한 자체무게가 12Kg 이하이고 길이가 7m 이하인 것은 비행승인 없이 비행이 가능하다.

현재 우리나라(국토교통부)는 드론산업의 육성을 위해 양평(UA-9), 대전(UA-41), 창원(UA-37) 등 전국적으로 32개 초경량비행장치 비행공역(UA 2~40)을 지정하여 운영하고 있다.
 * 서울 지역은 광나루 비행장, 신정비행장 등이 지정되어 운영하고 있다.

관제권 현황(비행가능공역, 비행금지공역 등)은 국토교통부에 제작한 스마트폰 어플 '드론 플라이(Drone Fly)'에서 지도서비스 확인이 가능하다.

제4장 항공역학

항공역학은 공기나 기체의 운동을 다루는 학문이며, 구체적으로는 유체를 지나는 물체(비행기 날개)와 유체의 상호작용을 다루는 학문 분야이다. 특히 항공역학은 비행기, 로켓의 비행과 관련된 원리를 설명하는 학문이다.

이처럼 항공역학은 무인 비행장치(드론)가 어떤 원리로 양력을 발생하여 공중에 떠오르고 전후좌우로 이동하는가에 대한 의문점을 풀어준다.

1. 날개(Airfoil) 이론

항공역학에서 드론의 비행원리를 이해하기 위해서는 '공기의 작용과 반작용'에 대한 날개이론을 반드시 알아야 한다. 이는 새나 곤충이 하늘을 날아다니는 원리와 같은 것이다.

날개(風板, Airfoil)란 항공기의 날개, 헬리콥터 블레이드의 단면, 드론의 프로펠러의 단면 등 어떤 물체의 단면을 학술적으로 정의하는 용어이다.[25] 날개는 공기속을 통과할 때 공기흐름에 의해 반작용을 일으킬 수 있도록 인위적으로 고안된 구조 또는 물체를 말한다.

날개의 역할은 비행물체를 부양시키는 양력을 발생시키고 수평, 수직 안정판과 같이 안정성을 제공해 주며 항공기의 조종과 추진력을 발생시킨다.[26]

날개는 영각(받음각, Angle of Attack)과 취부각(붙임각, Angle of Incidence)이 양력에 영향을 미친다.

  o 영각(迎角, 받음각)은 날개의 시위선(익현선)과 공기흐름의 속도 방향이 만드는 사이 각으로 비행체를 부양시킬 수 있는 항공역학적 각이며 양력을 발생시키는 가장 큰 요인이 된다. 즉 비행기가 날아가는 방향과 날개가 놓인 방향 사이의 각이다. 수평 직진 비행 상태에서 상승비행으로 전환시킬 때 영각을 증가시켜 양력을 증가시킨다. 영각이 커지면 양력이 커지고 그만큼 항력은 감소한다.
  o 취부각(取付角, 붙임각)은 비행체의 동체(로터의 회전면)와 날개의 시위선(익현선)이

---
25) 신정호 외(2021), 드론학 개론, p.58.
26) 류영기 외(2023), 무인멀티콥터 드론 요점 & 필기시험, p.103.

이루는 사이각이다. 취부각에 따라 양력이 증가 또는 감소한다. 취부각은 비행기의 자세가 바뀌어도 변하지 않는다. 취부각은 기계적인 각으로 통상 블레이드 피치각이라고도 한다. 항공기의 속도가 없는 상태에서 영각과 취부각은 동일하다.

날개의 형태는 대칭형, 비대칭형, 초음속 등이 있으며, 날개의 두께와 길이는 얇은 날개, 두꺼운 날개, 긴 날개, 짧은 날개 등이 있다.

통상 멀티콥터 날개의 재질은 플라스틱, 티타늄 등으로 제작되어 있다.

그림 3-6 영각(받음각)과 취부각(붙임각)

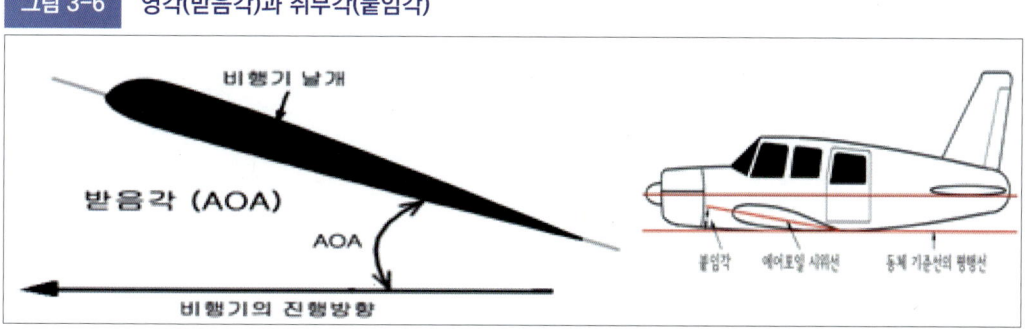

* 출처 : https://blog.naver.com/icandron/222311047168

2. 뉴턴의 운동법칙(Newton's laws of motion)

1) 제1법칙 : 관성의 법칙

관성의 법칙(law of inertia)은 뉴턴의 운동법칙 중에서 제1법칙으로 외부에서 힘이 가해지지 않는 한 모든 물체는 기존 운동상태를 그대로 유지하려고 하는 성질을 말한다.

즉, 정지한 물체는 계속 정지하려는 성질(정지관성)이 있으며, 운동하던 물체는 계속 직선운동을 하려고 하는 성질(운동관성)을 의미한다. 드론도 움직이는 비행체이기 때문에 뉴턴의 운동법칙을 적용받는다.

2) 제2법칙 : 가속도의 법칙

가속도의 법칙(law of acceleration)은 뉴턴의 운동법칙 중에서 제2법칙으로 힘이 가해졌을 때 물체가 얻는 가속도는 가해지는 힘에 비례하고 물체의 질량에 반비례하는 것이다. 즉 어떤 물체가 힘을 받으면 그 물체는 힘의 방향으로 가속되려는 성질을 말한다.

공식은 F = ma (F=힘, m=질량, a=가속도)이다. 힘은 질량과 가속도에 비례하고(곱한 값), 가속도는 힘의 크기에 비례하고 질량에 반비례한다(a=F/m).

3) 제3법칙 : 작용반작용의 법칙

작용반작용의 법칙(law of actin and reaction)은 뉴턴의 운동법칙 중에서 제3법칙으로 물체 A가 물체 B에 미치는 것을 작용, 물체 B가 물체 A에 미치는 것을 반작용이라 한다. 모든 작용은 작용이 있으면 반작용이 있음을 말한다. 즉 모든 작용은 힘의 크기가 같고 방향이 반대인 반작용을 수반한다는 것이다.

드론의 경우 프롭이 어느 한 방향으로 회전한다면, 기체의 몸체는 반작용법칙이 작용하여 반대 방향으로 회전하려는 토크현상이 발생한다.[27](기타 예: 포신의 후퇴작용)

3. 베르누이의 법칙

베르누이[28]의 법칙은 지속적으로 흐르는 유체 시스템에서 전체 에너지는 일정하다는 법칙이다. 유체(流體, 공기 또는 액체)는 좁은 관(Venturi tube)을 지나갈 때는 속력이 증가하고 넓은 관을 지나갈 때는 속력이 감소한다. 즉 유체(공기)의 속도가 증가하면 동시에 압력이 떨어진다. 이때 위쪽이 낮은 압력으로 양력이 발생하여 비행체가 위로 떠오른다.

드론은 고정익 비행물체와 양력의 차이는 있으나, 프로펠러가 회전하면서 이러한 베르누이의

| 그림 3-7 | 다니엘 베르누이 |

* 출처 : https://blog.naver.com/newrains/

---

27) 신정호 외(2021), 드론학 개론, p.55.
28) 베르누이(Daniel Bernoulli, 1700~1782)는 스위스의 수학자이자 과학자이며, 항공기 날개 및 설계 분야의 근간을 이루는 베르누이 법칙을 만들었다.

법칙에 따라 양력을 발생시킨다.

벤츄리관(Venturi tube)은 흐르는 물체(공기 또는 액체), 즉 유체의 속도를 측정하기 위해 사용되는 관을 말한다. 유체의 흐름을 측정하기 위해 관의 내부에 작은 병목 부분이 있는 관으로서 그 부분을 중심으로 관 양쪽의 압력차를 이용하여 베르누이의 정리를 통해 양쪽의 유량을 계산할 수 있도록 만든 관이다. 이탈리아 조반니 바티스타 벤츄리(Giovanni Battista Venturi, 1746~1822)에 의해 만들어진 이 벤츄리관은 그의 이름에서 유래하여 벤츄리관으로 명명되었다. 자동차의 기화기에 널리 이용되며 다른 여러 분야에도 널리 이용되고 있다.[29] 또한 벤츄리 효과(Venturi Effect)를 보여주는 특징적인 파이프의 형태를 벤츄리관이라고 부른다. 다음의 그림과 같이 그 원리를 설명할 수 있다.

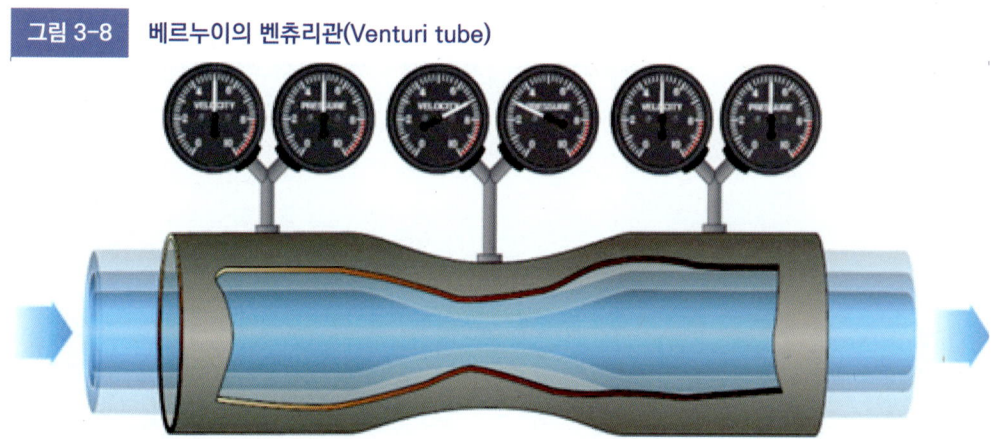

그림 3-8 베르누이의 벤츄리관(Venturi tube)

* 출처 : https://skyfalcon.tistory.com/35

베르누이 정리에 의하면, 유체가 수평면에서 운동할 때, 즉 이는 위치 에너지의 변화가 없는 경우이므로 유체 압력의 감소는 유속의 증가를 뜻한다.

예를 들어, 얇은 종이를 손바닥에 올려놓고 종이의 위쪽을 세게 불면, 종이가 위로 올라간다. 그리고 사과 2개를 가까이 매달아 놓고 그 사이로 바람이 세게 불면 사과의 간격이 좁아진다. 이러한 사실로부터 공기가 빨리 흐르는 곳의 압력이 감소한다는 것을 알 수 있다. 곧 유체의 흐름이 빠른 곳의 압력은 유체의 흐름이 느린 곳의 압력보다 작다. 이러한 원리를 처음으로 발견한 사람이 베르누이로, 그의 이름에서 유래하여 베르누이의 정리라고 부른다. 비행기의 날개는 윗부분이 아랫부분보다 길이가 길다. 그래서 공기의 흐름은 위쪽에서 더 빠르고, 압력은 아래쪽이 더 크다. 이 때문에 날개가 뜨는 힘

---

29) https://www.scienceall.com/%EB%B2%A4%ED%88%AC%EB%A6%AC%EA%B4%80venturi-tube/

(양력)을 얻게 된다.[30]

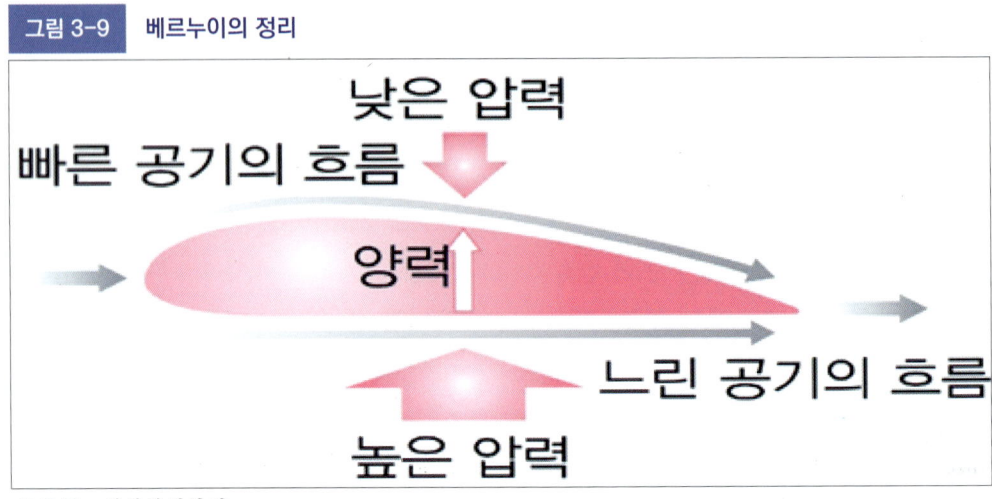

그림 3-9 베르누이의 정리

* 출처 : 시사상식사전

4. 비행체에 작용하는 힘

비행체에 작용하는 힘에는 양력, 중력, 추력, 항력이 있다.

1) 양력

　양력(揚力, lift)이란 유체(공기)의 흐름 방향에 대해 수직으로 작용하는 항공역학적인 힘을 말한다. 즉, 위로 뜨게 하는 힘이다.
　새나 곤충, 비행기, 헬리콥터 등 공기 중에서 날아다니는 것들과 마찬가지로 드론도 이 양력을 이용해 날아오르고 있다. 날개는 흐르는 공기에 대하여 반작용으로 양력을 발생시킨다.

---

30) 네이버 지식백과, 베르누이의 정리(Bernoulli's theorem), 기상학백과.

2) 중력

중력(重力, gravity, weight)은 지구와 물체가 서로 당기는 힘을 말한다. 물체가 지구중심을 향해 떨어지는 것은 지구와 물체 사이에 힘이 작용하기 때문이다. 중력은 양력과 반대되는 힘이다.

비행장치(드론 등)의 중량은 중력을 받는 힘이며 그 힘의 방향은 지구중심이다. 엄격히 말해 중력은 지구의 만유인력과 자전에 의한 원심력을 합한 힘이다. 이따금 만유인력을 중력이라고도 부른다.

3) 추력

추력(推力, thrust)이란 비행장치(추진체)가 공기 중에서 주위의 유체(공기)를 밀어내거나 연소를 분사하여 그에 대한 반작용으로 앞으로 나아가려는 힘이다. 추력은 항력과 반대되는 개념이다.

제트엔진은 고압의 가스를 분출하여 추력을 발생하지만, 멀티콥터(드론)는 회전하는 메인로터에 경사를 주어 추력을 발생시킨다.

4) 항력

항력(抗力, drag)은 비행장치가 유체(공기) 내에서 운동할 때 받는 저항력을 말한다. 즉 추력에 반대로 작용하는 항공역학적인 힘이다.

항력은 멀티콥터(드론)의 전진하는 힘을 더디게 하는 힘으로, 이는 공기의 밀도, 표면마찰, 기온, 습도, 비, 바람의 세기 등에 따라 그 힘의 크기가 달라진다. 항력은 저항력 또는 끌림힘이라고도 불린다. 사람이 센 바람 속이나 물속에서 움직이기 어려운 것은 항력이 작용하기 때문이다.

| 그림 3-10 | 양력 – 중력 – 추력 – 항력의 비교 |

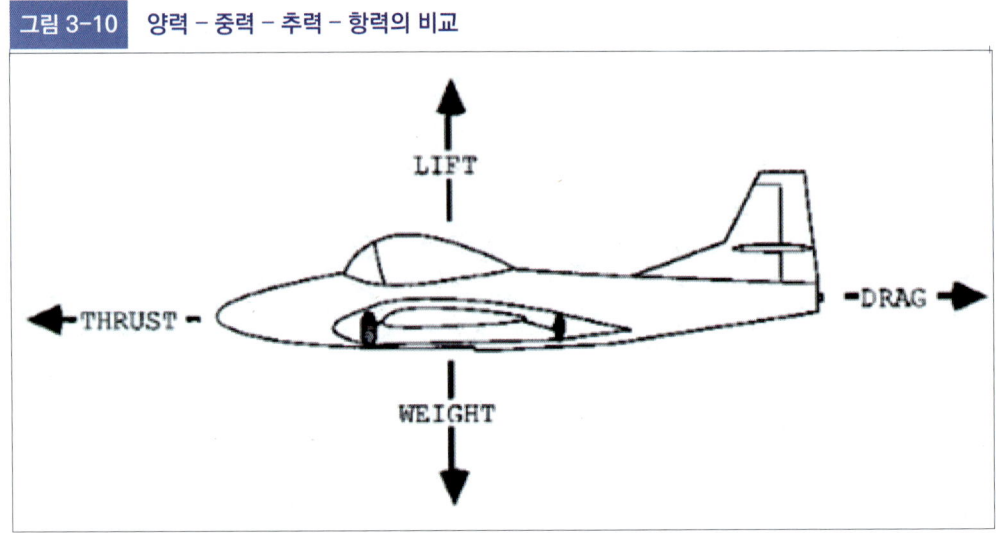

* 출처 : https://nertyio.tistory.com/552

5. 멀티콥터(드론)의 비행원리[31]

　멀티콥터는 로터를 회전시켜 발생하는 양력(揚力, lift)으로 비행한다. 전후좌우 움직이는 것도 헬리콥터와 같이 이동하려는 방향으로 로터를 기울이면 양력의 일부가 추력으로 작용하여 움직이게 된다.

　쿼드콥터 비행체는 로터가 4개이기 때문에 각 로터의 회전수를 조절하여 기체의 자세를 조절할 수 있다. 즉 쿼드콥터형 비행체가 제자리에서 정지 비행(hovering)을 하면서 상승해야 할 경우, 로터 4개의 회전수를 동일하게 높이면 되고, 하강해야 할 경우, 로터 4개의 회전수를 동일하게 낮추면 된다.

　기체를 전진시켜야 할 경우, 전방의 2개 로터의 회전수를 후방의 2개 로터보다 적게 하면 기체의 앞면은 내려가고 뒷면은 올라가게 되는데, 로터 부양력의 일부가 진행 방향으로 추력으로 작용하여 비행체 전진하게 된다. 후진과 좌우 방향 비행도 같은 원리로 구현된다.

---

31) 윤광준·정우영 외(2021), K-드론봇, pp 8~10.

그림 3-11 멀티콥터의 상승 – 하강 원리

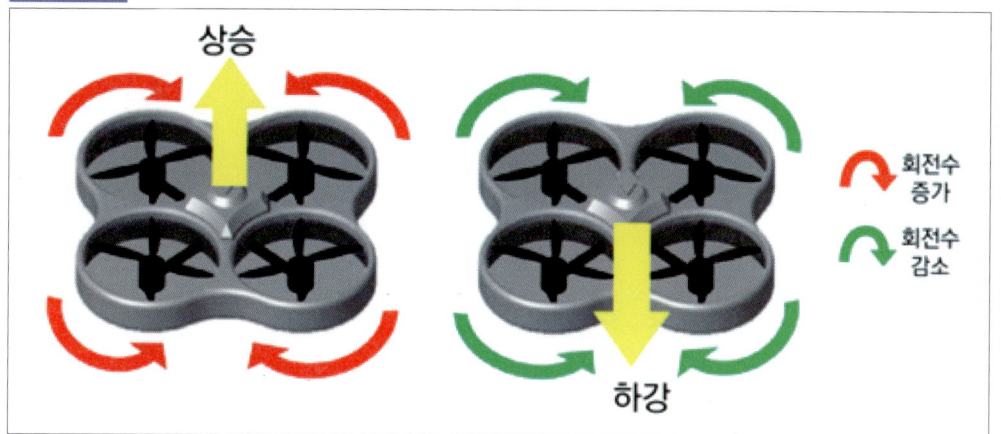

* 출처 : 윤광준 외(2021), K-드론봇

그림 3-12 멀티콥터의 전후좌우 이동 원리

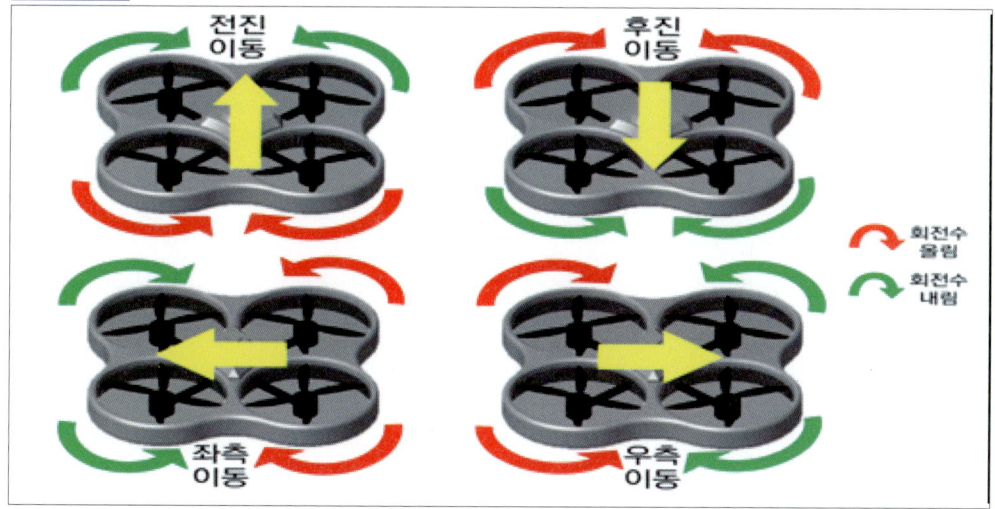

* 출처 : 윤광준 외(2021), K-드론봇

제5장 항공기상

1. 항공기상과 비행

항공기상은 드론 등 항공비행에 영향을 주는 기상을 의미한다. 무인 멀티콥터는 150m 이하의 고도에서 운항하지만, 기온·대기·습도·기압 등 각종 기상요인에 의해 많은 제약을 받는다.

우리나라 기상청은 항공기의 안전과 경제적인 운항을 위해 전국의 항공기상 업무를 총괄하는 기관으로 항공기상청을 인천국제공항에 설치하고, 공항기상대는 김포·제주·무안·울산·김해공항에, 공항기상실은 여수·양양공항에 설치하여 항공기상 업무를 수행하고 있다.

항공기상청은 국제민간항공기구(ICAO : International Civil Aviation Organization)의 표준에 따라 우리나라 비행정보구역을 비행하는 항공기 안전에 큰 영향을 미치는 위험기상을 감시하고, 공항예보·특보 등의 항공 기상정보를 생산하여 공개하고 있다.

또한 기상청은 개인, 단체, 기업들이 더 적극적으로 기상자료를 활용할 수 있도록 과거의 기상자료에 대한 증명발급이나 자료제공에 대한 서비스를 실시하고 있다. 기상청에서 발급된 '기상증명서'나 '기상감정서'는 공사 연기원이나 법원·경찰서 등에서 증거자료로 사용되며, 과거의 기상 자료는 학술·연구 및 보고서 작성 등 참고자료로도 활용되고 있다. 그리고 기상청에서 생산·관리하는 기상기후 데이터를 사용자가 쉽게 접근 및 활용할 수 있도록 기상자료개방 포털(data.kma.go.kr)을 통해 서비스하고 있다.[32]

이 장에서는 무인멀티콥터(드론) 비행 시에 수시 요구되는 기본적인 정보로써 항공운항에 영향을 미치는 꼭 필요한 기상현상과 위험기상에 대해서만 간략히 기술하고자 한다.

---

32) 기상청(https://www.kma.go.kr/kma/biz/cooper01_01.jsp)

| 그림 3-13 | 우리나라의 항공기상 업무기관 |

* 출처 : 기상청(https://www.kma.go.kr)

2. 기상현상

1) 지구대기

대기(大氣, Atmosphere)는 지구의 주위를 둘러싸고 있는 기체(공기)를 말한다. 지구의 대기는 대부분이 질소(78%), 산소(21%), 이산화탄소(0.04%) 등으로 구성되어 있다.

저고도에서 배터리로 운용되는 드론은 대기의 영향을 크게 받지 않지만, 고고도에서 엔진을 동력으로 하는 무인기는 산소의 양에 따라 장비의 효율성에 영향을 줄 수 있다.[33]

지구 전체 대기의 50%는 고도 약 6~7km 이내에 분포하고, 90%는 고도 약 16km 이내에 분포되어 있다. 이는 고도에 따라 달라지는 중력 및 온도 등의 영향에 의한

---
33) 신정호 외(2021), 드론학개론, pp.273~274.

분포이다.

지구의 대기권은 지표면으로부터 시작하여 대류권, 성층권, 중간권, 열권, 외기권으로 구분한다. 대류권(Troposphere)은 지표면으로부터 약 12km 정도까지의 영역이며, 지표면에서의 에너지 전달에 의해 고도가 높아질수록 온도가 낮아지게 되어 대류현상이 일어나는 구간이다. 성층권(Stratosphere)은 대류권 위로부터 약 50km 정도까지의 영역이며, 오존층에 의한 태양 자외선 복사에 의해 고도가 높아질수록 온도가 증가하게 된다. 따라서 성층권은 대기 조건이 매우 안정하여 대류 및 난류가 발생하지 않아, 항공기의 운항에 사용된다. 중간권(Mesosphere)은 성층권 위로부터 약 80km 정도까지의 영역이며, 고도가 올라갈수록 온도가 낮아져 지구상에서 가장 추운 곳이다. 약간의 대류현상은 일어나지만, 수증기가 희박해 기상현상은 관측되지 않는다.[34] 열권(Themosphere)은 중간권 위에서부터 약 700km까지의 영역이다. 외기권(Exosphere)은 지구 대기의 가장 외곽의 영역이다.

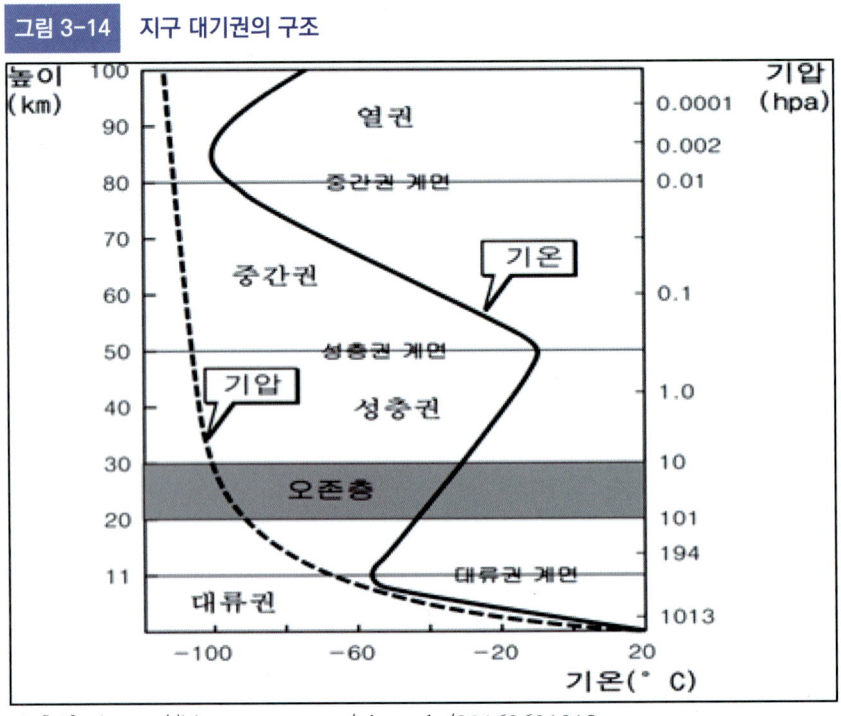

그림 3-14 지구 대기권의 구조

* 출처 : https://blog.naver.com/glastudy/80162691918

---

34) 네이버 지식백과(https://terms.naver.com/)

2) 기압과 밀도

　기압(氣壓, Atmospheric Pressure)은 1㎠ 면적에 1,000km 높이로 쌓인 공기의 무게가 짓누르는 압력을 1기압, 즉 단위면적당(per unit area) 공기의 무게로 대기압이라고도 부른다. 또한 1기압은 760mm의 수은(Hg) 기둥의 높이에서 10m 정도의 물기둥의 무게와 동일하다. 표준 대기압은 기압의 표준값이며 온도 0℃, 중력의 가속도가 980.665cm/s²인 곳에서 수은주가 높이 760mm를 나타내는 압력이다. 즉, 1atm = 760Hg = 1.03322kg/㎠ = 1.01325bar이다.

　기압의 변화는 기상 현상을 불러일으키는 바람을 유발하는 원인이 되며, 바람은 수증기의 순환과 양력을 제공한다. 고기압(High Pressure)은 기압이 주변보다 상대적으로 높은 영역을 말하며 저기압(Low Pressure)은 주변보다 상대적으로 낮은 영역을 의미한다. 하층일수록 공기의 분자들이 많아 무겁고 밀도가 커서 압력도 높다(고기압). 상층일수록 공기의 양이 적어 기압도 낮다(저기압).

　기압은 공기의 밀도가 지역에 따라 다르기 때문에 지역과 시간에 따라 변한다. 하루 중에 대기압이 가장 높은 시간은 9시와 21시이며 가장 낮은 시간은 4시와 16시이다.[35] 고도가 낮을수록 기압이 높고 고도가 높을수록 기압이 낮다.

3) 바람과 습도

　바람(Wind)은 공기의 움직임으로 두 장소에 존재하는 기압 차이에 따라 일어나는 공기의 흐름이다.

　대기 중에서 운행되는 무인멀티콥터는 바람과 습도에 의해 민감하게 영향을 받는다. 드론 실기시험의 항목 중에 측풍접근은 바람의 영향을 이겨내면서 비행하는 기법이다.

　바람은 기압이 높은 곳에서 낮은 곳으로 움직이며 두 지점의 기압 차이가 클수록 바람의 세기가 강하다. 풍향은 바람이 불어오는 방향을 의미하며, 풍속은 바람이 이동하는 거리와 소요된 시간의 비율로 속도 또는 세기를 의미한다. 바람의 종류로는 지균풍, 경도풍, 지상풍, 해륙풍, 산곡풍, 계절풍, 편서풍, 돌풍, 높새바람, 용오름(토네이도), 제트기류 등이 있다.

　습도(Humidity)는 공기 중에 포함된 수증기량의 정도를 말한다. 습도가 높으면

---

35) 신정호 외(2021), 드론학개론, p.285.

공기밀도는 감소하고 습도가 낮으면 공기밀도는 증가한다.

습도의 종류는 상대 습도, 절대 습도, 비습도, 이슬점 4종류로 구분한다.[36]

4) 구름과 강수

구름(Cloud)은 대기 중의 수분이 적은 물방울이나 빙정(氷晶)의 입자로 변한 것 중 무리 지어 공기 중에 떠 있는 것을 의미한다. 구름은 공기가 상승하여 냉각되면서 응결되어 생성된다. 반면에 구름은 하강기류 등과 같은 이유로 온도가 상승하거나 강수에 의해 수증기가 감소할 때 소멸한다. 저기압일 때 구름이 생성되고 고기압일 때 구름이 사라진다.

구름의 종류는 형태와 높이에 따라 구분되며 상층운(고도 6,000m 이상), 권운(새털구름), 권적운(비늘구름), 적란운(쌘비구름) 등이 있다.

강수는 대기 중에 포함된 수분이 액체 또는 고체로 변화되어 지표면에 떨어지는 물방울이나 얼음조각 등이다. 강수 현상에는 비(rain)·눈(snow)·우박(hail)·이슬(drizzle) 등 여러 가지가 있으나 강우(降雨)와 강설(降雪)이 가장 대표적이다.

그림 3-15 구름의 종류와 형태

* 출처 : 금성출판사, 티칭백과
(https://blog.naver.com/fly_jam/222852466287)

---

36) 상대습도(relative humidity)는 수증기의 분압을 포화수증기압으로 나눈 것이다. 절대 습도(absolute humidity)는 단위 부피당 포함된 수증기량을 뜻한다. 비습도 혹은 비습(比濕, specific humidity)은 일정 질량의 공기에 대한 수증기 질량의 비율이다. 이슬점(dew point)은 불포화 상태의 공기가 냉각될 때, 포화 상태에 도달하여 수증기의 응결이 시작되는 온도다.

3. 위험기상

1) 난기류

난기류(Turbulence)는 대류권의 공기 흐름을 예측할 수 없이 불규칙한 난류(亂流)의 형태를 띠는 것을 말한다. 즉 공기의 불규칙한 흐름 현상을 뜻한다. 이런 난기류는 상승기류나 하강기류에 의해 발생한다. 드론 등 항공물체의 운용에 크게 위험을 초래하는 것으로 짧은 거리 내에서 순간적으로 풍향과 풍속을 급변하게 만드는 윈드쉬어(wind shear)[37]가 있으며, 적란운의 운저에서 시작된 바람이 지표면에 부딪혀 발생하는 하강기류(돌풍)로 항공사고의 원인이 되는 마이크로버스트(microburst) 등이 있다.

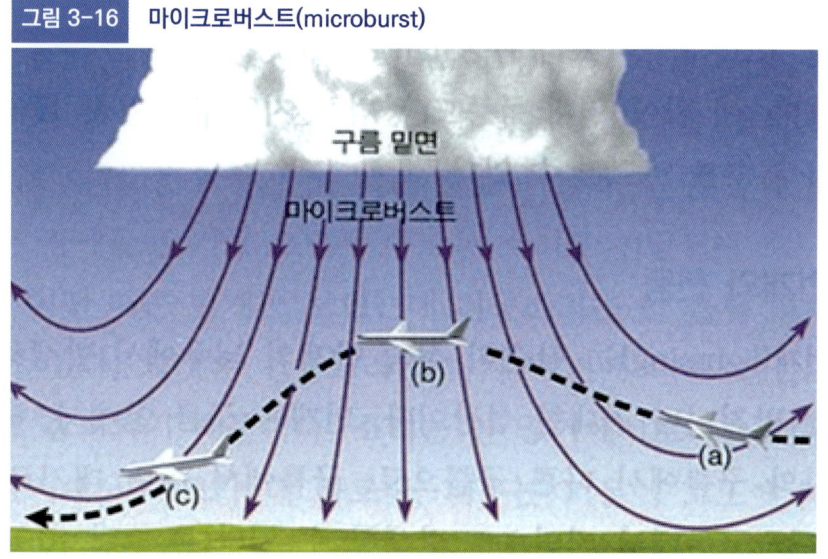

그림 3-16 마이크로버스트(microburst)

* 출처 : 네이버 지식백과(https://terms.naver.com/entry.naver?docId)

이런 난기류는 항공기나 드론 등 비행물체에 요동을 치게 하는 등 크게 악영향을 주는 기류이다.

---

37) 윈드쉬어(Wind shear)는 강한 상승기류와 강한 하강기류가 발생할 때 두 기류의 접합면에서 발생하며 갑작스럽게 바람의 방향이나 세기가 바뀌는 현상이다. 바람이 절단, 차단된다는 뜻으로 전단풍(剪斷風)이라고도 불린다. 지표면 부근에서 일어날 경우 항공기 이착륙 시 가장 위험하다. 반면에 윈드캄(Wind calm)은 바람의 세기가 무풍이다.

2) 착빙

착빙(着氷, icing)은 빙결 이하의 온도에서 공중 또는 지상의 계류장에서 항공기에 부분적으로 얼음이 부착되어 피막을 형성하는 것을 말한다.

착빙에 의해서 항공기는 안정성을 잃고 정상적인 속도를 유지할 수 없는 경우가 발생하며, 항공사고의 원인이 되기도 한다. 착빙은 기온이 0℃ 전후에서 -10℃ 정도일 때 가장 잘 발생한다.

착빙이 드론 및 항공기에 미치는 악영향으로 항력증가, 양력감소, 추력감소, 무게증가, 엔진이나 안테나의 기능저하, 전방 시계 방해 등이 있다. 착빙을 방지하는 수단으로 날개나 로터 내부에 발열 기능이 있는 코일을 삽입하는 방빙장치를 이용하면 그 효과가 크다.

그림 3-17 항공기 착빙

* 출처 : 네이버 블로그(https://blog.naver.com/yjgman/222160607632)

3) 뇌우

뇌우(雷雨, thunderstorm)는 적란운[38] 구름에 의해서 번개(lightning)와 천둥(thunder)을 동시에 발생시키는 하나의 폭풍우이다. 이 기상현상은 대기가 불안정하여 습한 공기가 급격히 상승하면서 많은 숨은열(latent heat)을 한꺼번에 방출할 때 주로 발생한다. 대부분의 뇌우는 강한 폭풍(storm) · 폭우를 동반하며, 때때로 우박 · 토네이도 · 마이크로버스트 등을 수반하기도 한다. 뇌우는 주로 여름철 육지에서 자주 발생하며, 2시간 이내의 짧은 시간 동안에 지속된다.

4) 태풍

태풍(颱風, typhoon)은 북서 태평양에서 발생하는 강력한 열대성 저기압[39]의 통칭이다. 태풍은 발생하여 약 1주일에서 1개월 동안 활동하다 사라진다. 태풍은 주로 8월에서 10월 중에 자주 발생하여 우리나라 등 동남아시아 국가를 강타한다.

지구 온난화가 진행될수록 태풍의 위력도 좀 더 강해질 가능성이 높다. 실제로 태평양보다 평균적으로 수온이 1~2도 높은 대서양에서 발생하는 허리케인은 태평양의 태풍보다 훨씬 집중적 피해를 주고 있다.[40] 태풍의 눈(eye)은 태풍 중심에 형성된 20~50km 원형 구역으로 바람이 없으며 해면 기압이 낮고 구름없는 맑은 날씨이다. 태풍 진로의 오른쪽 지역은 바람과 이동속도가 합쳐져 피해가 크지만, 왼쪽 지역은 상대적으로 피해가 적다.

태풍에 수반되는 현상으로 풍랑, 너울, 해일 등이 있다. 태풍주의보나 경보가 발령되었을 경우 드론 비행을 금지하여야 한다.

---

38) 적란운(積亂雲, cumulonimbus)은 강한 상승기류로 수직 방향으로 높게 발달한 커다란 구름덩이로 산이나 탑과 같은 모양을 하고 있다. 구름의 상층부는 빙정(氷晶)으로 이루어져 섬유 모양의 구조로 되어 있으며, 하부는 난층운(亂層雲)과 비슷하다. 가장 난폭하고 위험한 구름으로 쌘비구름이라고도 불려진다.

39) 열대성 저기압은 적도 부근의 열대 해상에서 발생하며 등압선이 동심원을 그리며 중위도로 이동한다. 최대 풍속이 17㎧ 이상이며, 크기는 반지름이 약 500㎞에 달하고, 강한 바람과 집중 호우를 동반하여 많은 풍수해를 일으킨다. 이런 열대성 저기압은 지역에 따라 용어를 달리하고 있는 바, 동남 아시아에서는 태풍(typhoon), 인도양에서는 사이클론(cyclone), 카리브연안에서는 허리케인(hurricane)으로 불린다. 호주에서는 윌리윌리(willy-willy)로 불렸으나, 현재는 사이클론(cyclone)으로 통합하여 부른다.

40) 나무위키(https://namu.wiki/w/)

| 그림 3-18 | 열대성 저기압의 발생장소와 명칭 |

* 출처 : 기상청 태풍백서(2011)

5) 안개

안개(霧, fog)는 대기 중의 수증기가 응결하여 지표 가까이에 작은 물방울이 떠 있는 현상을 말하며 액체로 분류된다. 안개는 사람의 가시거리를 감소시켜 시야 확보를 어렵게 한다.

안개의 발생 조건으로 공기 중에 수증기가 다량 함유되고, 바람이 약하고 상공에 기온역전 현상이 있으며 공기가 노점(이슬점 5°C) 이하로 냉각되어야 한다. 안개가 사라지는 조건으로는 지표면의 온도가 상승하여 기온 역전현상이 해소되거나 지표면 바람이 강해져서 난류에 의해 안개가 상승할 때, 또는 기온이 올라감에 따라 입자가 증발할 때 등이다.

안개의 종류로는 복사안개, 증기안개, 이류안개, 활승안개, 전선안개, 얼음안개 등이 있다.

6) 기타

기타 드론 운항할 때 시정(visibility)에 장애가 되는 위험기상으로 화산재, 미세먼지, 황사, 스모그, 연기, 해무 등이 있다.

제5장 항공기상 129

그림 3-19 기상청 위성영상(황사, 먼지 등)

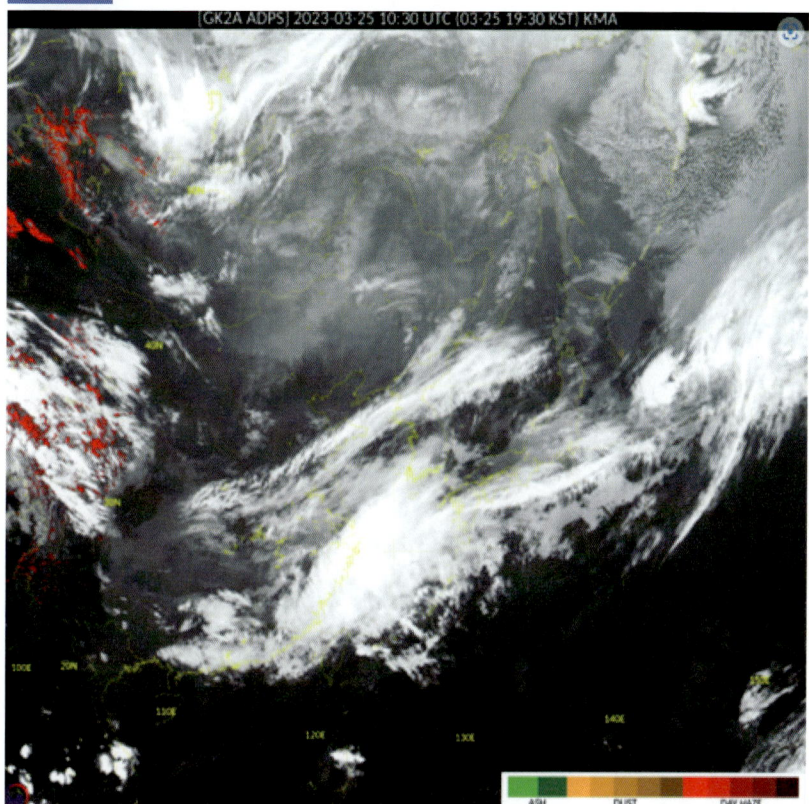

* 출처 : 기상청 날씨누리(https://www.kma.go.kr/w/image/synthesis.do)

드론 시스템 및 운용

제1장 무인비행장치 시스템

제2장 추진 시스템

제3장 비행제어 시스템

제1장 무인비행장치 시스템

1. 무인비행장치 시스템 구성요소

무인비행장치(드론)는 크게 아래 다섯 가지 요소로 구성된다.
- 추진 시스템 : 모터(엔진), 프로펠러(로터), 배터리(연료)
- 비행제어 시스템 : 비행제어 컴퓨터, 센서
- 기체 시스템 : 기체 프레임, 전원분배 장치, 구동기
- 탑재 시스템 : 카메라, 짐벌, 영상전송장치 등
- 지상통제 시스템 : 통신장치, 조종기, 수신기, 지상통제 컴퓨터

그림 4-1 무인비행장치 시스템

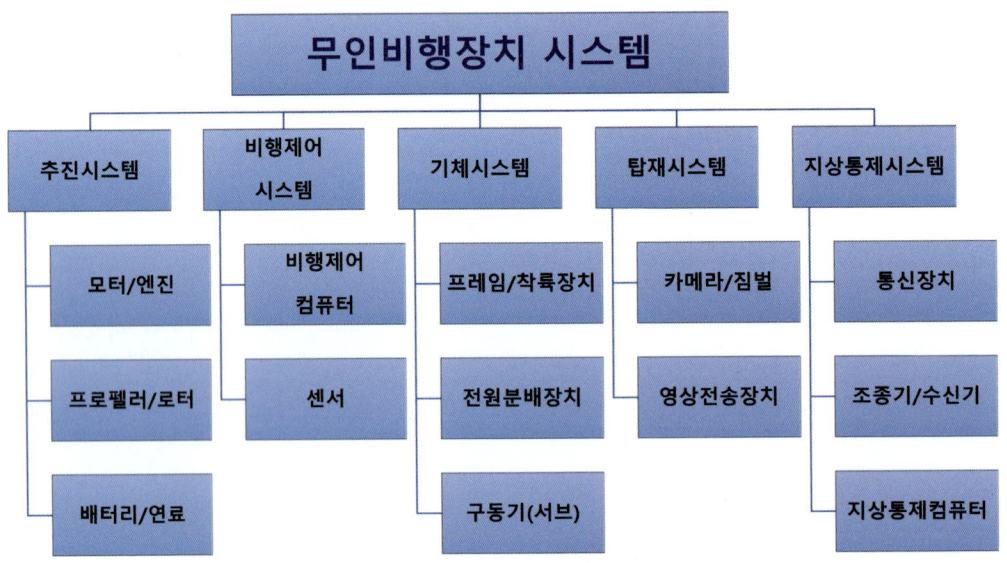

* 출처 : 한국교통안전공단 드론교육훈련센터

이밖에도 무인비행장치(드론)는 하드웨어와 소프트웨어로 구성된다. 하드웨어는 비행체와 컴퓨터, 항법장비, 송수신기, 가시광선과 적외선 센서 등의 장비로 구성되며, 소프트웨어는 지상통제장치, 임무 탑재체, 데이터 링크, 이착륙장치, 지상지원 등으로 구성된다.

제2장 추진 시스템

1. 모터

모터는 전기에너지를 이용하여 회전 토크를 얻는 장치로 드론에서 로터를 회전시켜 양력을 얻어 비행하기 때문에 꼭 필요한 장치이다. 전기모터는 브러쉬 모터와 브러쉬리스 모터가 있는데 드론은 주로 브러쉬리스 모터를 사용한다.

1) 브러쉬 DC 모터

o 브러쉬 DC 모터(Brushed Direct Current motor)는 영구자석과 모터 권선의 전자기력을 이용해 회전력이 발생하며 브러쉬(brush)와 정류자를 이용하여 전자석의 극성이 변경된다. 브러쉬와 정류자의 기계식 마모로 인해 열이 발생하고 소음이 발생하며 브러쉬 마모에 따른 수명이 짧다.
o 인가전압을 이용해 회전수를 제어하고 전류를 이용하여 토크를 제어한다.
o 주기적 청소와 교환이 필요한 모터로 일반 장난감에 많이 사용된다.

그림 4-2 브러쉬 DC 모터

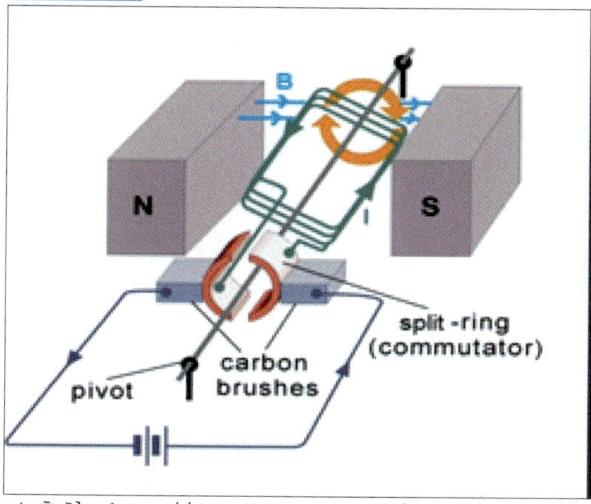

* 출처 : http://tutorpro.com.au/motor-effect/,
https://www.youtube.com/watch?v=d7RfB4Gf02Y

2) 브러쉬리스 DC 모터

○ **BLDC 모터(Brushless Direct Current Motor)**는 전류의 방향을 전자적으로 검출하여 주기 때문에 브러쉬가 필요 없다. 브러쉬가 없기 때문에 소음이 발생하지 않아 진동과 소음에 민감한 주변 전자회로에 영향이 적다. 베어링을 긴 주기에 걸쳐 교체해 주면 반영구적으로 사용할 수 있다.[41]

○ 영구자석과 모터 권선[42]의 전자기력을 이용해 회전하며, 회전수 제어를 위해 별도의 전자변속기(ESC)가 필요하다.

○ 모터에 인가되는 전류가 클수록 강한 토크를 발생하며(전류-토크 비례) 비행 전과 비행 후에 베어링 및 이물질 확인이 필요하다.

그림 4-3 브러쉬리스 DC 모터

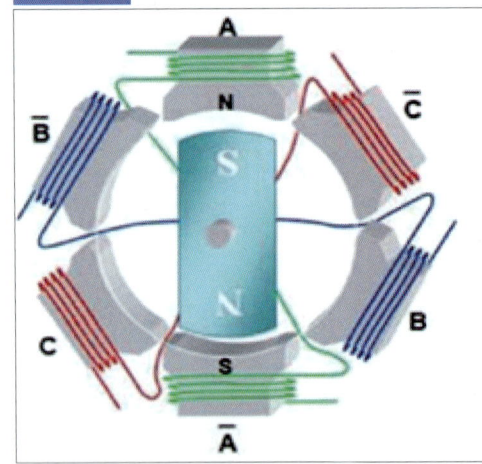

* 출처 : 한국교통안전공단 드론훈련센터
https://www.youtube.com/watch?v=d7RfB4Gf02Y

---

41) 신정호 외(2021), 드론학 개론, p.182.
42) 권선(捲線)은 전류를 흘려 자속을 발생시키거나 서로 결합하도록 설계된 코일이다.

【표 4-1】 브러쉬 DC 모터와 브러쉬리스 DC 모터의 장단점 비교[43]

구분	브러쉬 DC 모터	브러쉬리스 DC 모터
장점	가격이 저렴하다 구동이 간단하다 회전수 조절이 가능하여 변속기가 필요없다	수명이 길고 발열이 적다 크기가 작고 효율이 높다 부하로 인하여 회전수 변동이 적다
단점	수명이 짧다 브러쉬로 인해 발열이 많다	가격이 비싸다 별도의 ESC가 필요하다

* 출처 : 신정호 외(2021), 드론학 개론

3) 모터의 속도상수(Kv)

o 모터의 속도상수(Kv)는 무부하 상태에서 모터에 전압 1V 인가될 때 모터의 회전수이다. 부하가 걸릴 시에는 회전수가 감소한다.
o 속도상수(Kv)와 토크(Torque : 회전하려는 힘)는 반비례한다. 즉 Kv가 작을수록 인가전압 대비 낮은 회전수가 발생되지만, 상대적으로 큰 토크가 발생한다. 반대로 Kv가 클수록 인가전압 대비 높은 회전수가 발생되지만, 상대적으로 작은 토크가 발생한다.
o 모터의 토크가 부족할 경우, 회전수 유지가 어려워 회전수가 낮아진다.

4) 모터의 토크/회전수/소모전류

o 모터에 인가되는 전압이 일정할 때 모터의 회전수와 토크는 반비례한다(토크와 소모전류는 비례 관계).
o 프로펠러는 직경과 피치가 커질수록 부하가 증가한다(모터의 부하요소).
o 모터의 부하를 줄이기 위해 프로펠러의 직경과 피치를 줄이거나 출력 및 토크가 큰 모터로 바꾸어 주어야 한다.
o 모터는 처음 제작할 때부터 허용 전력량을 결정해놓고 제작하므로 이미 모터의 최대 출력량이 정해져 있다.

---

43) 신정호 외(2021), 드론학 개론, p.183.

그림 4-4 토크(Torque)와 회전수(Rotational Speed)

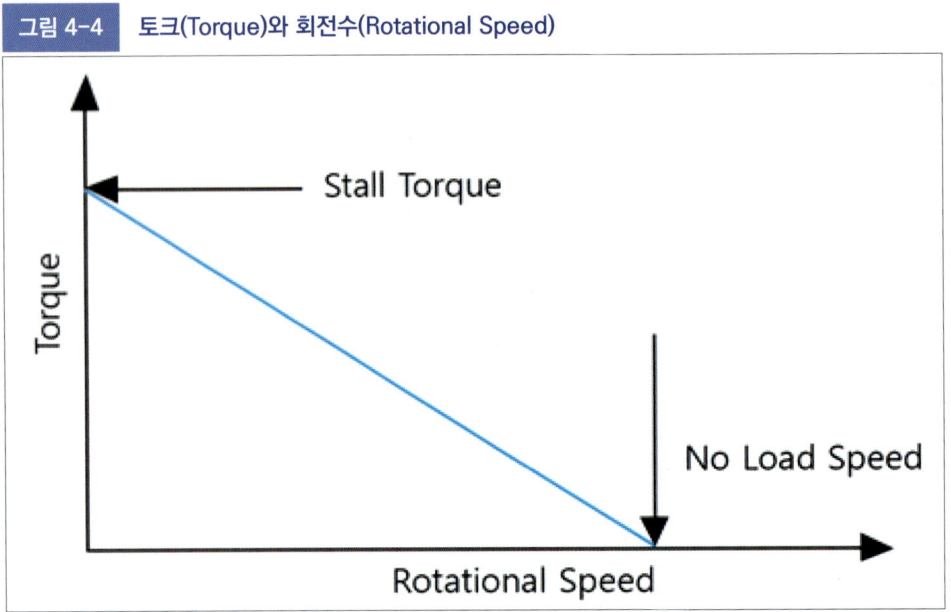

* 출처 : 한국교통안전공단 드론교육훈련센터

2. 전자변속기(ESC)

전자변속기(ESC : Electronic Speed Controller)는 배터리의 전원을 입력받아 3상[44] 주파수(교류)를 발생시켜 BLDC 모터의 방향과 회전수(속도)를 제어하는 장치이다. 비행제어컴퓨터로부터 명령 값을 받아 배터리의 전압과 전류를 조절하고 BLDC 모터로 전달하여 회전수를 제어한다. 즉 배터리의 전원을 모터에 적절하게 조절하여 전달하는 역할을 한다.

전자변속기(ESC)는 신호 잡음이 발생할 수 있는 통신 및 전자장비 등에 영향을 적게 받는 곳에 장착해야 한다. 전자변속기는 동작 간에 과열 방지를 위해 냉각핀 또는 프로펠러의 후류 등 공기에 의해 직접 냉각되는 위치에 설치하는 것이 좋다. 만약 전자변속기가 없다면 모터는 항상 일정한 속도로 회전하여 비행 조종이 불가능하다.

---

44) 발전기 사용 시 3개의 코일(u, v, w)를 감아서 발전되는 전압의 상이다. 1개만 감을 때보다 3개를 감을 때 남는 공간이 없이 발전이 되어 효율이 좋다.

| 그림 4-5 | 전자변속기(ESC) |

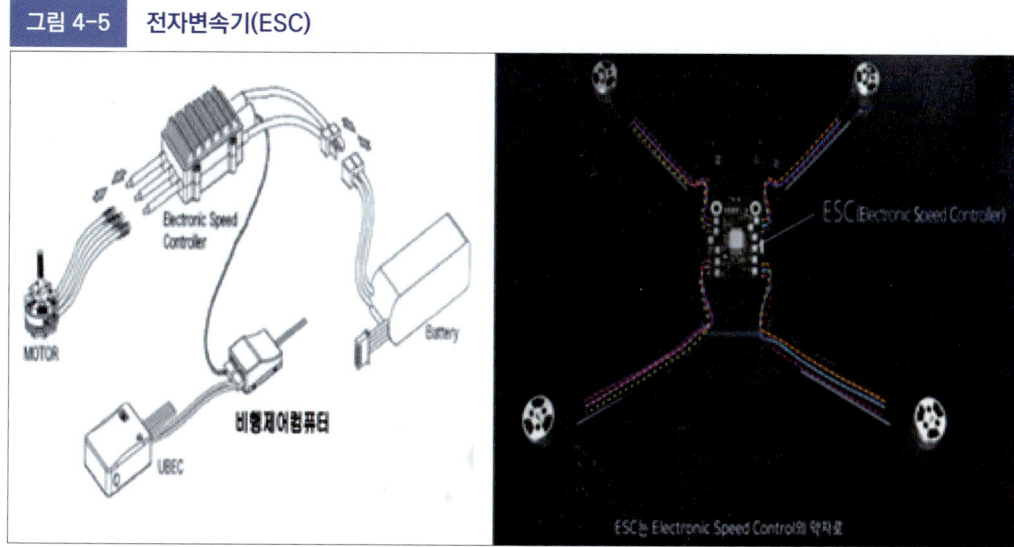

* 출처 : 드론교육훈련센터(https://www.youtube.com/watch?v=d7RfB4Gf02Y)

3. 프로펠러

프로펠러(Propeller)는 회전하는 날개를 의미하며, 모터의 회전에 의해 양력을 발생시키는 장치이다. 멀티콥터는 2개 이상의 프로펠러의 양력을 조종하여 비행한다.

1) 프로펠러의 직경과 피치

- 프로펠러 직경(Diameter)과 피치(Pitch)는 인치(inch)로 표시한다. 직경은 프로펠러가 만드는 회전면의 지름을 말하며, 피치(Pitch)는 프로펠러가 한 바퀴 회전할 때 앞으로 나아가는 거리(기하학적 피치)를 말한다.
- 프로펠러 표시 단위는 4자리 숫자로 표기하고 두 자리씩 끊어서 읽는다. 예를 들어 프로펠러가 2388이라고 표기되어 있으면, 앞의 두자리는 직경이고 뒤의 두자리는 피치를 의미한다.
- 시계방향으로 회전하면 CW(clockwise), 반시계 방향으로 회전하면 CCW(counter-clockwise)라고 표기한다. 프로펠러는 카본(carbon), GF(glass Fiber), 플라스틱 등을 사용하고 있으나, 일반적으로 가볍고 부하가 적게 걸리는 카본 재질을 많이 사용한다.

| 그림 4-6 | 직경(Diameter)과 피치(Pitch) |

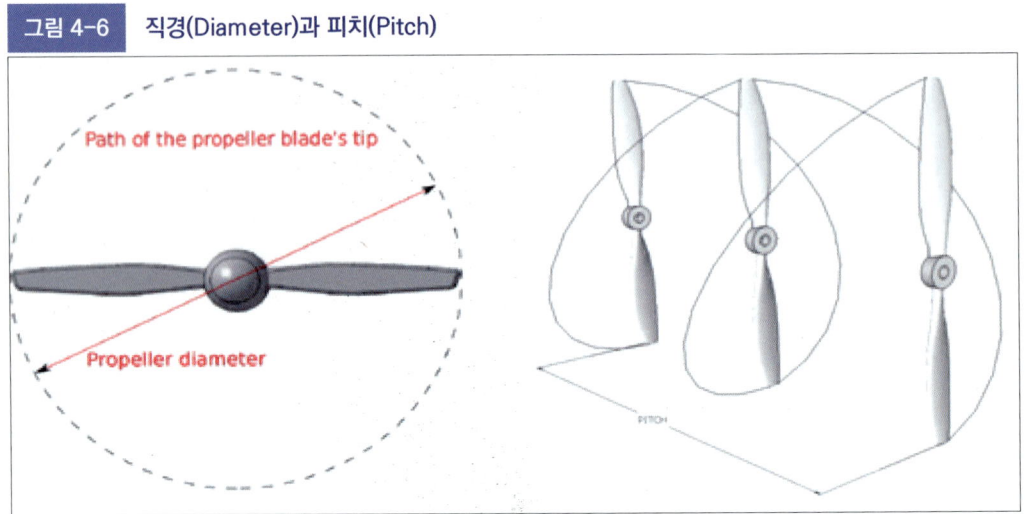

* 출처 : 한국교통안전공단 드론교육훈련센터, https://dronenodes.com/

2) 프로펠러의 효율

- 저속비행을 하는 드론은 저 피치 프로펠러가 효율이 높으나, 고속비행을 하는 드론은 고 피치 프로펠러가 효율이 높다.
- 프로펠러의 피치를 자유롭게 증감하는 가변 피치 프로펠러를 통해 넓은 속도 영역에서 프로펠러의 성능과 효율 향상이 가능하다.
- 프로펠러의 직경이 크고 무게가 증가하면 부하가 증가하여 비행시간이 줄어들고, 또 날개의 수가 증가하면 양력을 순간적으로 강하게 발생시킬 수 있으나 비행시간이 줄어든다. 그리고 프로펠러는 무게중심과 회전중심이 불일치되면 진동이 발생한다. 이 경우에는 진동을 제어하기 위한 진동 댐퍼(Vibration Damper)가 필요하다.

4. 배터리

배터리(Battery)는 화학 에너지를 전기 에너지로 변화시켜 전기를 얻는 전지(電池)를 말한다. 축전지(蓄電池)로서 배터리는 전기를 화학 에너지로 변화시켜 축적하는 장치로 황산(H_2SO_4) 속에 동판(Cu)과 아연판(Zn)을 대립시킨 것이다. 배터리는 이탈리아의 물리학자 알레산드로 볼타(Alessandro Volta, 1745~1827)로부터 유래하며 그는 1800년 은과 아연 더미인 '볼타 전퇴(電退, a voltaic pile,)'[45]를 최초로 발명하였다. 전압을 측정하는 단위인 볼트(V)는 볼타의 업적을 기려 그의 이름에서 따서 지은 것이다.

1) 배터리의 종류

- ο 1차 전지 : 충전이 안 되는 일회용 전지를 말한다. 알카라인 전지, 망간 전지 등은 1차 전지이다.
- ο 2차 전지 : 재사용할 수 있고 충전이 가능한 전지이다. 니켈 카드뮴(Ni-cd), 니켈 수소(Ni-Mh), 리튬 이온(Li-ion), 리튬 폴리머(Li-Po) 등이 2차 전지이다.

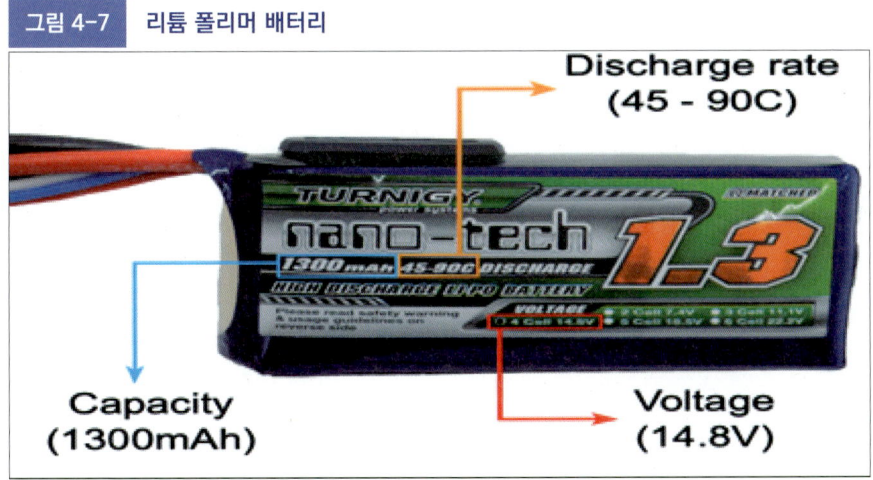

그림 4-7 리튬 폴리머 배터리

* 출처 : https://www.tytorobotics.com/

2) 리튬 폴리머 배터리

드론에는 폭발위험이 적고 구조적 안정성이 높으며, 무게 대비 방전율 성능이 뛰어나는 등 많은 장점으로 인해 2차 전지 중 리튬 폴리머 배터리를 사용하고 있다.

---

45) 이것은 두 금속, 즉 은판과 아연판 사이에 소금물이나 알칼리 용액으로 적신 천 조각을 겹쳐 쌓은 것이다. 이 전퇴의 원리를 이용해서 묽은 황산 속에 구리와 아연을 담근 것을 볼타전지라고 한다.

리튬 이온 폴리머 배터리의 줄인 말로 리튬이온 배터리 케이스 소재를 폴리머로 사용하여 제작하는 방식이다.

【표 4-2】 배터리의 특징 및 성능 비교

구 분	리튬 폴리머	니켈 카드뮴	리튬 이온
무게	가볍다	무겁다	가볍다
용량	크다	작다	작다
자연방전	거의 없다	매우 많다	거의 없다
메모리효과	없다	매우 많다	없다
셀당 전압	3.7V	1.2V	4.2V

* 출처 : 신정호 외(2021), 드론학 개론.

3) 리튬 폴리머 배터리 사용 시 주의사항

o 장기간 보관할 때는 50~70% 충전 상태로 보관해야 한다. 완충 보관을 금지하며 과방전 보관도 금지한다.
o 충격에 매우 약하기 때문에 강한 진동이나 충격을 주지 말아야 한다.
o 전기 및 전자기 환경에서 사용하여서는 안 된다.
o 부풀어진 배터리는 사용하지 말아야 한다.
o 배터리 내부 손상이 있으면, 화재 발생 가능성이 높기 때문에 폐기해야 한다.
o 배터리에 화재가 발생할 경우 열폭주 현상을 막기 위해 신속히 냉각시켜야 한다.
o 배터리 보관 시 주의사항
  - 화로나 전열기 등 열원 주변에 보관해서는 안 된다.
  - 고온(40도 이상)과 저온(10도 이하)에 방치할 경우 성능이 현격히 떨어진다.
  - 더운 날씨에 보관해서는 안 되며 섭씨 22~28도 사이가 적합한 보관장소의 온도이다.
  - 겨울철에 너무 차가운 곳에 보관하면 성능이 떨어진다.
  - 물이나 습기가 많은 장소에 보관해서는 안 된다.
  - 다른 배터리들과 함께 보관해서는 안 된다.
o 배터리 폐기 시 주의사항
  - 환기가 잘 되는 곳에서 소금물을 이용해 완전 방전 후 폐기한다.

- 전기적 저항요소를 배터리에 연결하여 완전 방전 후 폐기한다.
- 비행을 통한 방전을 금지한다.
- 전기적 단락(short circuit, 短絡)을 통한 방전을 금지한다.
    * 단락 : 전기회로에서 전위차가 있는 두 점 사이를 저항이 작은 도선으로 연결하는 것
- 장기간 보관을 통한 방전을 금지한다.

4) 리튬 폴리머 배터리 충전기

드론용 리튬 폴리머 배터리를 충전하기 위해서는 멀티용 충전기가 필요하다.

그림 4-8 EV-PEAK U5 고성능 충전기

* 출처 : https://cafe.naver.com/droneprevention/36999?art=ZXh0ZXJuYWwtc2VydmljZS1

제3장 비행제어 시스템[46]

1. 비행제어(FC) 컴퓨터

비행제어(FC : Flight Controller) 컴퓨터는 모터의 회전속도를 제어하여 드론이 공중에서 수평을 유지할 수 있도록 전자변속기(ESC)에 속도 제어신호를 보내주어 모터의 회전수를 정확하게 제어하는 역할을 한다. 즉 FC는 수신기와 센서에서 받은 조종신호 정보를 분석하여 원하는 비행이 가능하도록 신호를 조종해주는 컴퓨터로 드론의 두뇌 역할을 한다. 비행제어를 통해 비행의 안정성과 조종성을 확보한다. 따라서 FC는 조종사의 명령 값과 기체의 상태 값(센서)의 오차를 제로(0)로 만들어야 한다.

그림 4-9 FC(Flight Controller)

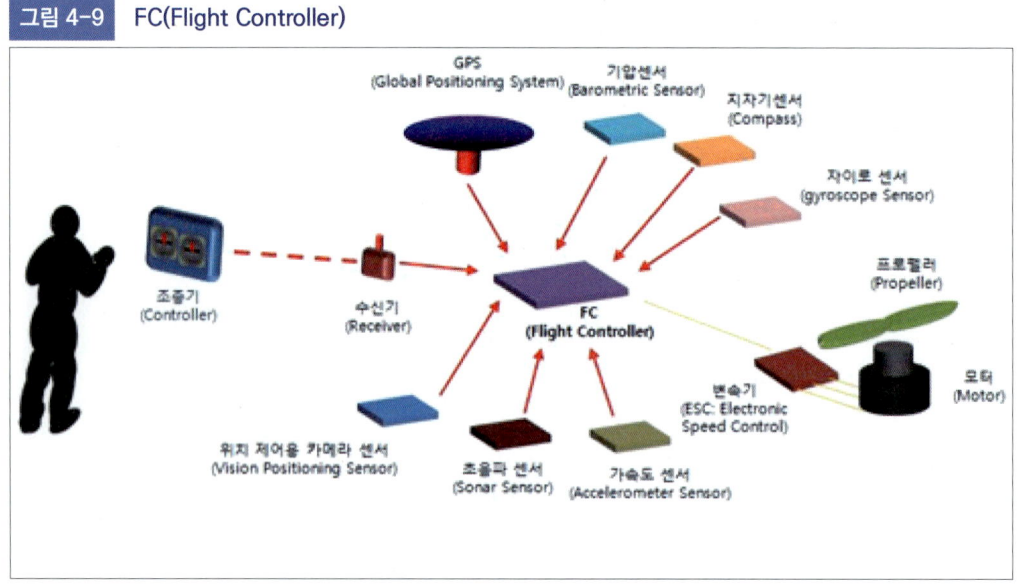

* 출처 : 네이버 포토(https://blog.naver.com/smoke2000/220736441763)

---

46) 한국교통안전공단 드론교육센터(2022). 초경량비행장치 조종교육교관과정 시스템 및 비행이론.

1) 비행조종 모드에 따른 조종 특성

o 자세각속도제어 모드(Acro 모드) : 조종사의 자세 변화를 제어 명령에 따라 조종한다.
o 자세제어 모드(Atti 모드) : 조종사의 조종 명령에 따라 조종한다.
o 속도/위치제어 모드(GPS 모드) : 조종사의 속도/위치 조종 명령에 따라 조종한다.

2) 무인멀티콥터 비행제어 특징

o 비행제어 시스템의 도움 없이 수동 조종만으로 비행 안정성 확보가 어렵다.
o 센서 데이터 및 비행제어 시스템에 대한 의존도가 높다.
o 비행 안정성 증대를 위해 자세 안정화 제어(IMU)가 필요하다. IMU 오류시 비행 안정성을 확보하기 어렵다.

2. 위성항법시스템(GNSS)

위성항법시스템(GNSS : Global Navigation Satellite System)은 인공위성을 이용해 수신 위치를 알려 주는 시스템이다. 위성에서 발사된 전파를 수신하여 위성으로부터 거리를 계산하여 위치를 결정하는 원리이다. GNSS에는 미국의 GPS, 러시아의 GLONASS, 유럽연합의 GALILEO, 중국의 BEIDOU 등이 있다.

1) GNSS의 특징

o 반드시 4개 이상의 위성 신호가 필요하다.
o 지구 전역에서 기체의 항법 데이터(위치, 이동방향, 시간 등) 측정이 가능하다.

2) GNSS의 오차

o 동일 대역의 다른 신호, 잡음 등 다양한 요소에 의해 오차가 일어날 수 있다.
  - 위성신호 전파 간섭, 전리층 지연, 다중경로(건물 및 지면 반사), 위성 궤도,

대류층 지연 등
  * 바람에 의해서는 GNSS의 오차가 발생하지 않는다.
o 항법 오차 발생 시 주의사항
  - 기체 고도 및 수평 위치 성능이 저하되므로 건물 근처에서 항법 오차로 인한 충돌에 주의해야 한다.
  - 비행제어 시스템에서 GNSS의 항법 오차를 인식하지 못할 수도 있음을 항상 인지하고 있어야 한다.

3) RTK 및 위성기준국

o 실시간 이동측위기법(RTK : Real Time Kinematic)은 오차 보정을 위해서 전송하는 데이터가 거리오차 보정치가 아니고 정밀한 위치 정보를 가지고 있는 위성기준국으로부터 오차 보정 신호를 실시간으로 받아 mm~cm 단위의 정확도 측정결과를 얻을 수 있다.
o 최근 RTK는 드론에서 위치 정확도를 높이는데 적용되고 있다.
o RTK의 특징
  - 정확한 위치정보를 얻을 수 있으나, 기준국으로부터 멀어질수록 항법 정확도가 낮다.
  - GNSS가 동작하는 실외에서 사용이 가능하다.
o 한편, 국토교통부는 2022년 12월 GPS 위치오차를 1~1.6m 수준으로 획기적으로 줄여 우리나라 전역에 정밀한 위치정보 서비스를 제공하기 위한 한국형 항공위성서비스(KASS : Korea Augmentation Satellite System) 신호를 산업 및 학술연구 분야에 우선 제공할 것이라고 밝혔다.
  * KASS는 정밀위치를 실시간으로 제공하는 세계 7번째 국제표준으로 등재된 한국형 위성항법 보정시스템이다.

| 그림 4-10 | RTK 및 위성기준국 |

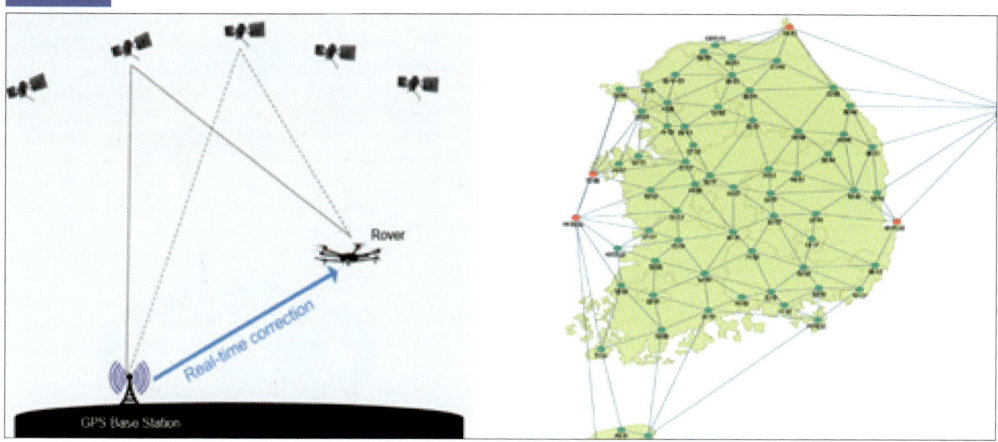

* 출처 : https://geodetics.com/ppk-vs-rtk/; https://www.ngii.go.kr/

4) 정밀도(신뢰도)

o 정밀도(신뢰도)의 기하학적 희석(GDOP : geometric dilution of precision) 또는 정밀도(신뢰도)의 위치 희석(PDOP : position dilution of precision)은 GPS 위성의 상대적 배치에 따라 변화한다.

o 정밀도의 특성
 - 기본적으로 GPS 수신기가 많을수록 더 정확성이 높다.
 - DOP(Dilution of Precision)가 낮을수록 정밀도(신뢰도)가 높다.
   * DOP(Dilution of Precision) : 수신 중인 위성의 배치에 의한 정밀도 희석
 - 높은 빌딩 등에 의해 위성 신호가 가려질 경우 DOP가 올라간다.
 - 관찰자의 관점에서 GPS 위성들이 하늘에서 서로 먼 거리에 떨어져 있으면 더 좋은 GDOP를 가지고 있다. 반대로 GPS 위성들이 서로 가까이 있으면 좋지 않은 GDOP를 가진다.

그림 4-11 GPS 위치 및 DOP

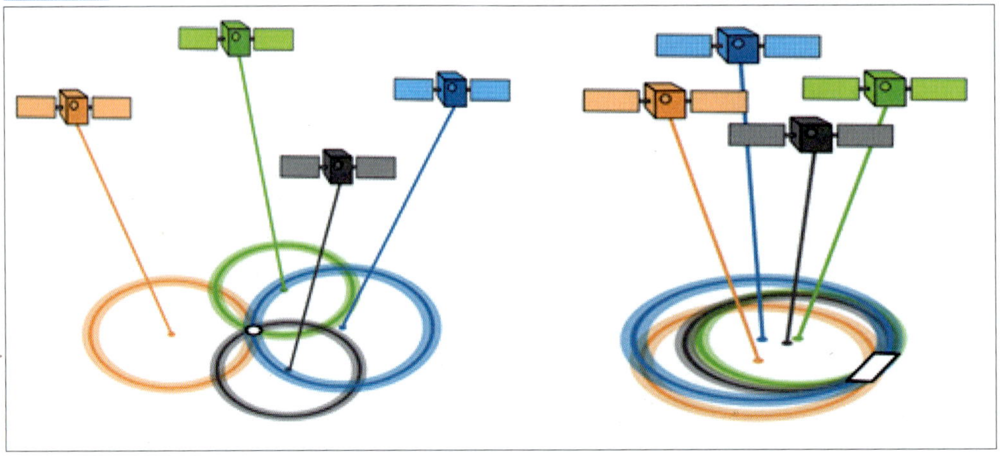

* 출처 : https://gisgeography.com/gps-accuracy-hdop-pdop-gdop-multipath/

3. 관성측정장치(IMU)

1) IMU

o 관성측정장치(慣性測定裝置, IMU : Inertial Measurement Unit)는 이동물체(드론)의 속도와 방향, 중력, 가속도를 측정하는 장치이다.
o IMU의 기본 구성요소는 3차원 공간에서 자유로운 움직임을 측정하는 자이로스코프(Gyroscope), 가속도계(Acceleration sensor), 지자계(Megnetometer) 센서이다.
o IMU를 통해 얻어지는 가속도와 각속도를 적분하여 이동물체(드론)의 속도와 자세각을 산출한다.
  - 자이로스코프 : 이동체의 각속도(angular velocity), 즉 회전(자세변화)을 측정한다.
  - 가속도 센서 : 속도의 변화를 측정하여 이동체의 롤(roll), 피치(pitch), 요(yaw) 등을 감지한다.
  - 지자계 센서 : 동서남북 방위각을 측정한다(나침반 역할).

그림 4-12　IMU

* 출처 : https://velog.io/@717lumos/Sensor-IMU

2) 미세전자기계시스템(MEMS)

　마이크로 단위의 기계적 구조물과 전자회로가 결합된 초소형 정밀 기계 제작 기술이다. 즉 전자(반도체) 기술, 기계 기술, 광 기술 등을 융합하여 마이크로 단위의 작은 부품 및 시스템을 설계·제작하고 응용하는 기술이다.[47]

　소형 무인멀티콥터에는 미세전자기계시스템(微細電子機械, MEMS : Micro-Electro Mechanical Systems) IMU가 주로 활용되는데 이 경우 프로펠러 진동에 영향을 받아 자세 오차가 발생한다. 이에 대비하기 위해 진동 특성이 다른 MEMS IMU를 다중으로 사용하거나 진동에 강한 광섬유(FOG) 기반 IMU, 링레이저(RLG) 기반 IMU를 사용한다.

　IMU 초기화 시 주의사항으로 되도록 기체를 움직이지 않아야 한다. 초기화가 비정상적으로 수행될 경우 이륙 직후 기체 자세가 불안정해질 수 있다.

---

47) 국방과학기술용어사전

4. 지자계 센서(Magnetmeter Sensor)

지구의 자기장을 측정하여 북쪽 방향을 측정한다. 일명 컴퍼스 센서(Compass Sensor)라고도 하며 나침반의 기능을 하는 센서이다.

기체(드론)의 기수 방향을 측정하고 자이로스코프의 기수각 오차를 보정하기 위해 사용한다. 기체 주위의 금속 또는 자성 물체, 전자기장에 민감하게 영향을 받는다.

따라서 지자계 센서가 올바르게 동작하도록 하기 위해서는 센서 교정(calibration)을 해주어야 한다. 드론에서 지자계센서 교정은 기체를 지면과 수평으로 잡고 지면과 수평으로 360도 회전시켜 동서남북 교정을 하며 기수를 밑으로 해서 360도 회전시켜 Z 축에 대해 교정해주어야 한다.[48] 또한 GNSS 안테나 2개 이상을 활용해 기수방향 측정 후 지자계 오차 보정이 가능하다.

그림 4-13 자이로스코프(Gyroscope) 및 지자계(Megnetometer)

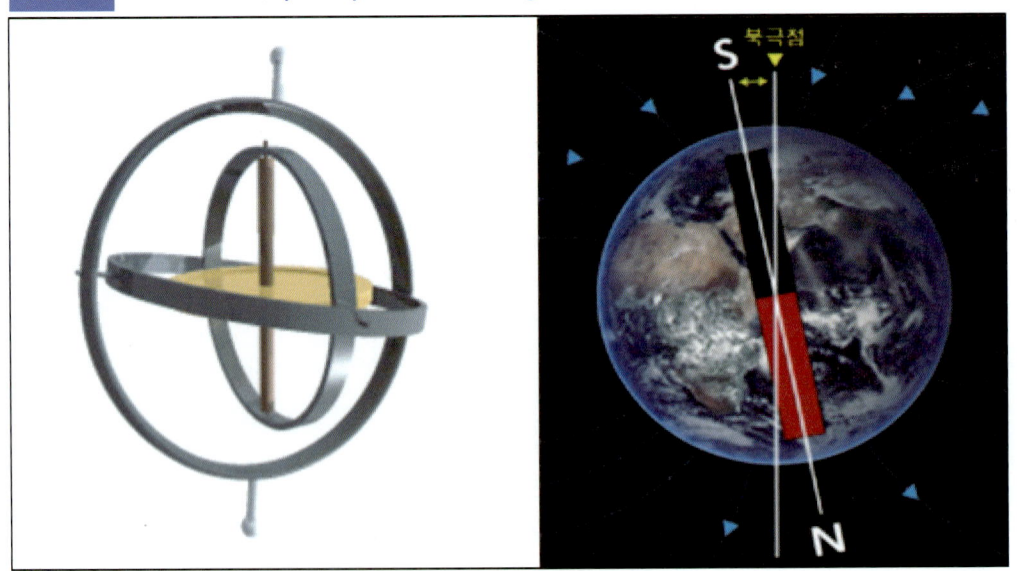

* 출처 : https://namu.wiki/; https://www.rohm.co.kr/

---

48) 신정호 외(2021), 드론학 개론, p.129.

5. 기압고도계(Barometer)

기압고도계(氣壓高度計)는 대기압을 측정하여 고도에 따른 대기압 변화 원리를 이용하여 비행 중인 드론의 고도를 측정하는 측정기이다. 지면의 대기압을 기준으로 할 경우 지면 고도, 해수면의 대기압을 기준으로 할 경우 해수면 고도 측정이 가능하다.

센서 주위의 압력이 변할 경우 고도값이 변화하여 고도의 오차가 발생하므로 GNSS의 고도 오차 보정이 필요하다.

6. 짐벌

짐벌(Gimbal)은 카메라로 사진이나 동영상을 촬영할 때 카메라의 진동과 흔들림을 최소화하기 위해 사용되는 장치이다. 짐벌은 영상촬영 분야에서 많이 사용되며 디자인, 중량, 기능에 따라 가격 차이가 크다. 멀티콥터(드론)에서는 보통 3축 짐벌을 많이 사용하고 있다.

짐벌은 자이로스코프의 원리를 이용하여 자동으로 수직 및 수평을 잡아줌으로써 안정적이고 선명한 항공촬영 영상을 얻게 해 준다.

그림 4-14 짐벌

* 출처 : https://namu.wiki/w/%EC%A7%90%EB%B2%8C

7. 센서 융합 및 데이터 분석

1) 센서 융합

센서 융합은 한가지 개별 센서가 가지고 있는 한계를 극복하고 여러 개의 센서를 융합하여 상호 보완하고 결합해 보다 높은 신뢰성을 가지게 하는 기술이다. 즉 드론에 탑재된 IMU(자이로스코프, 가속도계, 지자계), GNSS, 기압고도계 등의 데이터를 결합하여 더욱 높은 정밀성과 신뢰성을 얻을 수 있다.

드론에서의 센서 융합은 3축(x, y, z)의 정확한 기울기를 알기 위해서 자이로 센서, 가속도 센서, 지자기 센서 등 여러 센서를 융합하여 자세제어 시스템을 구축하며 각 센서 데이터의 오차와 단점을 보완할 수 있다.

2) 데이터 분석

비행데이터 저장 시 주의할 사항으로 기체의 이상 여부를 분석하기 위해서 가급적 빠른 주기로 저장된 미가공(raw) 데이터가 필요하다.

또한, 기체의 이상 기동 및 추락의 원인이 되는 센서 오류, 비행제어 불안정, 환경적 요인을 복합적으로 분석해야 하며 별도의 계측 장비와 비행 영상도 필요하다.

☞ 참조 : 조종기(드론 지상통제 시스템)

o 드론의 지상통제 시스템(GCS : Ground Control System) 중의 하나인 조종기는 가능한 안정한 조종을 위해 스트랩(strap)으로 연결하여 목에 걸고 최대한 몸 쪽 가까이하여 흔들림이 없이 안정적으로 스틱을 조종해야 한다.
o 드론 조종기는 2개의 스틱으로 상승, 하강, 좌로 턴, 우로 턴, 전진, 후진, 좌측 또는 우측으로 이동하는 8가지 동작을 컨트롤하며 통상 엄지손가락으로 스틱을 조작한다.
o 조종기 스틱(control stick) 움직임에 따른 기능
  - 스로틀(throttle) 스틱 : 기체를 상승 또는 하강으로 이동(고도 조절)
  - 러더(rudder) 스틱 : 기체의 회전 방향을 좌측 또는 우측으로 전환(회전 방향전환 조절)
  - 엘리베이터(elevator) 스틱 : 기체를 전진 또는 후진으로 이동(전·후진 조절)
  - 에일러런(aileron) 스틱 : 기체를 좌측 또는 우측으로 이동(좌·우측 이동 조절)

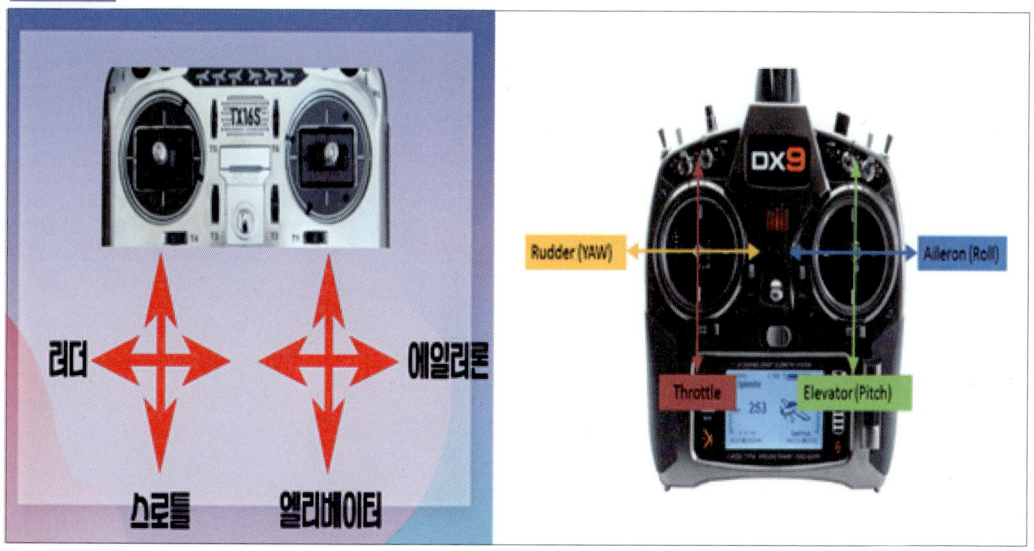

그림 4-15 드론 조종기

* 출처 : 네이버 포토 : 온누리무인항공(https://blog.naver.com/colorrice/222917479441)
     네이버 포토 : 훌륭한 정보들(https://blog.naver.com/erke2000/221344848318)

PART 05

비행 안전관리 및 사고사례

제1장 드론 안전관리

제2장 불법 비행 및 사고사례

제1장 드론 안전관리

1. 비행장치 사고[49]

1) 초경량비행장치 사고 (항공안전법 제2조 제8호)

초경량비행장치사고란 초경량비행장치를 사용하여 비행을 목적으로 이륙[이수(離水)를 포함한다. 이하 같다]하는 순간부터 착륙[착수(着水)를 포함한다. 이하 같다]하는 순간까지 발생한 다음의 어느 하나에 해당하는 것으로서 국토교통부령으로 정하는 것을 말한다.
- ο 초경량비행장치에 의한 사람의 사망, 중상 또는 행방불명
- ο 초경량비행장치의 추락, 충돌 또는 화재 발생
- ο 초경량비행장치의 위치를 확인할 수 없거나 초경량비행장치에 접근이 불가능한 경우

2) 초경량비행장치 조종자 증명 등 (항공안전법 제125조 제5항 제3호)

국토교통부장관은 초경량비행장치 조종자 증명을 받은 사람이 다음에 해당하는 경우에는 초경량비행장치 조종자 증명을 취소하거나 1년 이내의 기간을 정하여 그 효력의 정지를 명할 수 있다.
- ο 초경량비행장치의 조종자로서 업무를 수행할 때 고의 또는 중대한 과실로 초경량비행장치 사고를 일으켜 인명피해나 재산피해를 발생시킨 경우

3) 초경량비행장치 사고발생 보고 (항공안전법 제129조 제3항)

초경량비행장치 조종자는 초경량비행장치사고가 발생하였을 때에는 국토교통부령으로 정하는 바에 따라 지체 없이 국토교통부장관에게 그 사실을 보고하여야 한다. 다만, 초경량비행장치 조종자가 보고할 수 없을 때에는 그

---

49) 부록 무인멀티콥터(드론) 관련법(항공안전법) 참조.

초경량비행장치 소유자 등이 초경량비행장치 사고를 보고하여야 한다.

4) 과태료 (항공안전법 제166조 제6항 제1호)

다음에 해당하는 자에게는 50만 원 이하의 과태료를 부과한다. 〈개정 2021. 12. 7.〉
o 법 제120조 제2항을 위반하여 경량항공기사고에 관한 보고를 하지 아니하거나 거짓으로 보고한 경량항공기 조종사 또는 그 경량항공기 소유자 등

5) 권한의 위임 위탁 (항공안전법 시행령 제26조 제1항 제55호)

국토교통부장관은 항공안전법 제135조 제1항에 따라 다음의 권한을 지방항공청장에게 위임한다.
o 항공안전법 제129조 제3항에 따른 초경량비행장치 조종자 또는 초경량비행장치 소유자 등의 초경량비행장치사고 보고의 접수

6) 사망·중상 등의 적용기준 (항공안전법 시행규칙 제6조 제2-3항)

가) 항공안전법 제2조 제6호 가목, 같은 조 제7호 가목 및 같은 조 제8호 가목에 따른 행방불명은 항공기, 경량항공기 또는 초경량비행장치 안에 있던 사람이 항공기사고, 경량항공기사고 또는 초경량비행장치 사고로 1년간 생사가 분명하지 아니한 경우에 적용한다.

나) 항공안전법 제2조 제7호 가목 및 같은 조 제8호 가목에 따른 사람의 사망 또는 중상에 대한 적용기준은 다음과 같다.
  1. 경량항공기 및 초경량비행장치에 탑승한 사람이 사망하거나 중상을 입은 경우. 다만, 자연적인 원인 또는 자기 자신이나 타인에 의하여 발생된 경우는 제외
  2. 비행 중이거나 비행을 준비 중인 경량항공기 또는 초경량비행장치로부터 이탈된 부품이나 그 경량항공기 또는 초경량비행장치와의 직접적인 접촉 등으로 인하여 사망하거나 중상을 입은 경우

7) 사망·중상 등의 범위 (시행규칙 제7조 제1-2항)

가) 항공안전법 제2조 제6호 가목, 같은 조 제7호 가목 및 같은 조 제8호 가목에 따른 사람의 사망은 항공기사고, 경량항공기사고 또는 초경량비행장치사고가 발생한 날부터 30일 이내에 그 사고로 사망한 경우를 포함한다.

나) 항공안전법 제2조 제6호 가목, 같은 조 제7호 가목 및 같은 조 제8호 가목에 따른 중상의 범위는 다음과 같다.
 1. 항공기사고, 경량항공기사고 또는 초경량비행장치사고로 부상을 입은 날부터 7일 이내에 48시간을 초과하는 입원치료가 필요한 부상
 2. 골절(코뼈, 손가락, 발가락 등의 간단한 골절은 제외한다)
 3. 열상(찢어진 상처)으로 인한 심한 출혈, 신경·근육 또는 힘줄의 손상
 4. 2도나 3도의 화상 또는 신체표면의 5퍼센트를 초과하는 화상(화상을 입은 날부터 7일 이내에 48시간을 초과하는 입원치료가 필요한 경우만 해당한다)
 5. 내장의 손상
 6. 전염물질이나 유해방사선에 노출된 사실이 확인된 경우

8) 초경량비행장치사고의 보고 등 (시행규칙 제312조)

법 제129조 제3항에 따라 초경량비행장치사고를 일으킨 조종자 또는 그 초경량비행장치 소유자 등은 다음 사항을 지방항공청장에게 보고하여야 한다.
 1. 조종자 및 그 초경량비행장치 소유자 등의 성명 또는 명칭
 2. 사고가 발생한 일시 및 장소
 3. 초경량비행장치의 종류 및 신고번호
 4. 사고의 경위
 5. 사람의 사상(死傷) 또는 물건의 파손 개요
 6. 사상자의 성명 등 사상자의 인적사항 파악을 위하여 참고가 될 사항

2. 안전관리[50]

1) 사전 비행계획 수립

- 공역 확인 : 비행금지, 비행제한, 관제공역, 비행장교통구역 여부 확인
- 항공고시보(NOTAM) 확인
- 기상 확인 : 안개, 강풍, 천둥/번개, 강수, 일출/일몰 시각 등 확인
- 지구자기장 확인 : SafeFlight 등의 앱을 활용하여 지구자기장 관측데이터(K-Index) 확인
- 안전성인증 검사 · 기체보험 가입여부 · 유효기간 확인
- 조종자 준수사항 확인

2) 비행 전후 점검

- 조종자는 점검표에 따라 비행 전후 점검을 철저히 시행해야 하며 형식적이고 상투적인 점검을 해서는 안 된다.
- 조종자는 기계적인 부품에 비해 각종 센서, 전자변속기 등 전자부품으로 이루어진 멀티콥터는 예고 없는 이상 현상이 발생하므로 정비 주기에 따른 정기 점검을 반드시 실시해야 한다.
- 조종자는 이동 후, 장기간 보관 후, 비를 맞은 경우 등 상황에 따라 수시 점검을 시행해야 하며, 점검은 정비관리자보다는 현장에서 장치를 운영하는 조종자 및 교관이 1차적으로 수시 점검해야 한다.
- 조종자는 제작사 또는 운용기관이 작성한 점검목록(Checklist)을 바탕으로 비행 전에 항공기(비행체), 조종장치, 탑재 임무장비(Payload) 등 무인항공기 시스템의 안전한 운용을 위한 조건의 충족여부를 판단하기 위해 육안 및 작동 점검을 수행한다.
- 조종자는 비행종료 후 점검목록(Checklist)을 바탕으로 항공기(비행체), 조종장치, 탑재 임무장비(Payload) 등 무인항공기 시스템의 이상 유무를 판단하기 위해 육안 점검을 수행한다.

---

[50] 한국교통안전공단 드론교육훈련센터(2022).

그림 5-1 비행 전 점검표

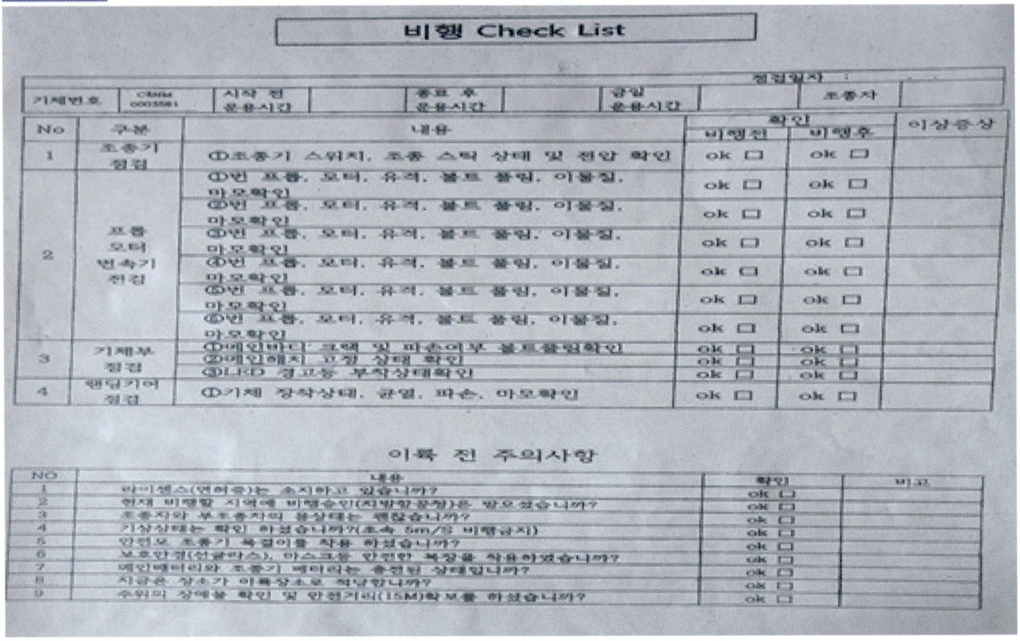

비행 Check List

점검일자 :

기체번호	CNHM 0003581	시작 전 운용시간		종료 후 운용시간		금일 운용시간		조종자	

No	구분	내용	확인 비행전	확인 비행후	이상증상
1	조종기 점검	①조종기 스위치, 조종 스틱 상태 및 전압 확인	ok □	ok □	
2	프롭 모터 변속기 점검	①번 프롭, 모터, 유격, 볼트 풀림, 이물질, 마모확인	ok □	ok □	
		②번 프롭, 모터, 유격, 볼트 풀림, 이물질, 마모확인	ok □	ok □	
		③번 프롭, 모터, 유격, 볼트 풀림, 이물질, 마모확인	ok □	ok □	
		④번 프롭, 모터, 유격, 볼트 풀림, 이물질, 마모확인	ok □	ok □	
		⑤번 프롭, 모터, 유격, 볼트 풀림, 이물질, 마모확인	ok □	ok □	
		⑥번 프롭, 모터, 유격, 볼트 풀림, 이물질, 마모확인	ok □	ok □	
3	기체부 점검	①메인바디 크랙 및 파손여부 볼트풀림확인	ok □	ok □	
		②메인해치 고정 상태 확인	ok □	ok □	
		③LED 경고등 부착상태확인	ok □	ok □	
4	랜딩기어 점검	①기체 장착상태, 균열, 파손, 마모확인	ok □	ok □	

이륙 전 주의사항

NO	내용	확인	비고
1	라이센스(면허증)는 소지하고 있습니까?	ok □	
2	현재 비행할 지역에 비행승인(지방항공청)은 받으셨습니까?	ok □	
3	조종자와 부조종자의 몸상태는 괜찮습니까?	ok □	
4	기상상태는 확인 하셨습니까?(초속 5m/s 비행금지)	ok □	
5	안전모 조종기 목걸이를 착용 하셨습니까?	ok □	
6	보호안경(선글라스), 마스크등 안전한 복장을 착용하였습니까?	ok □	
7	메인배터리와 조종기 배터리는 충전된 상태입니까?	ok □	
8	지금은 장소가 이륙장소로 적당합니까?	ok □	
9	주위의 장애물 확인 및 안전거리(15M)확보를 하셨습니까?	ok □	

3) 비행 전 주변 공역 및 비행장 확인

o 전후좌우 장애물 확인 : 철골구조물, 수목, 전신주, 고압전선, 철조망, 선박위 등

o 시정 확보 : 수평 시정 약 300m, 수직 시정 약 50m

o 풍향풍속 확인

o 차량 및 관람객 근거리 접근 통제

o 군, 소방, 경찰 헬기 등의 저고도 접근 주의(관찰자 배치 필요)

o 교육용 무인멀티콥터 등 임무구역을 고려하여 비행범위 제한

4) 센서 안전

o 자이로 센서는 진동과 충격에 취약하므로 고정을 확인한다.

o 기압계 센서는 온도, 습도, 기압, 풍속에 따라 오차가 발생함에 유의한다.

o 지자기 센서는 주변의 금속, 철광석, 송전탑 등에 의한 지자기가 왜곡됨을 유의한다.

o GPS 센서는 전리층 변화, 대기권, 주변 전류의 전자기장에 의해 전파 교란 가능성이 있음을 유의한다.

5) 배터리 안전

o 비행 전 기체(드론) 및 조종기의 배터리 충전상태를 확인한다.
o 비행 후 배터리의 잔량을 확인한다.
o 사용횟수와 수명을 체크하고, 배부른 배터리는 사용을 금지한다.
o 배터리를 충전할 시에는 반드시 전용 충전기를 사용해야 한다.
o 과충전과 과방전을 금지한다.
o 화재 위험 등에 대비하여 배터리 충전 시에는 자리를 비우지 말아야 한다.
o 여름철 고온 상태에서 차량의 내부에서 충전 및 배터리 보관을 금지한다.
o 겨울철 저온 상태에서 배터리의 전압이 급속도로 떨어짐을 인지해야 한다.
o 배터리를 장기간 보관할 경우에는 보관전압(3.8V/셀)을 유지해야 한다.

6) 통신 안전

o 드론은 무선조종기와 수신기(기체) 간의 전파로 조종되고 있으므로 항상 통신두절 및 제어 불능 상황이 발생할 수 있음을 고려해야 한다.
o 조종기의 Range Test 모드로 30~50m 거리에서 시동 여부를 확인해야 한다.
o 페일 세이프(Fail Safe) 고장에 대비하여 안전을 확보해야 한다.
   * 조종기 페일 세이프 및 배터리 페일 세이프

7) 조종자 안전수칙

o 조종자는 항상 경각심을 가지고 사고를 예방할 수 있는 방법으로 비행하여야 한다.
o 250g 이상의 드론을 조종할 경우에는 반드시 초경량 비행장치 조종자 자격증이 있어야 한다.
o 비행 중 비상사태에 대비하여 비상절차를 숙지하고 있어야 한다.
o 사람이 많은 도시 중심이나 공원 등 인구밀집지역에서 비행을 자제해야 한다.
o 비행장 주변 관제권(9.3km)에서 비행하거나 비행금지구역(용산지역, 원자력지역, 휴전선지역)에 비행할 시 지상고도 150m 이상 비행 시에는 반드시 관할기관의 사전 승인을 받아야 한다.
o 비행장치의 이착륙 활주로 가시범위 또는 시정을 확인해야 한다.

- o 맨눈(육안)으로 주변을 감시할 수 있는 보조요원과 부주의한 접근을 통제할 수 있는 지상 안전요원을 반드시 배치하여야 한다.
- o 곡예비행 및 수평비행 고도에서 옆 기울기 60도 또는 피치 30도를 초과하는 조작을 하여서는 안 된다.
- o 음주상태에서 절대 비행조종을 하여서는 안 된다.
- o 비행장에서 흡연을 제한하며 소화기를 배치하여야 한다.

8) 교관(지도조종자) 안전수칙

- o 교관은 비행교육 전후 점검을 철저히 해야 한다. 피교육생은 미숙달 상태로 실질적이고 최종적인 비행장치 점검은 교관이 담당해야 한다.
- o 교관은 긴급 상황 및 교육생의 오조작 가능성에 대비하여 교관의 위치를 이탈해서는 안 된다.
- o 교관은 접근자 관찰, 접근 항공기 관찰, LED 주시, 조종기 연결상태, 위성 수신상태 등에 항상 시선을 유지해야 한다.
- o 교관은 교육 시에 발생하는 모든 사고는 피교육생이 아닌 교관의 책임임을 명심해야 한다.
  - * 단, 교육생이 규칙 위반 및 고의적인 사고 발생의 경우는 제외

제2장 불법 비행 및 사고 사례

1. 불법 비행

1) 무허가 비행

　최근 민간차원의 드론 보급이 크게 늘어나면서 전 세계적으로 무허가 비행에 따른 피해가 점차 늘어나자, 각 국가는 이를 억제하려는 드론관련 법규정 및 절차, 관리·감독 등 규제정책을 강화하고 있다.

　＊ 국토교통부가 국회에 제출(2022.7)한 자료에 따르면, 2019년에서 2022년 6월간 국내 드론 불법비행 유형으로 비행금지구역 175건, 관제권 123건, 야간 비행 54건이 발생함.[51]

　국가별 무허가 비행으로 사고 발생 현황은 다음과 같다.
- 2015년 6월 밀라노 엑스포 한국관 참가기업인 'CJ 및 CJ 용역업체' 직원 3명이 이탈리아 문화유산인 두오모 성당을 촬영하다가 부딪치는 사고 발생
- 2017년 2월 대학에 재학 중인 교수가 인도 타지마할 주변에서 드론을 띄워 촬영한 혐의로 인도 경찰에 적발되어 조사받음
- 2017년 7월 국내 세곡동 사거리 인근에서 드론을 띄운 스페인 남성이 항공안전법 위반 혐의를 불구속 입건됨

2) 사생활 침해

　드론에 장착된 카메라를 이용하여 다른 사람을 촬영하여 사생활 침해로 고발당하거나 또는 의도와 관계없이 촬영된 경우도 초상권 침해로 고발당한다.
　사생활 침해의 처벌 조항은 형법 제35장 제316조의 비밀 침해죄로 규정되어 있다. 비밀침해죄는 타인이 공개를 원하지 않는 비밀을 일정한 수단을 이용하여 알아내는 행위로, 개인의 사생활을 침해하는 범죄를 말한다.

　＊ 사생활 침해죄가 성립될 경우 3년 이하의 징역이나 금고 또는 500만 원 이하의 벌금에 처하게 된다.

　항공에서 촬영용 드론으로 인한 사생활, 개인정보 침해 행위 사례는 다음과 같다.

---

[51] 출처 : https://blog.naver.com/focusdrone/222836131597(검색일 : 2023.1.21.)

o 2015년 7월 미국 켄터키주에서 자신의 소유지 위로 날아든 드론을 총기로 격추함
o 2017년 8월 제주도의 해수욕장 샤워실에 드론이 출몰하여 경찰이 출동함
o 2018년 7월 드론을 이용해 22층 아파트 내부를 촬영하고 있다는 신고가 접수됨

한편, 최근 국내 지자체(인천시 등)에서는 드론으로 아파트 내부 등 공동주택을 몰래 촬영하는 사생활 침해 사례가 증가하고 있다며 '공동주택 드론 몰카범 규제 조례안' 제정을 추진하고 있다.

3) 해킹 및 테러

드론도 해킹 및 테러에 자유롭지 못하다. 드론 해킹이란 드론과 연결된 무선 네트워크에 침투하여 드론에 저장된 정보를 빼내거나 드론을 탈취하는 것이다. 드론 해킹 및 테러의 대표적인 유형으로 스푸핑(Spoofing), 재밍(Jamming), 공중납치(Hijacking)가 있다.

또한 드론은 테러 세력들이 유용한 비대칭 무기로 사용하고 있다. 기존의 보안시설은 대부분 지상 테러에 대한 방어에 중점으로 두고 있어 드론을 활용한 공중공격에는 무방비 상태로 이슬람국가(IS) 등 과격 테러 단체들이 드론을 테러의 수단으로 빈번히 활용하고 있다.

가) 스푸핑

드론을 해킹하는 기술 중 가장 대표적인 것이 GPS 스푸핑(Spoofing)이다. 스푸핑은 속인다는 뜻으로 드론에 가짜 GPS 신호를 보내, GPS를 교란시켜 드론을 해커가 원하는 곳으로 납치하거나 착륙시키도록 만드는 방법이다.

암호화된 인공위성의 신호를 해독해 내부 전산망에 투입하는 방식 또는 IP 주소를 위장해 방어시스템을 우회하여 기체에 내장된 네비게이션 컴퓨터를 조종한다.

일례로 2011년 12월 미국의 록히드마틴과 이스라엘이 공동으로 제작한 미 공군소속 무인스텔스 정찰기(RQ-170 Sentinal)가 아프카니스탄 국경지역에서 운용되던 중 이란 전자부대의 전자공격(GPS 조작)으로 이란 비행장에 강제 유도되어 포획되었다.

나) 재밍

재밍(Jamming)은 전자장비 사용을 방해할 목적으로 잡음이나 유사한 전자신호를 계획적으로 방사 또는 반사하여 상대방의 수신 내용을 교란하는 방법이다. 즉 드론에 GPS보다 강력한 신호를 보내 통신에 혼란을 일으켜 드론을 작동불능 상태로 마비시키는 공격이다. 재밍은 드론에 가장 위협적이다.

재밍의 사례로 2012년 5월 인천 송도에서 오스트리아 쉬벨사의 '캠콥터 S-100' 드론 시험 도중에 갑작스런 재밍 공격으로 드론이 추락하는 사고가 발생하였다. 이 사고로 조종사 1명 사명하고 일반인 2명이 크게 다쳤다. 우리 정부는 재밍 공격의 주체로 북한을 추정하고 있다.

다) 공중납치(하이재킹)

하이재킹(Hijacking)은 테러범들이 하늘을 나는 여객기를 탈취하듯이 운항 중인 드론의 조종기능을 탈취하여 납치하는 방법이다. 이는 원격제어장치의 보안 취약점을 노리는 방법이다.

드론이 하이재킹될 경우, 중요 물건을 배달하다가 탈취당할 수 있으며, 탈취 후 드론이 촬영한 영상, 사진 등 정보유출로 인해 2차 피해발생도 우려된다.

* 정보유출 사례로 미국에서 개발한 최신 드론인 RQ-140이 러시아의 해킹사이트에서 26달러에 구매한 악성프로그램을 사용해 드론 촬영 영상을 유출한 사건이 발생하였다.

2. 사고 사례 및 방호시스템

1) 무인비행장치 사고사례

가) RC 모형헬리콥터 사망사고

우리나라에서 발생한 최초 무인비행장치 사고사례로 2005년 4월 경남 진주의 한 초등학교 과학의 날 행사에서 RC 헬리콥터가 비행 시범 중에 추락하는 사고가 났다.

이때 추락하며 튕겨 나간 프로펠러에 맞아 초등학교 1학년생 1명이 사망하고 2명이 중경상을 입었다. 조사결과 주파수 이상 또는 동력계통 고장으로 파악되었다.

나) 무인헬리콥터 사망사고

2009년 8월 전북 임실군에서 농업용 무인헬리콥터 기체(야마하 RMAX L17)가 이륙 후 조종자와 직접 충돌하여 조종자가 사망한 사고가 발생하였다.

사고조사 결과, 조종자가 기체조작 미흡, 안전거리(15m) 미확보, 회피동작 미흡 등으로 밝혀졌다.

다) 군납 무인헬리콥터 사망사고

2012년 5월 대북 정찰용으로 해군에 납품 예정인 오스트리아 쉬벨사의 캠콥터 S-100 무인헬리콥터 시험운항 중에 통제차량을 충돌하는 사고가 발생하였다.

이 사고로 제조사에서 파견한 슬로바키아 기술자가 사망하고 한국인 직원 2명이 화상을 입었다.

한편, 이 사건 발생 이후 우리나라는 2013년 무인비행장치 조종자 자격증명 제도를 시행하게 되었다.

라) 농업용 무인헬리콥터 추락 등 기타 사고

2015년 7월 경남 합천군에서 무인헬리콥터가 농약 운반용 트럭에 충돌·화재사고가 발생하였다.

2017년 7월 경남 밀양시에 무인헬리콥터가 방재 중 안개 속으로 실종되는 사고가 발생하였다.

풍향에 의한 농약 중독, 농약 비산 피해, 농경지 오염(추락/파손) 등 농업용 무인헬리콥터 추락 등의 사고가 발생하였다.

농업용 무인헬리콥터는 충돌 사고가 가장 빈번하게 발생(전체의 81% 차지)하였다.

마) 무인멀티콥터 사고

2017년 5월 경북 봉화군에서 어린이날 행사로 드론 사탕 투하 중 추락하였다.

2018년 4월 서울 동대문구 신설동에서 조종자 미숙에 의한 추락사고로 차량을 파손하였다.

2019년 4월 대전우체국 인근 횃불 봉송 행사 중 추락하는 사고가 발생하였다.

2) 드론방호 시스템

최근 드론방호에 대한 관심이 높아지면서 드론방호에 대한 탐지 시스템과 접근해오는 드론을 무력화하기 위한 방호장비에 대한 관심이 높아지고 있다.[52]

드론 테러를 방호하기 위해 개발된 기술이 안티드론(Anti-Drone) 또는 카운터 드론(Counter-Drone) 기술이다. 드론방호는 테러나 범죄, 사생활 영역 침입이나 감시, 조작 미숙에 의한 사고의 문제 등을 야기하는 공격용 드론을 무력화하는 기술로 탐지-식별-무력화하는 3단계로 구성된다. 적대적인 공중 감시 또는 기타 악의적인 목적으로 운용되는 UAV를 교란하고 무력화시키는 시스템, 센서 및 재머 통합시스템을 통해 드론을 탐지 및 무력화시키는 시스템 등이 있다.

현재 드론 방호 또는 제압 장비로는 그물을 발사하는 포획용 드론(Skywall 100, Drone Catcher), 주파수 및 전파를 교란하는 재머(Drone Sniper 등), 직접 충돌하는 드론 킬러(Drone Killer), 자동공중통합방호 시스템 등을 주로 사용하고 있다.

그림 5-2 포획용 드론(Drone Catcher)

* 출처 : https://www.mtu.edu/news/2016/01/drone-catcher

---

52) 신정호 외(2021), 드론학 개론, p.338.

PART 06

드론의 인적요인

제1장 드론 안전문화

제2장 인적요인

제3장 비행안전에 미치는 인적요인

제1장 드론 안전문화

1. 안전문화(Safety Culture)

안전문화란 사업자나 개인이 작업 환경에서 안전이라는 목표에 도달하는 방식의 하나로써 "안전에 관하여 근로자들이 공유하는 태도나 신념, 인식, 가치관"을 통칭하는 개념이다.[53]

오늘날 무인비행장치(드론) 산업이 발전하면서 테러, 추락, 충돌, 사생활 침해 등으로 인한 비행안전 문제가 지속적으로 제기되고 있는 현실이며, 전 세계는 ICAO의 무인비행 기준을 준용하고 개별 국가의 현실과 제도를 반영하여 드론에 대한 안전인식과 문화를 정착해 나가고 있다.

무인비행장치에 의한 사고는 크게 대인사고, 대물사고, 보안사고, 불법비행사고, 사생활 침해 등 기타 사고로 나눌 수 있다. 미국 국방성의 사고통계 자료에 의하면, 무인기(드론) 사고율은 유인기에 비해 약 10~100배 이상 높은 수치를 보였다(Hobbs, 2010: US Department of Defence, 2003).[54] 또한 이스라엘의 무인기 생산업체인 IAI사에서 발표한 무인기 결함 및 사고통계 자료에 의하면, 비행조종계통 28%, 추진계통 24%, 통신계통 11%, 동력계통 8%, 기타 7%로 나타났는데 이중 인적 에러가 22%를 차지하였다. 전체적으로 볼 때 장비결함과 인간결함에 의한 사고 비율이 약 4배 수준이다.

인적 에러(Human Error)는 특정한 분야에서만 나타나는 특정적인 문제가 아니라 인간 고유의 특성에 기초한 보편적 현상이다.[55] 이는 4차 산업 등 과학기술의 비약적 발전에 힘입어 과거에 비해 기계적인 결함이나 기술적인 문제로 인한 사고는 줄어드는 반면, 인간의 고유한 심리 및 행동특성에 기인한 인적요인(Human Factors)에 의한 사고는 점점 늘어나고 있다는 것을 의미한다. 즉 약간의 비율 차이는 있지만, 기계적 분야에서 시스템 오류 발생의 근본원인이 인간의 행위에 기인하는 것으로 알려졌다.

---

53) 신정호 외(2021), 드론학개론, p.324.
54) 한국교통안전관리공단 드론교육훈련센터, 재인용.
55) 이강준·권오영(2002), 항공안전과 인적요인(Aviation Safety and Human Factors), 한국항공우주의학협회 학회지 제12권 제4호, pp.192~195.

> **그림 6-1** 휴먼 에러 및 기계적 결함 비교

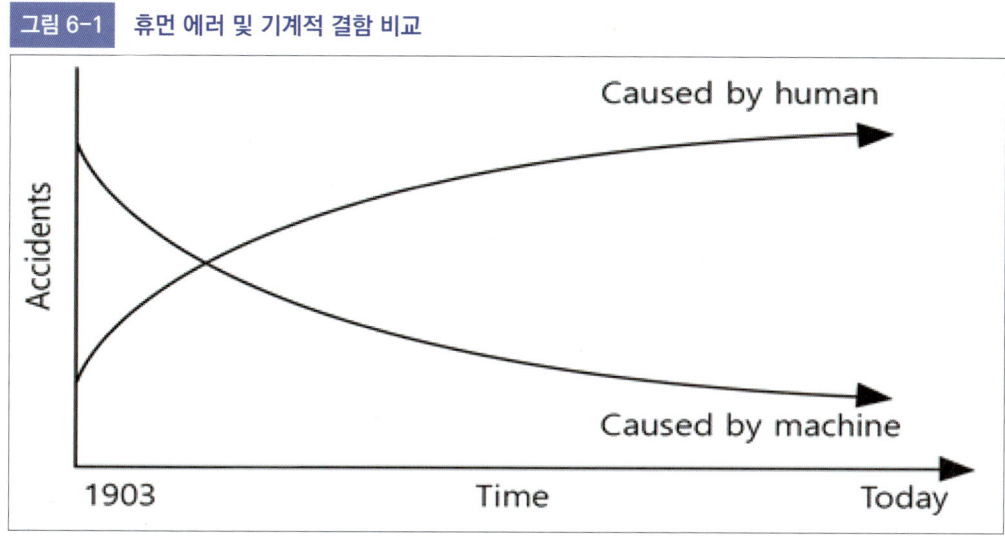

* 출처 : 한국교통안전공단 드론교육훈련센터

2. 무인비행체 사고

　최근 국내 연구 자료에 의하면, 무인비행체 조종자의 인적오류에 의한 사고비율이 49%, 기술적 오류 27.6%, 통신 및 외부 환경 10.4%, 장애물 7.9%, 원인 불상 4.9% 순으로 나타났다. 특별히 조종자 인적 오류에서 조종자 주의집중 부재, 점검 사항 누락, 세팅값 입력 실수 등의 조종자 실수 측면의 단순 휴먼(Human) 에러는 28.75%였다. 이 중에 조종능력의 미숙달, 조종자의 안전의식 결여, 조립설계 미숙, 단순실수 등 조종자 부주의에 의한 사고의 비중이 상당히 높은 것으로 나타났다.[56]

　민간 차원에서 무인비행체(드론) 개발 역사가 아직 초기 단계이지만, 기존 항공운송 분야와 마찬가지로 최첨단 4차 산업기술들이 접목되면서 기계적 결함에 의한 사고는 줄어드는 추세이고 상대적으로 인적 에러에 의한 사고가 증가되고 있다. 따라서 다른 항공산업 분야와 마찬가지로 무인비행체(드론) 조종사를 대상으로 한 인적요인 교육의 중요성이 더욱 강조되고 있다.

---

56) 주청림(2021), 무인비행장치(드론) 사고사례를 통한 주요 비행안전요인 도출에 관한 연구, 한국항공대학 석사학위 논문, pp.44~47.

제2장 인적요인(Human Factors)

1. 정의

최근 항공분야에서는 많은 항공사고가 기계적인 결함보다는 인간의 에러에 의해 발생되고 있다는 것이 알려지면서 인적요인(Human Factor)이라는 용어가 자주 사용되고 있다.[57] 인적요인은 다양한 분야의 학문적 지식을 포함하고 있고 범위가 넓은 광의의 차원으로 이해하는 것이 일반적이다.

인적요인이란 인간이 작업을 어떻게 수행하는지 행동적, 비행동적 변인(變因, variable)들이 인간수행에 어떻게 영향을 미치는가를 다루는 분야이다(Meister David, 1989).[58] 한편 ICAO의 사고방지 매뉴얼(APM : Accident Prevention Manual)에 의하면, 인적요인은 항공 시 사고, 준사고, 사고방지와 이와 관련된 인간관계 및 인간능력을 총칭하는 것으로 정의되어 있다. 즉 인간과 인간, 인간과 기계, 인간과 각종 절차, 인간과 환경 등 다양한 인간업무 분야에서 다루어지고 있다.

인적요인(요소)은 에르고노믹스(Ergonomics : 인간공학),[59] 휴먼 엔지니어링(Human Engineering : 인간공학) 등의 명칭으로도 불리고 있다.

2. 인적요인의 적용 목적

인적요인의 적용 목적은 크게 ① 수행의 증진과 ② 인간가치의 상승이다. 수행의 증진은 ㉠ 생산성 향상, ㉡ 인적 에러의 감소, ㉢ 사용의 편리성이 있으며, 인간 가치의 상승은 ㉠ 안전성 증대, ㉡ 피로와 스트레스 감소, ㉢ 건강 및 안락함 증가, ㉣ 직무만족 증가, ㉤ 삶의 질 향상 등이 있다.

또한 인적요인은 인간의 능력, 한계, 특성에 관한 정보를 수집하고 이러한 정보를 도구, 기계, 시스템, 직무, 직업, 환경 등에 적용하여 인간이 안전하고 효율적으로 사용할

---

57) 이강준·권오영(2002), 위의 논문.
58) Meister David(1989), Conceptual aspects of human factors, the Johns Hopkins University Press.
59) 인간공학(人間工學)이란 인간과 그들이 사용하는 물건과의 상호작용을 다루는 학문이다. 즉 인간공학은 사람과 그의 노동에 관한 과학으로서 사람의 에너지를 유효하게 사용하는 데 영향을 주는 해부학, 생리학, 심리학 및 역학적 원리의 분야를 포함한다.

수 있도록 하는 것이다.[60] 인적요인은 넓은 의미에서 인간본질의 능력과 과학적 요소를 인식하고 그 관계를 최적화하여 능력성, 안정성, 효율성 등을 향상시키는 것이다.[61]

3. 인적요인의 대표 모델

대표적인 인적요인 모델로는 프랭크 호킨스(Frank H. Hawkins)의 SHELL 모델이 있다.[62] 원래 인적모델은 1972년 미국의 심리학 교수인 엘윈 에드워드(Elwyn Edward)가 승무원과 항공기 기기 사이의 상호작용 관계를 나타내는 SHEL 모델을 최초로 고안하였고, 이어서 1975년 네덜란드 KLM 항공의 기장 출신인 호킨스가 이를 수정하여 새로운 SHELL 모델을 만들었다.

아래 그림의 중앙에 있는 L(Central Liveware)은 나 자신의 성격·의사소통·리더쉽·문화 등을 뜻하고, 아랫부분의 L(Liveware)은 타인의 그것을 뜻한다. 그리고 H(Hardware)는 드론·조종기·장비류·시설 등을 의미하고, S(Software)는 법규·비행절차·안전기준·매뉴얼·작업카드·점검표 등을 말하며, E(Environment)는 바람·온도·습도·조명·기상·시차·소음 등 주변의 물리적 환경을 뜻한다. 이는 인간과 관련된 주변 요소 간의 관계성에 초점을 맞추고 있다.

---

60) 이강준·권오영(2002), 앞의 논문.
61) 변순철, 2016, 항공기 사고와 인적요인(Human Factors), 2016년도 제52회 항공우주의학협회 추계학술대회 자료, pp. 38~49.
62) Hawkins Frank. H(1993), Human factors in Flight, Routledge.

| 그림 6-2 | SHELL 모델 |

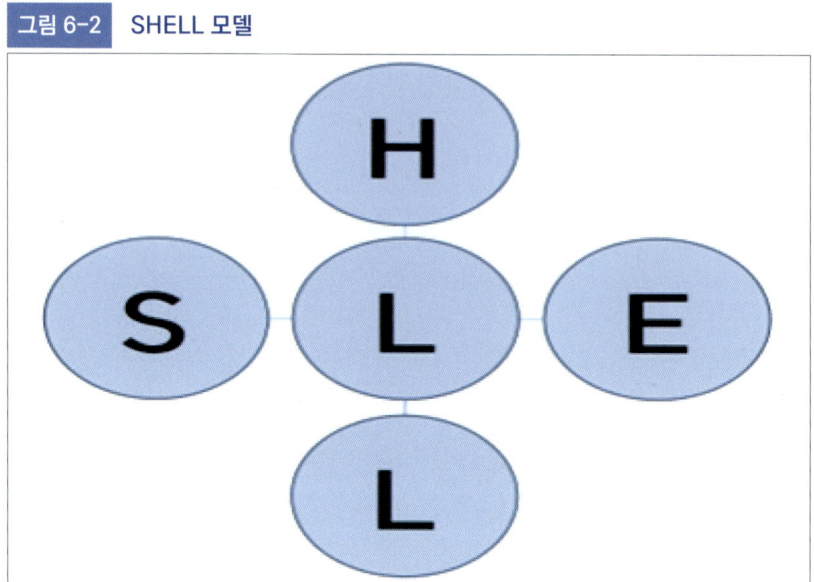

* 출처 : https://blog.naver.com/sooyys11/222340079576

1) 인간과 기계(L-H)

인간의 특징에 부합하는 조종기 설계, 감각 및 정보처리 특성에 맞는 디스플레이 설계 등을 말한다. 승무원은 비행 중 조종기, 실내의 각종 계기판을 주시하며 늘 확인한다. 따라서 기계의 형태, 방향, 색깔, 작동방법 등의 설계 형태에 따라 작업활동에 크게 영향을 미친다.

이러한 하드웨어가 인체공학적 상황에 맞지 않거나 인간이 적절히 적응하지 못할 경우에는 비행 업무의 능률성, 안전성, 효율성이 떨어지고 인적사고의 잠재요인이 될 수 있다.

2) 인간과 소프트웨어(L-S)

인간과 절차, 매뉴얼 및 체크리스트 등 시스템의 비물리적 측면이다. 비행물체는 정해진 법규, 절차 지키면서 운항되어야 하지만, 그 과정에서 다양한 항공정보를 해독하여야 한다. 즉 관련규정, 교범, 점검표, 매뉴얼 등에 의하여 직무를 수행해야 하므로 인간과 소프트웨어의 관계는 물리적이기보다는 정신적 요소 등 비물리적 요소이다.

3) 인간과 환경(L-E)

인간과 환경(L-E)은 인간에게 맞는 환경을 조성하는 것이다. 인간이 어떤 환경에 적응해야 할 것인가 등 환경 조건을 인간에게 맞추는 것이다. 초기에는 중력 보호복 등을 착용했지만, 항공기술의 발달로 항공기 내 환경 조절이 가능해짐에 따라 공중에서의 환경조건을 인간의 생존조건에 맞추어 나가고 있다.

4) 인간과 인간(L-L)

조종자와 관제사 혹은 조종자와 육안 감시자 등 사람과 사람 간의 관계작용을 뜻한다. 무인비행체 운항 업무는 인간의 팀워크로 수행된다. 운항을 직접 하는 조종사를 비롯하여 육안 감시자, 조력자 등과 상호협력하는 것이 업무의 효율성을 높이고 안전 운항에 도움이 된다. 현재 인적분야에서 인간과 인간(L-L) 관계를 가장 중요시 여기고 있다.

4. 인적오류

인간은 불완전 존재이기 때문에 상시적 오류를 범한다. 산업화 사회 이후 인간이 개발한 자동화된 기계들이 인간의 실수를 줄여줄 것이라고 많은 기대를 하였지만, 불완전한 인간이 개발한 기계, 장비 역시 불완전성을 내포하고 있다.

이러한 인간의 오류는 크게 의도치 않은 오류(일탈, 경솔, 추리, 부족한 지식 등)도 있지만, 의도한 오류(법, 규칙에서 벗어난 고의적인 사고)도 있다. 그리고 사회적 환경, 조직의 비합리성 등 사람에 의한 인적 요인이 크게 작용하고 있다.

예를 들면 항공기 사고의 4건 중 3건은 자신 또는 다른 사람의 실수로 일어난다고 한다는 통계가 이미 1940년대에 처음으로 나왔다.[63]

---

63) 문창수(2000), 항공 인적요인의 개념적 모형, 항공우주의학 제10권 제3호, p.267.

5. 드론과 인적요인

1) 보고·탐지하고·피하기

무인비행장치는 조종자가 직접 탑승하지 아니하고 영상장치, 레이더 등 통신 전자장비로 비행하기 때문에 보고-탐지하고-피해(See & Detect & Avoid) 가면서 비행한다.

그렇지만 광학 시스템이 안개, 연기, 강우 등 기상 조건이 열악할 경우, 많은 제약을 받으며 탐색률 또한 높지 않다. 그리고 작은 드론에는 전력량, 무게 등의 제약으로 인해 레이더를 장착하기 어렵다.

2) 상황인식

유인비행장치는 조종사가 직접 느끼며 비행 상태를 점검할 수 있으나 무인비행장치는 영상장치, 레이더, 무선 등의 탐지기를 통해 확인하는 정보를 간접적으로 인지하여 비행한다.

따라서 유인비행장치는 조종사가 신속하게 개입할 수 있으나, 무인비행장치는 지상에서 조종하기 때문에 즉각적이고 직접적 상황 인지활동 및 조작이 어려워 신속한 상황 개입이 지체될 수 있는 단점이 있다.

3) 의사소통[64]

일반적인 대면 상황에서는 언어와 함께 표정, 몸동작, 입술 모양 등 다양한 수단을 통해 의미를 전달한다. 하지만 항공에서의 의사소통은 주로 비대면 상황이기 때문에 다음과 같은 3가지 기본원칙을 지키는 것이 바람직하다.

3가지 기본원칙으로
  o 간단성(Simplicity) : 전달하고자 하는 의도를 간단하게 표현한다.
  o 명료성(Clarity) : 잘 이해하고 알아들을 수 있도록 또박또박 발음한다.
  o 명확성(Accuracy) : 메시지를 정확하게 전달해야 한다.

무인비행장치 조종자는 비행에 대한 일반적인 지식 보유는 물론 표준 비행용어 및

---

[64] 한국교통안전공단 드론교육훈련센터(2022), 항공법규 및 인적사항, pp.108~109.

약속된 언어를 통해 의사소통하여야 한다.

4) 의사결정

무인비행장치의 비행에 있어 조종자의 의사결정은 본인의 자세, 정보 및 지적 처리 능력, 위험관리 및 상황판단 능력 등은 훈련 및 교육에 의한 경험에 따라 그 차이가 크다.

따라서 군사용·감시정찰용 등 민감한 무인비행장치의 조종자는 적성, 동기, 지적능력 등 정신적·신체적 능력이 직무 수행에 적합한 지 여부를 판단하여 선발되고 교육·훈련을 거쳐 양성되어야 한다.

5) 인간과 기계의 조화

기계는 인간이 직관적으로 편하게 쓸 수 있도록 만들어야 한다.

조종자와 무인비행장치의 자동화 시스템 사이의 상호작용이 인간공학적 설계를 통해 원활하게 효율적으로 제작되어야 한다. 즉 인간과 기계와의 조화를 이루어야 한다.

제3장 비행안전에 영향을 미치는 인적요인[65]

1. 시각

인적요인 분야는 인간이 받아들이는 감각, 지각, 기억 및 운동체계에 대한 지식을 바탕으로 연구가 진행되고 있다. 이중 외부로부터 들어오는 정보를 받아들이고 해석하는 과정에서 시각이 가장 중요하다. 인체의 모든 감각 수용체 중 약 70%가 시각이 관여한다.

인간의 시각은 물체의 거리감을 판단하고 입체적으로 보며 색을 감지한다. 특히 무인비행장치의 경우 시각에 더 많은 부분을 의존하고 있다. 인간의 양안은 평균적으로 약 6.5cm 떨어져 있다.

1) 입체시

어떤 대상물을 명시거리(약 25cm)에서 왼쪽 대상물은 왼쪽 눈으로 보고 오른쪽 대상물은 오른쪽 눈으로 보면, 좌우의 상이 하나로 융합되면서 입체감을 가지게 되는데 이런 현상을 입체시라고 한다.

입체시(立體視, stereoscopic vision)는 거리감 및 입체감 판단에 도움을 준다.

2) 주시안

주시안(主視眼, Dominate eye) 혹은 우세안은 두 개의 눈 중에서 시각 정보를 받아들일 때 주로 의존하는 눈을 말한다.

주시안 확인 방법으로 두 눈을 모두 뜨고 멀리 있는 물체를 손가락 원안에 넣어서 본다. 그리고 난 다음 한쪽 눈을 감고 원 안에 있는 물체를 보았을 때 물체가 원안에서 그대로 있다면 그 눈이 주시안이고, 원 안에 물체가 없다면 그 눈이 보조시안(비주시안 또는 부시안)이다.

---

[65] 한국교통안전공단 드론교육훈련센터(2022), 항공법규 및 인적요인, pp.109~126.

〈 로젠바흐법(Rosenbach method) 〉

① 하나의 어떤 물체를 정해 3~5m 거리에서 양 눈으로 본다.
② 두 팔을 쭉 펴고 양손으로 작은 삼각형을 만들어 사물을 삼각형 중앙에 위치시킨다.
③ 좌, 우 눈을 한 번씩 감았다 뜬다. 이때 사물이 양 눈으로 본 것과 똑같이 보이는 눈이 주시안이다.

3) 광수용기

눈의 망막에는 빛을 받아들이는 세포인 광수용기(光受容器, photoreceptor)를 가지고 있다. 광수용기는 빛 에너지를 전기적 신호로 변환시켜 빛 정보를 뇌의 시신경으로 전달하는 역할을 한다.

사람의 광수용기는 추상체(錐狀體, cone cell)와 간상체(桿狀体, rod cell)로 구성되어 있다. 추상체(주간시)는 빨강, 초록, 파란색에 대한 민감도가 서로 다른 세포들이 색을 분별하며, 간상체(야간시)는 빛에 민감하지만, 색을 분별하지 못한다.

【표 6-1】 추상체와 간상체

구분	추상체(주간시)	간상체(야간시)
색의 형태	컬러	흑백
활동 주시간	주간	야간
망막의 분포	중심	주변
개수	약 7백만 개	1억3천만 개
해상도	높다	낮다

* 출처 : 한국교통안전공단 드론교육훈련센터

4) 암순응

암순응(暗順應, dark adaptation)은 밝은 곳에서 어두운 공간으로 들어갔을 때 처음에는 보이지 않다가 시간이 지남에 따라 주위의 사물이 천천히 보이는 현상을 말한다.

동공은 동공의 크기를 변화 조절하여 비교적 짧은 시간 내에 적응하지만(동공순응), 망막은 감도 변화를 위해 상당한 시간(약 30분)이 필요하다(망막순응).

5) 푸르키네 현상

푸르키네 현상(Purkinje's phenomenon)은 색광의 밝기가 다르면 같은 색채라도 색채가 다르게 보이는 현상을 말한다. 즉 추상체와 간상체가 서로 민감하게 반응하는 색이 다르기 때문에 나타나는 현상이다.

일반적으로 밝은 곳(낮)에는 빨간색이 선명하게 멀리까지 잘 보이고, 어두운 곳(밤)에서는 파란색이 선명하게 더 잘 보인다.

* 푸르키네 현상(Purkinje Phenomenon, Purkinje effect)은 19세기 체코 프라하 대학의 생리학이자 조직학자인 얀 에반겔리스타 푸르키네(Jan Evangelista Purkyne, 1787~1869)가 처음 발견하였다.

6) 맹점

맹점(盲點, blind spot)은 망막에서 시각세포가 없어 물체의 상이 맺히지 않는 부분이다. 맹점을 처음 발견한 프랑스의 과학자 마리오트(Edme Mariotte, 1620~1684)의 이름을 따서 마리오트 맹점(Mariotte's spot)이라고도 부른다.

맹점 현상은 양안시에서는 나타나지 않으며 한 눈일 때 나타난다. 따라서 한눈을 실명하는 등 한눈을 가진 때는 사각지대가 생기므로 드론을 운항하여서는 아니 된다.

2. 피로

피로(疲勞, Fatigue)는 의학적으로 정신이나 몸이 지쳐서 에너지가 고갈되어 힘든 상태를 의미한다. ICAO는 피로가 수면 부족, 장시간 동안의 각성상태, 일주기 리듬 변동 또는 업무 과부하 등으로부터 발생하는 정신적 혹은 신체적 수행능력이 저하된 생리적 상태라고 규정하였다.

피로 시에 나타나는 현상으로
o 안색이 창백하거나 시야가 어두워진다

o 원기가 없어지며 말을 시켜도 대답하기 싫다
o 동작이 서툴고 동작의 자각이 느리다
o 긴장이 풀리고 주의력이 산만하다
o 정신 집중이 안 되고 무기력하다

피로 유발 원인 중 업무관련 원인은 업무량, 시간 압박, 신체적 부담작업, 장시간 근무, 부적절한 휴식 등이 있으며, 업무 외 요인은 연령, 건강상태, 수면부족, 휴식시간 부족, 장거리 출퇴근 등이 있다.
피로가 무인기 조종자의 비행 수행능력에 미치는 부정적 영향으로
o 의사결정 능력
o 기억 능력
o 주의집중 능력 등이 떨어진다는 것이다.
피로의 예방 및 회복을 위해서는 충분한 양과 질의 수면이 필수적이다.

3. 수면

1) 수면의 특징

수면(睡眠, sleeping)은 피로가 누적된 뇌의 활동을 주기적으로 회복하는 생리적인 의식상실 상태를 말한다. 충분한 양의 수면과 높은 질의 수면은 피로를 완화하기 위한 가장 중요한 수단이다.
수면의 기능으로 생체리듬 유지와 피로를 회복할 수 있으며, 이를 위해 성인의 경우 일일 평균 7~9시간의 수면이 필요하고, 규칙적인 수면습관은 정상적인 뇌 기능을 정상적으로 작동하는 데 도움을 준다.
수면이 부족할 경우에 나타나는 현상으로 시각·지각 저하, 단기 기억 저하, 논리적 추론 저하, 지속적인 주의력 저하 등이 있다.
수면손실 효과로 ① 경계에 대한 효과(Vigilance effects), ② 상실(Lapsing), ③ 인지적 처리 지연(Cognitive slowing), ④ 과제 지속시간에 대한 민감도(Sensitivity to time on task) 등이 있다.
효율적인 수면을 위해 규칙적인 수면 습관, 카페인 및 음주 지양, 수면 전 디지털

사용 자제, 충분한 양의 햇빛(sunlight) 수용, 적당한 운동 등이 요구된다.

2) REM 수면과 비 REM 수면

가) REM(Rapid Eye Movement, 빠른 안구운동) 수면
  o 뇌파가 빠르고 자율신경성 활동이 불규칙한 수면의 시기를 말한다.
  o 전체 수면의 약 25%로 뇌파는 각성상태와 유사하며 심장박동 및 호흡이 불규칙적이다. 즉 머리만 깨어있는 상태로 꿈을 꾼다. 역설적 수면으로 몸은 자고 머리는 운동한다. 이런 수면은 꿈, 근육경련, 급속한 안구운동을 수반한다.
  o 꿈을 꾸는 단계로 음주 시에는 REM 수면이 억제된다.

나) 비(非) REM(Non Rapid Eye Movement) 수면
  o 비 REM(Non-REM) 수면은 뇌파에 따라 1~3단계로 구분한다. 1~2단계(약 55%)는 얕은 잠을 단계이며, 3단계 수면은 숙면(업어가도 모를 정도)을 말하며 서파수면(徐波睡眠, slow-wave sleep)이라고도 한다.
  o 3단계 수면 시에는 외부에서 오는 정보처리를 멈추고 뇌의 뉴런이 거대하고 느린 전기파를 생성하여 기억병합이 일어나 학습에 큰 영향을 미친다. 이때는 심박률, 호흡률, 혈압이 감소한다.

4. 약물

약물(藥物, drug)의 종류는 진정제, 신경안정제, 항히스타민제, 진통제, 마취제, 카페인 및 니코틴, 항균제, 환각성 약물 등이 있다.

드론을 운항하기 전에 진정제, 신경안정제, 진통제, 근육이완제, 지사제, 멀미약 등을 복용 시에는 졸음과 판단력을 흐리게 하고 각성상태 저하, 신체 조정능력 감소, 시각 이상 등의 증상을 초래할 수 있다.

또한, 약물은 인간의 능력에 직간접적으로 영향을 미치므로, 약물을 복용하였을 때는 드론 운항 전에 항상 항공 전문의사의 상담 및 처방에 따라야 한다.

【표 6-2】신경계 작용 약물

약물	부작용 현상
진정제 신경 안정제 항히스타민(antihistamine)제	신경계에 억제제(抑制製)로 작용하며 졸음 등을 유발함
진통제	처방전 없이 구매할 수 있는 아스피린(aspirin), 이부프로펜(ibuprofen), 아세트아미노펜(acetaminophen) 등은 적절한 용량 복용 시에는 비행에 큰 영향이 없으므로 제한하지 않음
진통제(처방)	마약성 약제로 분류된 옥시코돈(oxicodon), 코데인(codein), 메페리딘(meperidine) 등은 어지러움, 구역, 정신착란, 두통, 시각장애 등을 유발함
치과 마취제	치과 마취제는 치료 당시에만 작용하므로 단기간의 관찰이 필요함
암페타민계 약물, 카페인, 니코틴	암페타민(amphetamine), 카페인(caffeine), 니코틴(nicotine) 등이 포함된 약물은 식욕을 억제하고 피로감을 감소시켜 자신감을 갖게 하는 효과가 있으나 사용기간이 길어지고 적절 용량을 초과할 경우, 불안증이 생기고 감정 기복이 심해질 수 있어 위험성이 높음
항균제	일부 항균제는 비행에 영향을 주므로 약물 투여 후 몸의 균형 감각을 잡기 어려워하거나 청력저하, 구역, 구토 등 위험한 부작용이 발생함
마약류 환각성 약물	중추신경계에 작용하여 중추신경의 작용을 앙양하거나 억제 또는 환각을 유발하는 약물로 오용 및 남용 시 인체에 현저한 위해를 일으키는 등 위험성이 매우 높음

* 출처 : 한국교통안전공단 드론교육훈련센터

PART 07

드론 산업동향 및 기술발전 방향

제1장 드론 산업 동향

제2장 드론 기술발전의 방향

제1장 드론 산업 동향

1. 세계 시장 동향

세계의 드론 시장은 2026년 약 558억 달러(약 80조 원) 규모로 성장할 것으로 전망되며, 특히 민간의 상용 드론 시장은 연평균 성장률(CAGR : Compound Annual Growth Rate) 8.3% 이상으로 예측된다.[66] 특히 드론 하드웨어나 소프트웨어뿐만 아니라 서비스 시장도 크게 성장할 것으로 예상된다.

드론은 AI 등 4차산업 시대를 맞이하여 고압 전력선을 검사하거나 멸종위기의 바다거북을 추적하고 철도의 움직임을 모니터링, 긴급 의료품을 운송하는 등 다양한 분야에서 그 활용 및 수요가 폭발적으로 증가할 것으로 전망된다.

이에 따라 미래 핵심산업의 하나인 드론산업에 대한 규제 완화에 편승하여 상업용 드론 개발에 투자도 지속해 증가하고 있는 추세이다. 그러나 드론 규제완화 움직임과는 별도로 해킹, 사생활 침해 등 악의적 드론 사용에 대한 대응조치도 확대할 것을 요구받고 있다.

부분별 시장 성장 전망으로
o 군사 : 공격용드론, 안티드론, 정찰용 드론
o 검사 : 결함, 문제, 오작동 등 특정 현상을 찾기 위한 검사
o 감지 : 기상관리, 사람 또는 생명의 지리적 좌표 인식
o 재난 : 화재, 지진, 화산폭발, 인명구조
o 측량 : 고도, 각도, 거리 및 비행하는 구조물을 연구·측정 및 기록·지리 검사
o 운송 : 패키지, 식품, 약품 등 운송
o 기타 : 첨단기술 집약으로 저고도 도시항공, 제작, 건설, ICT 등

미래 주요 활용분야로 ①에너지(정유소·송전탑 점검 등), ②건설(현장조사), ③교통·창고(교통시설 점검·재고관리), ④농업(사료 및 종자살포, 작황 모니터링 등) 등이 있으며, 뚜렷한 글로벌 선두 주자가 없는 상황으로 다양한 분야의 신개념 사업모델 개발과 서비스 제공 등에서 치열하게 경쟁하고 있다.

---

[66] 출처 : Global Drone Market Report 2022-2030: Drone Market Size, Forecast 2022-2030, Market Developments & Regulations(2022.9) ; https://www.giikorea.co.kr/publisher/DRO_kr.html

2. 국내 시장 동향

우리 정부는 미래 성장산업으로서 드론산업 육성을 추진 중이며, 상대적으로 유망한 드론 활용시장 중심으로 집중 육성 및 경쟁력 강화 방안을 발표하고 있다.

러시아-우크라이나 전쟁에서 알 수 있듯이 국가안보 차원의 전략기술로 드론의 중요성이 더욱 강조되고 있다는 점에서 우리나라도 4차 산업혁명에 대응하여 범정부 차원에서 드론 기술력 확보 및 국내 산업육성을 강화하고 있다.

* 정부는 '드론산업 발전 기본계획(2017~2026)' 수립(2017년 12월), '드론법' 제정(2019년 4월), '드론산업 육성정책 2.0(2020년 11월)'에 이어 조만간 '2차 드론산업 발전 기본계획(2023~2032년)'을 수립하여 발표할 계획

2023년 2월 28일 기준 국내 초경량비행장치 무인멀티콥터 자격증명 취득자는 100,407명으로 집계되었다.

【표 7-1】드론 자격증명 취득자수 및 전문교관 취득자수 현황(2022.12월 기준)

구분	~'16년	'17년	'18년	'19년	'20년	'21년	'22년	합계(누적)
조종자	1,265	2,872	11,291	14,713	13,574	26,746	26,253	96,714
지도조종자	306	465	1,126	2,805	953	3,876	3,490	13,021
실기평가조종자	-	154	150	185	208	478	322	1,497

* 출처 : 한국교통안전공단(2023.4.4., 정보공개청구에 대한 답변서 : 접수번호 10555720)

최근 국내 드론 시장은 조립/정비, 콘텐츠 제작, 농수축산업/임업, 건축/토목, 물류/배송, 교육/스포츠 등의 분야로 활용 범위가 지속적으로 확대되고 있는 추세이다.

* 드론시장은 활용시장, 하드웨어, 소프트웨어 순으로 성장하며 국내 시장 규모는 2016년~2020년 연평균 13% 성장하였으며 2024년까지 약 8천억 원 이상 성장할 것으로 전망됨.

3. 분야별 드론 활용 현황

1) 1차 산업

o 농업 분야 : 종자 파종, 병충해 방제(농약 살포), 경작지 지도 작성, 농작물 상태정보 수집 및 수확량 측정, 식생지수 정보 계산, 토양 및 농경지

조사, 조류 퇴치 등 가장 광범위하게 활용 중
o 축산업 분야 : 가축의 위치 및 건강상태, 목축지 등 정보수집
o 수산업 분야 : 적조, 오염물, 어군 탐지, 미끼 투척, 어류 포획 등
o 임업 분야 : 임야 현황 파악, 묘목 운송, 병충해 방제 등

그림 7-1 농작물 방제 드론

* 출처 : https://blog.naver.com/pyeonghwadrone/222712589338

2) 항공촬영

o 고해상도 카메라를 탑재하여 항공 촬영
o TV 방송용, 행사용, 취미용 등 다양한 용도로 항공 영상 촬영

그림 7-2 항공촬영(도곡로 일대)

3) 물류 및 배송

o 교통이 불편한 산간 오지, 도서 지역 등에 물류 운송
o 긴급 의료장비, 의약품 수송
o 우편물 배송
　* 현재 각 국에서는 배터리 문제, 돌발상황 발생, 비행금지구역 및 비행제한구역 등 규제 문제, 드론 기술의 안전과 안보관련 문제로 상용화 사업이 지연되고 있음.

그림 7-3　물류 및 배송 드론

* 출처 : https://blog.naver.com/klip2013/221845052000

4) 방송 및 공연

o 엔터테인먼트, 영화, 각 방송사의 공중 촬영용
o 군집드론(2018년 평창동계올림픽 개막식에서 인텔사가 드론 1,218대를 띄워 오륜기를 형상화함)

| 그림 7-4 | 군집드론(평창동계올림픽 행사 시, 인텔사) |

* 출처 : https://www.hankyung.com/politics/article/202203235559i

5) 인프라 관리

o 도로, 댐, 전력선, 수송관, 항만 등 기반 시설물 유지·관리
o 태양광 패널 및 풍력 발전기 파손 여부 검사, 교량 안전점검 등

| 그림 7-5 | 시설 안전점검 드론 |

* 출처 : 포토뉴스(newpim.com, 2022.04.01.)

6) 측량 및 건설

o 3D 지형 자료 작성
o 고속도로, 철도, 해안 방파제 등 공사 모니터링
o 공사 현장 단계별 상황분석 및 감리 지원

그림 7-6 측량 및 건설 드론

* 출처 : https://post.naver.com/viewer/postView.naver?volumeNo=18927423&memberNo=33633782&vType=VERTICAL

7) 통신

o 통신 및 기지국의 품질 측정
o 안테나 높이, 지형 등 설치 및 위치 선정
o 전파통신 기지국 운용
　　* HAPS 모바일사는 65,000피트 상공에서 6개월간 비행하는 호크-30을 개발함

그림 7-7 HAPS 모바일 호크 30(고고도 통신 드론)

* 출처 : https://post.naver.com/viewer/postView.nhn?volumeNo=31020468&member-No=481955&vType=VERTICAL

8) 스포츠

- 드론 레이싱(Racing) : 장애물을 설치해 놓고 정해진 코스를 통과하여 가장 빨리 결승점에 도달하는 드론이 승리한다. 레이싱 드론은 시속 100km 이상의 쾌속으로 FPV(First Person View) 고글을 사용한다. 이 때문에 고글비행이라고도 한다.
- 드론 축구 : 경기장 없는 실내 환경에서 탄소 소재로 만든 보호장구에 드론을 공으로 삼아 지상 3m 상공의 원형 골대를 사용하여 플레이한다.
- 팝드론(Popdrone) : 미래형 스포츠 게임으로 드론을 공중에 띄우고 공격과 방어를 통해 빙고판을 터치하여 많은 점수를 획득하는 팀이 승리한다(빙고의 룰 적용).

그림 7-8 드론 축구 및 팝드론 배틀 대회

* 출처 : https://www.youtube.com/watch?v=ol6D26V-n-A
  http://www.droneshowkorea.com/sub04/sub01.php

9) 재난·감시용

- 태풍, 지진, 화산폭발, 가뭄, 쓰나미 등 자연재난 및 화재, 붕괴, 방사능 오염, 화생방 사고 등 사회재난 대응
- 재해 수색, 소방 및 인명구조, 실종자 수색 등
- 치안 순찰, 안전, 불법단속, 산불·우범지역·오염지역·국경·해안·시설물·선박 입출항 등 감시 및 재난지도 제작
- 인공강우, 스모그 제거, 기상예측 등
  * 미국 플로리다주 마이애미에 있는 NOAA(미국 국립해양대기청)는 2022년 7대의 기상관측용 세일드론을 투입하여 허리케인 데이터 정보수집 등 기상 예측 업무를 수행

그림 7-9 NOAA의 세일 드론(sail drone)

* 출처 : https://blog.naver.com/kips1214/222856780066

제2장 드론 기술발전의 방향

1. 핵심기술 발전[67]

1) 비행제어 시스템

비행제어 시스템은 드론의 안전한 비행과 임무 수행을 위한 제어 기술로서 드론의 두뇌 역할을 한다.
차세대 지능형 드론의 비행제어 시스템(IFCS; Intelligent Flight Control System)의 특징은 다음과 같다.
  o 높은 신뢰성과 안정성을 보장할 수 있는 하드웨어 및 소프트웨어로 구성
  o 비행제어시스템의 소형화 및 고성능화 구현
  o 다양한 탑재장비 및 센서, 데이터 링크 장비와의 인터페이스 기능 제공

2) 추진동력 기술

최근 드론의 추진동력 기술은 드론의 사용 목적 및 환경 등에 최적화된 추진동력 체계 기술로서 친환경·고성능·고효율 동력원 개발이 진행되고 있다. 즉 ① 고고도 장기 체공을 위한 태양전지, 수소연료 전지 등 추진동력 기술 ② 내연기관, 태양전지, 연료전지 등을 조합한 하이브리드 추진동력 기술 ③ 장기간 비행을 위한 고성능 배터리 기술 등이다.
  * 현재 소형 드론은 리튬폴리머 배터리와 모터를 추진동력으로 주로 사용하고 있다.

가) 유선 드론
드론은 탑재중량과 비행시간이 반비례 관계이다. 하지만 유선 드론 시스템(Tethered Drone System)은 유선을 통해 드론과 지상을 연결한 시스템이다. 따라서 지상에 위치한 전원공급장치(Power Supply System) 사이 연결된 케이블을 통해 전력공급이 단절되지 않은 한 24시간 비행이 가능하다.

---
[67] 한국교통안전재단 드론교육훈련센터(2021), 초경량비행장치 : 시스템 및 비행이론, pp.34~38.

유선 드론은 케이블을 통해 드론과 유선통신을 할 수 있어 무선통신 간섭과 통신장애를 의도적으로 유발시키는 드론격추시스템으로부터 벗어날 수 있다는 장점이 있다.

그림 7-10 유선 드론

* 출처 : http://www.sundori.net/theme/theme_v1/product_left_11.html
   한국교통안전공단 드론교육센터

나) 무선충전 드론

시간에 따라 변하는 자기장이 코일을 통과할 때 발생하는 유도전압을 이용하여 전력을 전달하는 자기유도전력 전송방식, 레이저를 사용하여 전력을 전달하는 레이저전력 전송방식 등이 있다.

- o 자기유도전력 전송방식은 충전패드에 도착했을 때 착륙방향에 상관없이 자동 충전이 가능하다.
- o 레이저전력 전송방식은 레이저 발생장치를 통해 드론에 장착되어 있는 레이저 수신부를 실시간으로 조준하여 전력을 전송하는 방식이다.

자기유도전력 전송방식은 레이저전력 전송방식에 비해 저렴한 비용으로 전력전송 효율이 높다(90%까지). 반면에 레이저전력 전송방식은 자기유도전력 전송방식에 비해 상대적으로 먼 거리에서도 전력 전송이 가능하고 날씨에 따른 전력전달 능력의 변화량이 많고 상대적으로 전력전송 효율이 낮다. 또한 레이저 수신부를 설치할 공간이 충분한 고정익 드론에 주로 적용된다.

| 그림 7-11 | 무선 충전 드론 |

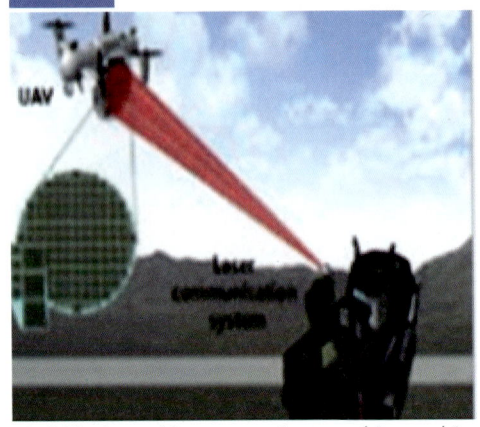

* 출처 : http://www.sundori.net/theme/theme_v1/product_left_11.html
전력전자학술대회 논문집(2020)

다) 하이브리드 드론

하이브리드(Hybrid) 드론은 전기모터, 배터리 동력체계에서 엔진, 휘발유 또는 가스 동력체계를 추가한 드론이다. 즉 내연기관과 배터리를 결합한 **하이브리드 엔진**을 장착한 것이 특징이다. 또한 성능을 향상시켜 비행고도 500m 이상, 속도 70km/h 이상, 기온 영하 20도 이하에서 운영할 수 있다.

전기모터, 배터리 단일체계에 비해 더 오랫동안 드론에 전력을 공급할 수 있는 장점이 있으나 드론 충돌 및 사고 발생 시 폭발위험이 더 높아진다는 단점이 있다.

| 그림 7-12 | 하이브리드 드론 |

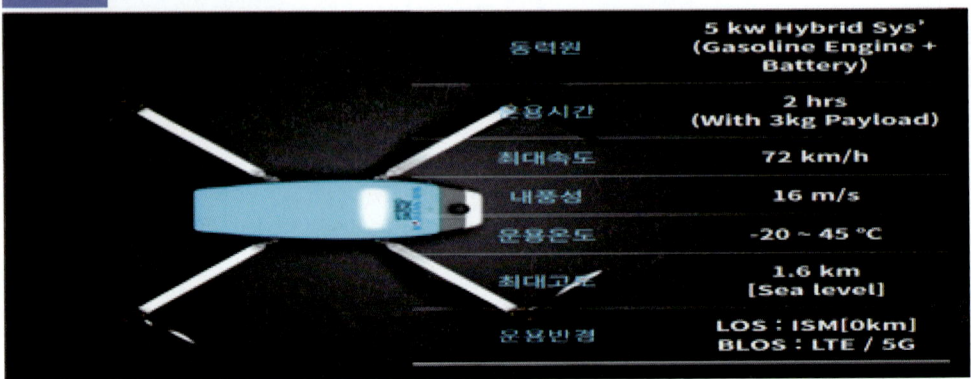

* 출처 : https://aerospace.koreanair.com/business/drone/hd3

라) 태양광 충전 드론

태양광 충전 드론은 태양광을 전기 에너지로 변화시켜 주는 솔라셀(solar cell)이 드론의 기체에 설치되며 태양전지의 개수에 비례하여 드론에 전력공급이 되고 주로 넓은 면적을 가지고 있는 고정익 드론에 적용되고 있다. 태양광을 유일한 동력으로 하며 고고도에서 저속으로 오랫동안 비행할 수 있다. 특히 군에서는 장기체공형 드론 개발이 필수적이다. 앞으로 태양광 충전 드론은 인성위성 기능의 일부를 대체할 것으로 기대된다.

* 에어버스사의 태양광 드론 제퍼-S(길이 25m, 무게 75kg)는 2018년 7월 지상 21~23km 상공에서 태양광만 사용하여 이륙한 지 26일 동안 한 번도 착륙하지 않았다.

충전방식의 특성상 날씨, 기온 및 태양전지의 표면 상태 등에 따라 태양광에서 전기에너지로의 변환효율이 변화된다.

그림 7-13 태양광 드론(Airbus의 제퍼-S)

* 출처 : https://www.sciencetimes.co.kr/news/

3) 탑재장비 및 센서 기술

드론은 다양한 탑재장비와 센서를 통합한 4차 산업기술의 집합체라고 할 수 있다. 드론에 탑재한 장비(payload) 및 센서는 다음과 같은 것이 있다.
  o 관성항법, 위성항법, 영상항법, 지형참조, 데이터베이스 등 항법관련 센서의

기술
　　* 항법 : 항공기가 자신의 위치를 탐지하는 것
- o 3차원의 공간정보 획득 및 장애물 탐지용 소형 라이다(Lidar) 탑재 장비 기술
- o 전기광학적외선 장비(EO/IR : Electrooptic-infrared), 멀티스팩트럼, 다분광, 맵핑용 등 카메라 탑재 장비 기술
- o 공기포집기, 가스누출 검출기, 음성메가폰 등 산업용 탑재 장비 기술
- o 군사용으로는 공대지 유도탄, 정찰용 레이더 장비, 공격용 무기, 화염방사기 등이 있으며, 미국의 국가지형정보국(NGA)은 첩보 인공위성, 항공기, 지상 센서, 드론 등을 활용하여 이미지를 수집하고 이를 분석한다.[68]

소형 드론은 각속도를 측정하는 자이로센서, 속도를 측정하는 가속도센서, 방위를 측정하는 지자기센서, 고도를 측정하는 기압센서 등의 센서를 장착하여 운영하고 있다.

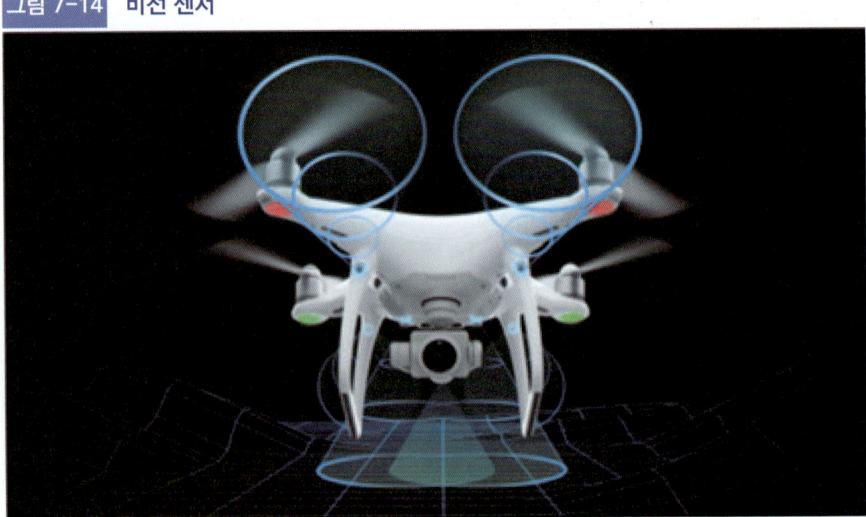

그림 7-14 비전 센서

* 출처 : DJI(https://www.dji.com/)

4) 자율비행 및 충돌회피 기술

드론의 자율비행 및 충돌회피 기술은 특정한 목적지까지 비행하는 동안 다른 물체를 탐지하고 회피하는 기술로는 다음과 같은 것이 있다.

---

[68] 홍윤근(2022), 최신 국가정보학, p.220.

o 3차원 지도 기반의 운영 경로에 따라 자율 비행하는 기술
o 주변 상황 인식 센서와 비행제어 소프트웨어의 장애물 충돌회피 기술
o 유인기의 조종사 역할을 대신할 수 있는 비협조적 충돌회피 기술
o 기체 고장 및 비행환경 변화에 스스로 안전하게 대처하는 기술 등

현재 국내외에서 Non GNSS 상황 하에서 장애물 탐지 및 충돌 방지 센서가 장착된 드론 개발을 왕성하게 추진하고 있다.

그림 7-15 드론 충돌회피 시스템

* 출처 : 한국교통안전공단 드론교육훈련센터

5) 군집비행 기술

군집드론(Drone Swarm) 기술은 상호 네트워크로 연결되고 동기화된 다수의 드론이 벌 떼 · 새 떼 무리처럼 집단을 이루어 서로 충돌하지 않고 비행하는 기술이다. 적게는 수십 대, 많게는 1,000대 이상의 드론이 군집을 형성한다.

일반적인 GPS 기반 드론은 위성으로부터 정보를 받아 오차가 약 5m 발생하지만, RTK-GPS 기반 드론은 위성과 RTK로부터 동시에 정보를 받아서 오차가 약 0.1m로 매우 정확하여 드론의 수와 관계없이 안정적인 컨트롤이 가능하다.

군집비행 기술은 4차 산업혁명 시대에 빅데이터, 인공지능, IoT, ICT 등의 기술과 융합하여 군사용, 문화예술 공연용, 산업용 등 다양한 분야로 확장되고 있다.

그림 7-16 군집 드론(새 모양을 한 300대 드론)

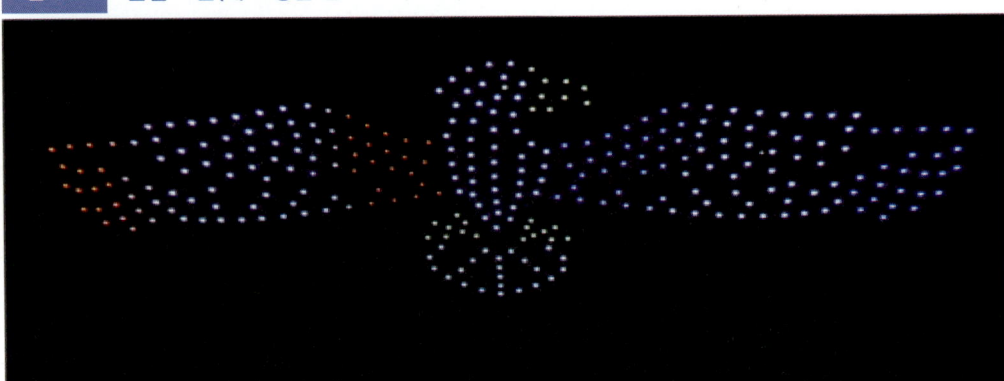

* 출처 : Youtube(300 Drone Formation : Firefly Drone Shows)

6) 데이터 링크 기술

드론의 데이터링크 기술은 제어 데이터와 정보 데이터를 송수신하기 위한 무선통신 기술이다. 비행 및 임무 제어 데이터, 임무 정보 데이터 등을 송수신하기 위한 양방향 통신 기술이다.

드론의 데이터 링크 기술에 활용되는 것으로 블루투스, Wi-Fi, 위성통신, LTE, 5G 이동 통신 등이 있다.

그림 7-17 무인기제어용 통합네트워크

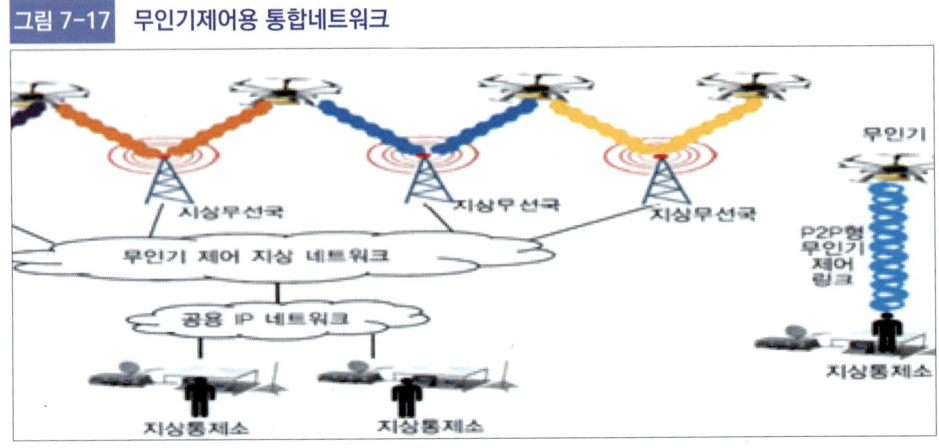

* 출처 : 한국교통안전공단 드론교육훈련센터

7) 안티 드론 기술

가) 안티 드론(Anti-Drone) 시스템

무인비행체의 접근을 탐지하는 무인비행체 탐지 기술과 드론의 비행을 무력화시키는 기술이 융합된 시스템을 말한다. 안티드론의 기술로는 음향탐지 센서, 방향탐지 센서, 영상 센서, 레이더 센서 등의 다양한 센서를 활용하고 있다.

- 음향탐지 센서는 드론이 동작할 때 프로펠러의 회전으로 인해 발생하는 소음을 탐지하는 센서로 가격은 저렴하나 소음이 많은 환경에서는 탐지하기 어렵다는 단점이 있다.
- 방향탐지 센서는 드론이 사용하는 2.4Ghz 대역과 5.8Ghz 대역 신호의 방향과 위치를 탐지한다. Wi-Fi가 많이 설치되어 있는 도심에서는 조종신호와 구분하기 어렵다는 것이 단점이다.
- 레이더 센서는 스스로 에너지를 방사하는 센서로 특정 대역의 신호를 송출하고 표적으로부터 반사되어 돌아오는 신호를 수신하여 표적을 탐지한다.
- 영상 센서는 가시광선 영역과 적외선 열화상 영역의 영상정보를 활용하여 움직이는 무인비행체를 탐지한다.

나) 탐지/식별/격추 · 무력화 시스템

2022년 12월 26일 북한의 소형무인기(직선형) 5대가 휴전선을 남하하여 약 5시간 동안 서울의 한강 이북을 정찰 비행하였으나, 우리 군은 요격하지 못하고 속수무책으로 당하였다. 날개 2m 내외, 고도 3,000m 이하 저공 비행하는 소형드론은 레이더나 육안으로 식별이 어렵고 기존의 방공망 시스템으로 탐지와 요격이 어렵다.

실제 러시아-우크라이나 전쟁에서 가까이서 날아오는 무인기를 향해 즉각적인 방어를 할 수 없었다. 러시아의 가미카제 드론 공격은 우크라이나 방공망 소진을 겨냥한 것이다. 우크라이나 군은 러시아의 가미카제 드론 격추를 위해 엄청난 비용이 소모되는 대공 미사일을 사용했다. 이후 우크라이나는 미국의 각종 방공망시스템 지원받았으며, 별도로 안티드론 시스템 기술 개발에 열을 올리고 있다.

이리스(IRIS)-T 미사일[69] 가격은 대당 약 43만 달러로 이란산 샤헤드(Shahed)

---

69) 독일이 개발한 적외선 영상 유도 미익-추력편향 조종 미사일(Infra Red Imaging System Tail-Thrust Vector Controlled)로 단거리 공대공 미사일이다.

드론 보다 약 2배나 비싸다. 그 때문에 직접 파괴방식의 레이저가 비용이 싸서 드론 격추 무기로 활용되고 있다. 이스라엘이 방공망 시스템으로 실전 배치한 레이저 무기인 '아이언 빔(Iron Beam)'의 1회 발사 비용이 3.5 달러 수준으로 매우 저렴하며 여러 번 발사할 수 있다는 장점이 있다.[70]

2011년 이스라엘이 실전 배치한 아이언 돔(Iron Dome)은 4~70km 내에서 포착된 미사일을 90% 이상 요격할 수 있다. 그리고 이스라엘은 드론 기술분야에서도 세계 최고로 손꼽히고 있다.

그림 7-18 이스라엘의 아이언 빔 레이저 시스템

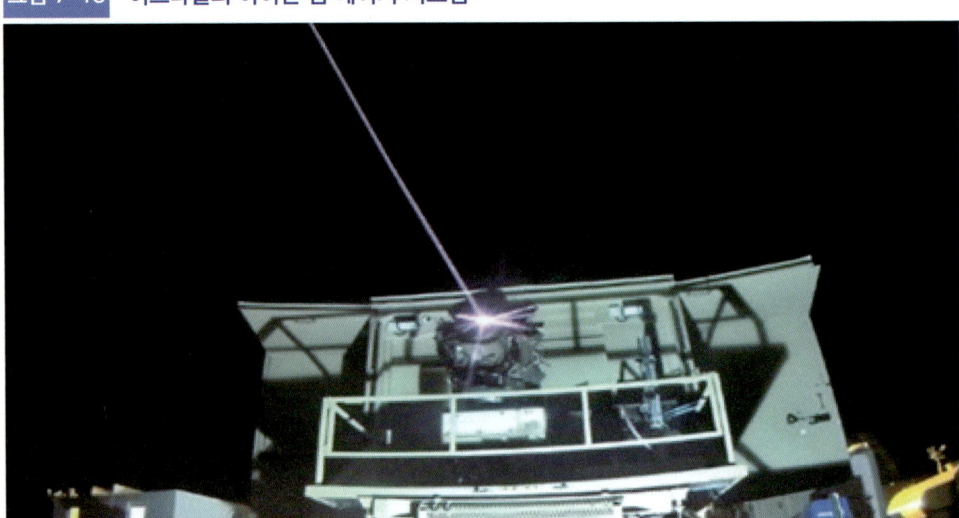

* 출처 : https://blog.naver.com/jjy0501/222706739770

앞으로 드론을 활용한 전면전에서 통신시스템의 무력화가 드론전의 성패를 좌우할 것으로 전망된다. 드론 주변에서 전파수신을 방해하여 격추시키는 '재머(Jammer)'가 그것이다. 드론을 원격제어하기 위해서는 통신망이 필수적인바, 미국은 스페이스-X의 위성통신 시스템인 스타링크(Starlink)를 우크라이나에 지원하였다.

머지않아 미래의 전쟁을 좌지우지할 드론과 킬러 드론이 비약적으로 발전될 것으로 평가된다. 우리 군도 2023년 1월 드론 합동사령부 창설을 준비 중이다. 이런 상황에서 드론 방어시스템이나 융복합 고성능 안티드론, 스텔스 드론, 해킹

---

70) 네이버 블로그(https://blog.naver.com/jjy0501/222706739770)

드론, 주파수 및 전파 교란기술(Jamming), 전자기펄스(EMP), 레이저 등 능동적 드론방어 관련 시장이 급성장될 것이며 이를 선점하기 위한 각국의 경쟁 또한 치열해질 것이다.

8) 드론 관제

가) 미국 NASA UTM

미항공우주국(NASA) 무인항공시스템교통관제(UTM : Unmanned Aircraft System Traffic Management)는 저고도 비관제공역을 중심으로 무인항공기의 안전한 운영시스템을 연구하는 NASA의 새로운 프로젝트이다. 즉 드론과 같은 작은 비행체와 에어택시 등 PAV를 제어할 수 있는 안전하고 효율적인 운행이 가능하도록 저고도 비행지역에 대한 새로운 교통시스템을 말한다.

  * 우리나라 국토교통부의 공역관리규정에 의하면, 비관제공역은 F 공역과 G 공역임.

그림 7-19 무인항공시스템 교통관제(UTM)

  * 출처 : https://www.nocutnews.co.kr/news/4583355(사진=NASA)

UTM(UAS Traffic Mangement)은 드론과 개인용 비행체(PAV : Personal Air Vehicle) 등 무인항공기를 네트워크에 연결하여 기상, 교통, 위치정보, 비행경로 등의 정보를 실시간으로 공유함으로써 비행 안전성과 효율성을 향상시키기 위한 프로그램을 말한다. 드론, PAV 등이 복잡한 도심에서 통신이나 네비게이션에 문제가 생길 수 있기 때문에 원활하게 다닐 수 있는 환경을 구축하는 것이 프로젝트의 목표이다.

NASA는 2016년부터 미연방항공청(FAA)과 협력하여 무인항공시스템교통관제(UTM) 프로젝트를 추진하여 미국 내 여러 지역에서 시험 비행을 실시하였다.

나) 한국형 드론시스템

한국형 드론(K-Drone) 시스템의 **핵심 구성요소는 4차 산업기술**인 Cloud 시스템, AI 기반의 자동관제, 원격자율비행 등이다. 국토교통부는 2022년 4월 KT, 한국수자원공사, 한국공항공사, 해양드론기술, 한국국토정보공사(LX) 등 7개 사업자를 K-드론시스템 실증사업 수행기관으로 선정했다.

K-드론시스템의 목표는 고도 150m, 자체무게 150kg 이하인 무인비행장치의 안전하고 효율적인 공역관리, 불법 비행체 감시 및 대응, 보안기술 개발, 비행체별 운항 규칙에 따른 질서 있는 비행, 드론산업발전을 위한 기반구축 등이다.

그림 7-20 K-드론시스템 개념도

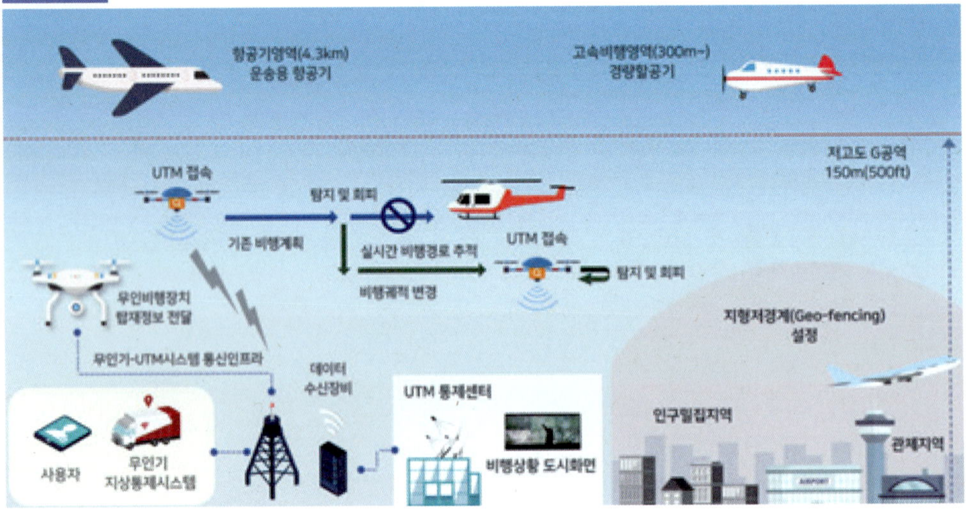

* 출처 : 항공안전기술원(https://www.kiast.or.kr)

2. 미래 드론기술의 발전 과제

1) 체공 시간

드론의 체공시간은 드론을 비행시킬 때 가장 중요하며 드론개발의 성패가 여기에 달려있다고 해도 과언이 아니다. 군사 목적으로 개발된 내연기관을 소형화한 수직이착륙 드론은 최대 5시간 이상(연대급)에서부터 30시간 이상(전략급)의 장기 체공시간을 가지지만, 취미용·민수용·산업용 등 소형드론의 경우 배터리를 이용하므로 체공시간이 매우 짧다.

* 2022년 12월 26일 군사분계선을 넘어 5시간 동안 서울 북부지역을 비행한 북한의 고정익 방식의 드론은 휘발유 엔진을 사용한 것으로 판명됨.

그림 7-21 북한 고정익 방식의 무인기

* 출처 : https://blog.naver.com/dafuyou/110136407212

우리나라 드론 산업의 수준은 아직 태동기 단계로 국내에서 사용 중인 대부분의 소형 드론(회전형)의 체공시간은 무풍(無風) 조건에서 20~50분 정도가 일반적이다. 미국, 중국, 이스라엘 등에 비해서 상당히 규모가 영세하며 기술력도 미흡하다, 그러나 앞으로 국가적 차원의 드론사업 육성 전략과 활성화 정책으로 배터리관련 기술 개발에 따라 체공시간이 지속 증가할 것으로 예상된다.

배터리 개발 관련기술로는 배터리 성능향상, 전기모터 효율 향상, 프로펠러 효율향상, 기체중량 경량화, S/W 제작, 엔진-배터리 일체형 하이브리드 추진 시스템 등이 적용되고 있다.

2) 감지 및 회피(See & Avoid)

감지(탐지) 및 회피는 드론이 각종 전자광학 센서(EO : Electro-Optical) 등 고성능 센서와 FC에 내장된 지능형 알고리즘을 융합하여 경로상 장애물을 탐지하고 충돌 위험이 있으면, 그에 따른 정보 값들을 계산하고 스스로 회피하여 진행하는 기술을 말한다. 즉 무인비행체에 탑재된 거리센서를 활용하거나 무인비행체 간의 위치정보 교환을 통해 무인비행체 주변의 다른 비행체와 감지 및 회피 기능을 수행한다. 드론이 악천후 기상조건 등 다양한 환경에서 안정적인 비행과 임무수행을 위해서는 전천후 조건하에서 장애물을 감지하고 회피하여 비행하는 성능을 갖추어야 한다.[71]

감지 및 회피에 이용되는 센서는 비협력(Non-Cooperative) 센서와 협력적(Cooperative) 센서로 나누어진다.

비협력적 감지 및 회피 기술은 무인비행체에 탑재된 센서를 활용하여 장애물의 위치를 추적하는 기술로 스테레오 비전(stereo vision) 센서, 구조광 센서, 초음파 센서, Lidar 센서, Radar 센서는 다른 비행체와 정보를 상호 공유하지 않으므로 비협력 센서라고 한다.[72] 즉 카메라는 비행각도 및 고도는 측정할 수 있으나 거리 측정이 어렵고 날씨가 악조건일 경우 사용하기 힘들다. 따라서 비협력 센서는 배터리 소모, 탐지 거리 및 각도, 날씨 등에 각각 장단점을 가지고 있기 때문에 상호 보완적으로 운용해야 한다.

협력적 감지 및 회피 기술은 민간항공기에서 사용되는 방송용 자동감시기(ADS-B : Automatic Dependent Surveillance-Broadcast), 충돌방지 경보기(TCAS : Traffic Alert and Collision Avoid System) 등의 장비를 활용하여 자신의 위치를 알리는 동시에 다른 항공기의 위치를 수신하여 비행경로상의 외부물체를 감지 및 회피하는 정보를 상호 공유하는 협력 센서를 말한다. 예를 들어 최근 개발된 드론은

---

71) 신정호 외(2021), 드론학 개론, p.344.
72) 스테레오 비전 센서 : 두 개의 카메라 영상 사이에 존재하는 동일한 특징점의 화면상 변화위치로 거리 측정, 구조광 센서 : 주변 조명과 구분되고 알려진 패턴을 가진 빛을 표적물체에 조사한 후 반사광의 변형을 분석하여 거리를 측정, 라이다 센서 : 레이저 광원을 이용하여 방출한 레이저 펄스 신호의 반사 시간 또는 반사 신호의 취상변화량 측정을 통해 거리를 측정, 레이더 센서 : 전자파를 송신하고 표적으로부터 반사된 신호의 왕복시간 거리를 측정(출처 : 한국교통안전공단 드론교육훈련센터).

카메라와 초음파 센서를 활용하여 저속 비행하면서 주변의 장애물을 감지하고 회피하는 것 외에 드론과 드론(헬기, 비행기 등) 간의 비행 간격을 사전에 확보할 수 있다.

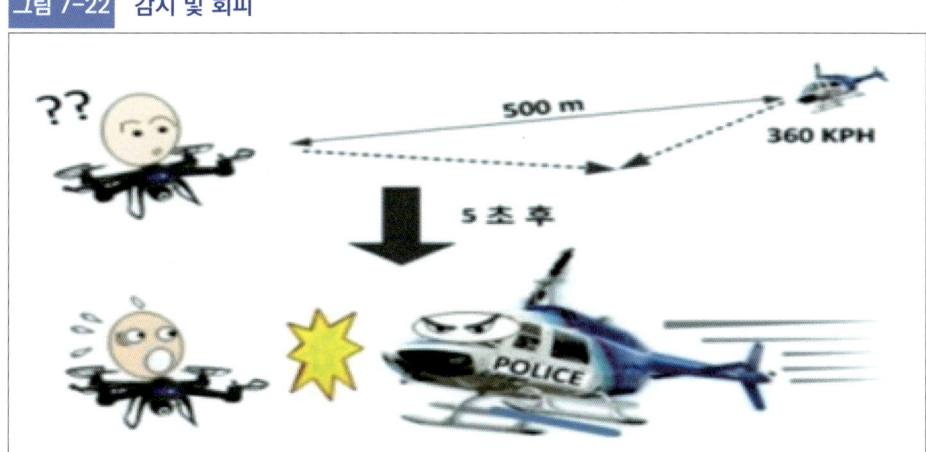

그림 7-22 감지 및 회피

* 출처 : https://blog.naver.com/nadatech/221415442726

3) Non GNSS[73]

Non GNSS는 GPS 신호가 제대로 잡히지 않은 터널, 지하 공간, 실내, 특수목적 활용 등 GPS가 잡히지 않는 지역에서도 안정되게 비행할 수 있는 기술을 말한다. 자율비행 기술은 이러한 환경에서 드론이 주어진 임무를 스스로 수행하기 위해 위치이동, 돌발 상황 처리 등에 스스로 인지하고 판단하고 행동하는 기술이다.

Non GNSS는 GPS가 작동하지 않는 환경에서 피동(passive) 센서와 능동(active) 센서를 통해 360도 확인하여 사전에 학습된 경로에 대해 드론 스스로가 모든 상황을 판단해가면서 비행을 실시할 수 있다. 즉 인공지능과 FC가 끊임없이 연동하면서 자세제어, 위치제어, 속도제어 등을 수행한다.

---

73) 신정호 외(2021), 드론학 개론, pp.343~344.

4) 인공지능(AI) 알고리즘

인공지능(人工知能, Artificial Intelligence)은 인간의 학습능력과 추론능력, 지각능력, 이해판단 능력 등을 컴퓨터 프로그램으로 실현한 기술로 기계나 시스템이 지식을 습득하고 이를 적용하며 지적인 행동을 수행할 수 있는 능력을 말한다. 이를 무인비행체에 적용하면 광범위한 영역에서 인식을 수반한 작업, 탐지, 추상화, 학습을 바탕으로 물체를 이동시키고 작업하는 능력을 확보할 수 있다.

현재 무인비행체에서 인공지능의 활용은 초보단계(Handcrafted Knowledge)이지만, 가까운 미래에 높은 수준으로 진화할 것이다.

삶! 고민하고 생각한 바대로 곧바로 실행하라!

PART

08

실전 모의고사 및 실기·구술 시험

제1장 초경량비행장치(드론) 조종자 자격시험 안내

제2장 드론 필기시험 실전 모의고사(200문제)

제3장 드론 실기 및 구술시험(1종 기준)

제1장 초경량 비행장치(드론) 조종자 자격시험 안내

1. 조종자 자격 시험 제도

초경량 비행장치 조종사 자격시험은 아래 표와 같이 11가지 종목이 있는데, 이 책에서는 무인멀티콥터(드론) 조종자 자격시험(1종에서 4종까지)에 대해서 기술한다.

자격 분류	기준	종목		면제과목
초경량비행장치 조종자	기체의 종류	유인	동력	동력 비행장치, 회전익 비행장치, 동력 패러글라이더
			무동력	패러글라이더, 행글라이더, 유인 자유 기구, 낙하산류
		무인		비행기, 비행선, 헬리콥터, 멀티콥터

2. 응시 자격 : 만 14세 이상 (4종은 만 10세 이상)

등급	학과시험	실기시험	비행경력
1종 25kg 초과 150kg 이하	과목, 범위, 난이도 동일 (학과시험은 1종, 2종, 3종 동일함)	○	① 1종 무인멀티콥터 조종시간 20H 이상 ② 2종 무인멀티콥터 취득 후 1종 조종시간 15H 이상 ③ 3종 무인멀티콥터 취득 후 1종 조종시간 17H 이상 ④ 1종 무인헬리콥터 취득 후 1종 무인멀티콥터 조종시간 10H 이상
2종 7kg 초과 25kg 이하		○	① 1종 또는 2종 무인멀티콥터 조종시간 10H 이상 ② 3종 무인멀티콥터 취득 후 1, 2종 무인멀티콥터 조종시간 7H 이상 ③ 2종 이상 무인헬리콥터 취득 후 1, 2종 무인멀티콥터 조종시간 5H 이상
3종 2kg 초과 7kg 이하		×	① 3종 이상 무인멀티콥터 조종시간 6H 이상 ② 3종 이상 무인헬리콥터 취득 후 3종 이상 무인멀티콥터 조종시간 3H 이상
4종 250g 초과 2kg 이하	온라인 시험	×	한국교통안전공단배움터(http://edu.kotsa.or.kr) 온라인교육 및 온라인 학과시험후 수료증 발급

3. 학과시험(1종 ~ 3종)

o 연령 : 만 14세 이상
o 학과시험 : 40문제(50분 소요)
o 시험범위 : 항공법규, 공역, 비행원리, 시스템 및 기체이론, 안전관리, 지상조작,
 공중조작, 비상절차, 인적요인 등
o 합격기준 : 70점 득점 이상
o 유효기간 : 합격일로부터 2년간
 * 4종 자격 취득은 만 10세 이상(온라인 시험)

4. 실기시험(1종 ~ 2종)

o 등급 표기 : S(만족, Satisfactory), U(불만족, Unsatisfactory)
o 시험과목
 ① 비행전 절차 ② 이륙 및 공중 조작 ③ 착륙조작 ④ 비행 후 점검
 ⑤ 종합능력 ⑥ 구술시험
o 합격기준 : 모든 과목에서 S등급을 받아야 합격
 * 3종은 학과교육 후 기체를 조종한 6시간 이상의 비행경력 증명서

5. 지도조종자(교관) 자격 시험

o 연령 : 만 18세 이상
o 비행경력 : 1종 기준 100시간 이상
o 교육이수 : 한국교통안전공단 드론교육훈련센터 2박 3일
o 필기시험 : 70점 득점 이상(25문제, 50분 소요)

6. 실기평가 조종자 자격 시험

o 연령 : 만 18세 이상
o 비행경력 : 1종 기준 150시간 이상
o 교육이수 : 한국교통안전공단 드론교육훈련센터 8시간
o 실기시험 : ATTI 모드 기준(6개 기동항목 평가)

제2장 드론 필기시험 실전 모의고사(200문제)

무인멀티콥터(드론) 필기시험 실전 모의고사 1회

01 항공안전 개선을 위한 대한민국의 항공안전법의 기준이 되는 국제법규는?

① 미국 연방항공청의 항공안전법
② 일본의 항공안전법
③ 국제민간항공조약 및 동 조약의 부속서
④ EU의 무인항공기 안전법

02 다음 보기 국가들 중 FIR 범위가 큰 순으로 나열된 것으로 맞는 것은?

보기 : 가-중국, 나-북한, 다-대만, 라-한국, 마-일본

① 가-마-다-라-나
② 마-가-다-나-라
③ 마-가-라-나-다
④ 가-마-라-다-나

03 다음 중 드론 비행의 사고를 유발하는 기상 위험요인과 관련하여 가장 거리가 먼 것은?

① 태풍
② 돌풍
③ 안개
④ 고기압

04 다음 중 무인비행장치(드론) 조종자가 준수해야 하는 사항으로 옳은 행위는 어느 것인가?

① 매우 급한 상황이 발생하여 일몰 후에 또는 일출 전에 일시적으로 비행을 하는 행위
② 소량의 음주를 하였으나 조종업무를 할 수 있다고 스스로 판단하여 조종하는 행위
③ 겨울철 비행 중 너무 추워서 비행중 약간의 주류를 섭취하고 조종하는 행위
④ 육안으로 확인할 수 있는 범위에서만 무인비행장치(드론)를 조종하는 행위

05 다음 DC 및 BLDC 모터의 설명 중 맞는 것은?

① DC 모터는 BLDC 모터보다 수명이 길다
② DC 모터는 영구적으로 사용할 수 없다
③ BLDC 모터는 변속기(ESC)가 필요 없다
④ BLDC 모터는 브러시를 사용하는 모터이다

06 다음 리튬폴리머(LiPo) 배터리에 대한 취급 및 보관방법에 대한 설명으로 옳지 않은 것은?

① 화로나 전열기 등 열원 주변에 보관해서는 안 된다
② 충격에 매우 약하기 때문에 강한 진동이나 충격을 주지 말아야 한다
③ 배터리 수명을 늘리기 위해 급속충전과 급속방전이 필요하다
④ 장기간 보관할 때는 완전충전 상태가 아닌 50~70% 충전 상태로 보관해야 한다

07 다음 수면의 특징에 관한 설명 중 옳은 것은?

① REM 수면은 거대하고 느린 전기파를 생성하여 기억 병합이 일어나는 과정이다
② REM 수면은 꿈을 꾸는 단계로 뇌파에 따라 1-3단계로 구분된다

③ 비 REM 수면의 3단계를 서파수면(Slow wave sleep)이라고 한다
④ 음주를 하면 REM 수면이 억제된다

08 각 국가에서 항공사, 조종사 등 운항관계자에게 기상, 항로장애 등 항공정보를 전달하는 항공고시보인 노탐(NOTAM)의 유효기간은?

① 1년
② 6개월 이내
③ 3개월 이내
④ 9개월 이내

09 다음 중 항공교통관제업무가 제공되지 않은 공역은?

① 관제권
② 관제구
③ 비행장교통구역
④ 조언구역

10 국토교통부장관이 초경량 비행장치사용사업의 등록을 취소하려고 할 경우 반드시 거쳐야 할 행정절차는?

① 사업개선 명령
② 청문
③ 행정재판
④ 사업계획서 변경

11 다음 중 초경량 비행장치 운영 위반시 처벌기준이 가장 높은 것은?

① 비행 중 주류 등을 섭취한 사람 또는 측정요구를 따르지 아니한 사람
② 안전성 인증을 받지 아니한 초경량비행장치를 사용하여 초경량비행장치 조종자 증명을 받지 아니하고 비행을 한 사람
③ 초경량비행장치 사고에 관한 보고를 하지 아니하거나 거짓으로 보고한 조종자 또는 소유자
④ 초경량비행장치의 말소신고를 하지 아니한 초경량비행장치의 소유자 등

☞ 해설 : ① 3년이하의 징역 또는 3천만 원 이하 벌금 ② 1년 이하의 징역 또는 1천만 원 이하 벌금 ③ 30만 원 이하의 과태료 ④ 30만 원 이하의 과태료

12 다음 중 특별비행 승인을 받아야 하는 사항으로 가장 부적절한 것은?

① 야간에 비행하고자 하는 경우
② 육안으로 확인할 수 없는 범위에서 비행할 경우
③ 일출 전 비행하고자 하는 경우
④ 항공촬영을 하고자 하는 경우

13 드론을 비행하고 있는 중에 맞은 편에서 항공기가 정면으로 다가오고 있을 경우 충돌을 회피하기 위하여 취해야 할 비행기동 방향은?

① 오른쪽으로 비행하여 충돌을 회피한다
② 왼쪽으로 비행하여 충돌을 회피한다
③ 위쪽으로 비행하여 충돌을 회피한다
④ 아래쪽으로 비행하여 충돌을 회피한다

14 다음 중 Hawkins가 개발한 사고방지를 위한 인적요인의 대표모델인 SHELL 모델 중 S(software)에 속하지 않는 것은?

① 무인비행체
② 작업카드
③ 점검표
④ 법규정

☞ 해설 : H(hardware) : 무인비행체, 항공기, 조종기, 장비, 시설 등. E(environment) : 바람, 온도, 습도, 기상, 조명, 소음, 시차 등. L(liveware) : 의사소통, 리더쉽, 성격, 문화 등

15 다음 드론 추진시스템 중의 하나인 프로펠러에 대한 설명으로 올바르지 않은 것은?

① 프로펠러의 규격은 직경과 피치로 inch로 표기하며 직경은 프로펠러가 만드는 회전면의 지름이고 피치는 프로펠러가 한 바퀴 회전하였을 때 앞으로 나아가는 거리이다
② 동일한 회전 수에서 직경과 피치가 증가할 경우 추력이 증가한다
③ 저속 비행을 하는 비행체는 저 피치 프로펠러가 효율이 좋다
④ 고속 비행을 하는 비행체는 저 피치 프로펠러가 효율이 좋다

☞ 해설 : 고속 비행을 하는 비행체는 고 피치 프로펠러가 효율이 좋다

16 항공안전법 관련 우리나라의 법체계 구성의 순서로 올바른 것은?

① 헌법 – 시행령 – 항공법 – 시행규칙 – 고시 훈령 – 내규 지침
② 헌법 – 항공법 – 시행령 – 고시훈령 – 시행 규칙 – 내규 지침
③ 헌법 – 항공법 – 시행령 – 시행규칙 – 고시훈령 – 내규 지침
④ 헌법 – 항공법 – 시행령 – 시행규칙 – 내규 지침 – 고시훈령

17 항공안전법상 초경량비행장치 운영 위반시 과태료 500만 원으로 처벌하는 것이 아닌 사항은?

① 보험가입서 거짓 또는 제출하지 아니한 자
② 요금표를 거짓으로 기록한 자
③ 검사 또는 출입을 거부/방해하거나 기피한 자
④ 사업자 등록을 아니하고 영리목적으로 사용한 자

☞ 해설 : 초경량비행장치를 사업자 등록을 아니하고 영리목적으로 사용한 자는 6개월 이하의 징역 또는 500만 원 이하 벌금에 처한다

18 항공사업법상 다음중 초경량비행장치의 사용사업 등록 결격사유가 아닌 것은?

① 대한민국 국민이 아닌 사람, 외국정부 또는 외국의 공공단체, 외국의 법인 또는 단체
② 피성년후견인, 피한정후견인 또는 파산선고를 받고 복권되지 아니한 사람
③ 외국인의 법인등기사항 증명서상 임원 수의 2분의 1이상을 차지하는 법인
④ 항공기사용사업의 면허 또는 등록의 취소처분을 받은 후 1년이 지나지 아니한자

☞ 해설 : 항공기사용사업의 면허 또는 등록의 취소처분을 받은 후 2년이 지나지 아니한 자, 그리고 미성년자는 결격 사유가 되지 않는다

19 우리나라가 국제민간항공협약(ICAO)에 가입한 장소와 연도로 맞는 것은?

① 미국 워싱턴 : 1952년 12월
② 미국 시카고 : 1952년 12월
③ 미국 워싱턴 : 1953년 12월
④ 미국 시카고 : 1953년 12월

20 대한민국에서 항공법이 최초로 제정된 날짜는?

① 1961년 3월
② 1962년 3월
③ 1963년 3월
④ 1964년 3월

21 다음중 헥사콥터의 로터의 수는?

① 2개
② 4개
③ 6개
④ 8개

☞ 해설 : 바이콥터 2개, 쿼드콥터 4개, 헥사콥터 6개, 옥토콥터 8개, 데카콥터 10, 도데카콥터 12개

22 다음 위성항법장치(GNSS)에 대한 설명으로 가장 올바르지 않은 것은?

① 위성신호는 멀리 떨어져 있는 위성을 사용 하는 것이 좋으며, 반드시 4개 이상이 위성 신호를 수신받아야 한다
② GNSS의 위치 오차를 발생시키는 요소로 전파 간섭, 전리층 지연, 대류층 지연, 바람 등이 있다
③ 수신중인 위성의 배치에 따라 정밀도 희석(DOP)이 변화한다
④ DOP(Dilution of Precision)가 높을수록 신뢰도가 크다

☞ 해설 : DOP 값이 작다는 것은 위성들이 측정하는 위치 범위에서 교차범위가 적음을 의미하므로 DOP 값이 작을수록 신뢰도가 높다. 바람에 의해서는 GNSS 오차가 발생하지 않는다

23 비행안전에 영향을 미치는 인적요인 중 추상체와 간상체가 서로 민감하게 반응하는 색이 다르기 때문에 나타나는 푸르키네 현상으로 인해 야간에는 어떤 색이 더 잘 보이는가?

① 파랑색
② 빨강색
③ 노란색
④ 보라색

24 다음 삼각비행 실기시험 중 조종기 조작방법으로 올바르지 않은 것은?

① 에일러론을 왼쪽으로 움직여 호버링 위치로 이동한다
② 스로틀을 앞으로 움직이며 에일러론을 좌로 움직여 우로 상승한다
③ 스로틀을 뒤로 움직이며 에일러론을 우로 움직여 우로 하강한다
④ 에일러론을 좌측으로 움직여 호버링 위치로 이동한다

25 드론법상 정부는 드론산업과 관련된 창업을 촉진하고 활성화하기 위하여 대통령령으로 정하는 바에 따라 행정적·재정적 지원을 할 수 있다. 다음 중 그에 해당되지 않은 사항은?

① 창업자금의 융자
② 드론 관련 연구개발 성과의 제공
③ 시험 장비 및 설비의 지원
④ 드론관련 비밀 누설자에 대한 법률구조 지원

☞ 해설 : 이외 인력·기술·재무·판로·홍보 등에 관한 정보 및 상담의 제공이나 그 비용의 지원과 창업 공간의 운영비 지원을 할 수 있다 (법 시행령 제13조)

【정답】

01	③	02	④	03	④	04	④	05	②
06	③	07	④	08	③	09	④	10	②
11	①	12	④	13	④	14	①	15	④
16	③	17	④	18	④	19	②	20	①
21	③	22	④	23	①	24	②	25	④

무인멀티콥터(드론) 필기시험 실전 모의고사 2회

01 드론의 형태에 따른 분류와 거리가 먼 것은?

① 고정익(Fixed Wing) 드론
② 회전익 드론(무인헬리콥터)
③ 다중로터형 회전익 드론(무인멀티콥터)
④ 군사용 드론

02 대한민국은 1961년 3월 최초로 항공법을 제정한 후 2017년 3월 기존 항공법을 국제기준 변화에 탄력적으로 대응하고 운영상 나타난 미비점을 보완하여 세분화하였는데, 이 분법에 해당되지 않는 것은?

① 항공시설법
② 드론법
③ 항공사업법
④ 항공안전법

03 다음 중 초경량비행장치에 포함되지 않은 것은?

① 동력패러글라이더
② 낙하산류
③ 기구류
④ 유인비행선

04 다음 중 국토교통부령으로 정하는 초경량비행장치의 기준에 해당하는 동력비행장치(고정익 비행장치)에 속하지 않는 것은?

① 탑승자, 연료 및 비상용 장비의 중량을 제외한 자체중량이 115킬로그램 이하일 것
② 연료의 탑재량이 19리터 이하일 것
③ 좌석이 1개일 것
④ 자체중량이 70킬로그램 이하일 것

☞ 해설 : 자체중량이 70킬로그램 이하는 행글라이더및 패러글라이더에 해당한다

05 다음의 비사업용 비행장치 중 신고를 필요로 하지 아니하는 초경량비행장치의 범위에 포함되지 않은 것은?

① 군사목적으로 사용되는 초경량비행장치
② 무인비행선 중에서 연료의 무게를 제외한 자체무게가 12킬로그램 이하이고, 길이가 7미터 이하인 것
③ 제작자 등이 판매를 목적으로 제작하였으나 판매되지 아니한 것으로서 비행에 사용한 초경량비행장치
④ 계류식(繫留式) 무인비행장치

☞ 해설 : ③ 제작자 등이 판매를 목적으로 제작하였으나 판매되지 아니한 것으로서 비행에 사용되지 아니하는 초경량비행장치이다

06 초경량비행장치의 변경 및 이전 신고는 사유가 있는 날로부터 30일 이내 사유를 증명할 수 있는 서류를 첨부하여 신고서를 한국교통안전공단 이사장에게 제출하여야 한다(시행규칙 제302조). 그 첨부서류에 포함되지 않은 것은?

① 초경량비행장치의 용도
② 초경량비행장치의 제원 및 성능표
③ 초경량비행장치 소유자등의 성명, 명칭 또는 주소
④ 초경량비행장치의 보관 장소

☞ 해설 : 초경량비행장치의 제원 및 성능표는 신규신고 시 첨부하는 서류이다

07 아래 ( ) 안에 들어가는 숫자로 옳은 것은?

> 말소신고를 하려는 초경량비행장치 소유자 등은 그 사유가 발생한 날부터 (   ) 이내에 말소신고서를 한국교통안전공단 이사장에게 제출하여야 한다.

① 7일
② 10일
③ 15일
④ 30일

08 드론의 최대이륙중량(기체+배터리+기타장치)을 기준으로 한 조종 자격증명의 종류로 틀린 것은?

① 1종 자격증 25kg 초과 ~ 125kg 이하
② 2종 자격증 7kg 초과 ~ 25kg 이하
③ 3종 자격증 2kg 초과 ~ 7kg 이하
④ 4종 자격증 250g 초과 ~ 2kg 이하

☞ 해설 : 1종 자격증은 드론의 최대이륙중량 25kg 초과 ~ 150kg 이하이다

09 다음 중 초경량비행장치의 조종자 준수사항으로 올바르지 않은 것은?

① 안개 등으로 인하여 지상목표물을 육안으로 식별할 수 없는 상태에서 비행하는 행위
② 사람 또는 건축물이 밀집된 지역의 상공에서 건축물과 충돌할 우려가 있는 방법으로 근접하여 비행하는 행위
③ 인명이나 재산에 위험을 초래할 우려가 있는 낙하물을 투하(投下)하는 행위
④ 관제공역·통제공역·주의공역에서 비행하는 행위

☞ 해설 : 시행규칙 제310조 제1항 제4호(안개 등으로 인하여 지상목표물을 육안으로 식별할 수 없는 상태에서 비행하는 행위)와 제5호(비행시정 및 구름으로부터의 거리기준을 위반하여 비행하는 행위)는 무인비행장치의 조종자에 대해서는 적용하지 않는다

10 다음 중 드론 운항 시 위험기상 현상에 포함되지 않은 것은?

① 난기류
② 뇌우
③ 가뭄
④ 안개

11 다음 중 항공정책의 수립 및 항공사업에 관하여 필요한 사항을 정한 항공사업법의 목적과 거리가 먼 것은?

① 전세계 항공사업의 체계적인 성장과 경쟁력 강화 기반을 마련
② 항공사업의 질서유지 및 건전한 발전을 도모
③ 이용자의 편의를 향상
④ 국민경제의 발전과 공공복리의 증진에 이바지

☞ 해설 : 전세계가 아니라 대한민국 항공사업의 체계적인 성장과 경쟁력 강화 기반을 마련하는 것이다

12 다음 중 사용목적에 따른 공역의 구분에서 주의공역에 포함되지 않은 것은?

① 훈련공역
② 정보구역
③ 군작전구역
④ 위험구역

☞ 해설 : 정보구역은 조언구역과 함께 비관제공역에 포함된다. 한편 주의공역으로 훈련구역, 군작전구역, 위험구역, 경계구역이 있다

13 다음 중 안전, 국방상 그 밖의 목적으로 항공기 비행을 금지하는 비행금지구역에 포함되지 않은 것은?

① P-73 A/B : A 공역은 용산 대통령실과 국방부 청사를 중심으로 하는 반경 2NM(3.7km), B 공역은 중심반경 2.5NM, 허가 없이 침범시 격추하며 비행시 7일 이전 육군 수도방위사령부에 승인을 받아야 한다.
② P-518 : 군사분계선으로부터 여러개 지점을 연결
③ 한국원자력발전소 및 연구원 지역
④ 공군작전공역

☞ 해설 : 한국원자력발전 및 연구원 지역으로 고리(P-61), 월성(P-62), 영광(P-63), 울진(P-64), 대전(P-65)이 있다. 공군작전공역은 비행제한구역이다

14 드론도 움직이는 비행체이기 때문에 뉴턴의 운동법칙을 적용받는다 다음 중 뉴턴의 운동법칙(Newton's laws of motion)에 해당되지 않는 것은?

① 관성의 법칙
② 가속도의 법칙
③ 베르누이의 법칙
④ 작용반작용의 법칙

15 다음 드론(멀티콥터)에 작용하는 4개의 힘에 포함되지 아니한 것은?

① 양력
② 공력
③ 항력
④ 추력

☞ 해설 : 양력(lift, 揚力), 중력(gravity, weight, 重力), 추력(thrust, 推力), 항력(drag, 抗力)이 있다

16 다음 중 무인비행장치 시스템의 구성요소로 가장 알맞지 않은 것은?

① 비행제어 시스템
② 추진 시스템
③ 탑재 시스템
④ 공중통제 시스템

☞ 해설 : 무인비행장치는 크게 아래 다섯 가지 요소로 구성된다.
1. 추진 시스템 : 모터(엔진), 프로펠러(로터), 배터리(연료)
2. 비행제어 시스템 : 비행제어 컴퓨터, 센서
3. 기체 시스템 : 기체 프레임, 전원분배장치, 구동기
4. 탑재 시스템 : 카메라, 짐벌, 영상전송장치 등
5. 지상통제 시스템 : 통신장치, 조종기/수신기, 지상통제컴퓨터

17 다음 중 모터의 토크/회전수/소모전류에 대한 설명이다. 가장 올바르지 않은 것은?

① 모터에 인가되는 전압이 일정할 때 모터의 회전수와 토크는 반비례한다
② 프로펠러는 직경과 피치가 커질수록 부하가 감소한다
③ 모터는 처음 제작할 때부터 허용 전력량을 결정해놓고 제작하므로 이미 모터의 최대 출력량이 정해져 있다
④ 모터의 부하를 줄이기 위해 프로펠러의 직경과 피치를 줄이거나 출력 및 토크가 큰 모터로 바꾸어 주어야 한다

☞ 해설 : 프로펠러는 직경과 피치가 커질수록 부하가 증가한다

18 다음 배터리 폐기 시 주의사항으로 가장 올바르지 않은 것은?

① 환기가 잘 되는 곳에서 소금물을 이용해 90% 이상 방전 후 폐기
② 전기적 저항요소를 배터리에 연결하여 완전 방전 후 폐기
③ 비행을 통한 방전 금지
④ 전기적 단락(short circuit, 短絡)을 통한 방전

금지

☞ 해설 : 소금물을 이용해 완전 방전 후 폐기한다

19 위성항법시스템(GNSS)은 인공위성을 이용해 수신 위치를 알려주는 시스템이다. 위성항법시스템과 관련하여 가장 적당하지 않은 것은?

① 동일 대역의 다른 신호, 잡음 등 다양한 요소에 의해 오차가 일어날 수 있다
② 기체 고도 및 수평 위치 성능이 저하하므로 건물 근처에서 항법 오차로 인한 충돌에 주의해야 한다
③ 비행제어 시스템에서 GNSS의 항법 오차를 인식하지 못할 수도 있음을 항상 인지하고 있어야 한다
④ 바람에 의해서도 GNSS의 오차가 발생하므로 바람이 부는 날 비행에 각별히 주의해야 한다

20 다음 중 관성측정장치(IMU)에 포함되지 아니한 것은?

① Calibration
② Gyroscope
③ Accerleration sensor
④ Megnetometer

☞ 해설 : Calibration은 지자계 센서가 올바르게 작동하도록 하기 위해서 센서를 교정하는 것이다

21 항공안전법상 초경량비행장치의 사고에 해당하지 않는 것은?

① 초경량비행장치에 의한 사람의 사망, 중상 또는 행방불명
② 초경량비행장치의 추락, 충돌 또는 화재 발생
③ 초경량비행장치의 위치를 확인할 수 없거나 초경량비행장치에 접근이 불가능한 경우
④ 기타 국토교통부령으로 정하는 사항

22 다음 중 항공안전법(시행규칙)상 사망 및 중상의 범위에 포함되지 않는 사항은?

① 항공기사고, 경량항공기사고 또는 초경량 비행장치사고로 부상을 입은 날부터 15일 이내에 48시간을 초과하는 입원치료가 필요한 부상
② 골절(코뼈, 손가락, 발가락 등의 간단한 골절은 제외한다)
③ 2도나 3도의 화상 또는 신체표면의 5퍼센트를 초과하는 화상(화상을 입은 날부터 7일 이내에 48시간을 초과하는 입원치료가 필요한 경우만 해당한다)
④ 전염물질이나 유해방사선에 노출된 사실이 확인된 경우

☞ 해설 : 2도나 3도의 화상 또는 신체표면의 5퍼센트를 초과하는 화상(화상을 입은 날부터 7일 이내에 48시간을 초과하는 입원치료가 필요한 경우만 해당한다)

23 다음 중 드론의 비행안전에 미치는 인적요인과 거리가 먼 것은?

① 시각
② 피로
③ 후각
④ 약물

☞ 해설 : 후각이 아니라 수면이다

24 다음 중 전기모터, 배터리 동력체계에서 엔진, 휘발유 또는 가스 동력체계를 추가한 드론으로 배터리에 비해 더 오랫동안 드론에 전력을 공급할 수 있는 장점을 가진 드론은 어느 것인가?

① 무선충전 드론
② 하이브리드 드론
③ 유선 드론
④ 태양광 충전 드론

25 다음중 미래 드론기술의 발전과제로 가장 올바르지 않은 사항은?

① 체공 시간
② 감지 및 회피
③ Non GNSS
④ 관제 시스템

【정답】

01	④	02	②	03	④	04	④	05	③
06	②	07	③	08	①	09	①	10	③
11	①	12	②	13	④	14	③	15	②
16	④	17	②	18	①	19	④	20	①
21	④	22	①	23	③	24	②	25	④

무인멀티콥터(드론) 필기시험 실전 모의고사 3회

01 우리나라에서 드론 활용의 촉진 및 기반조성에 관한 법률(약칭 드론법)을 제정한 날짜는?

① 2021년 12월
② 2020년 12월
③ 2019년 12월
④ 2018년 12월

02 다음 모터의 속도상수(Kv)에 대한 설명으로 올바르지 않은 것은?

① 모터의 속도상수(Kv)는 무부하 상태에서 모터에 전압 1V 인가될 때 회전수를 말한다
② Kv가 작을수록 인가전압 대비 낮은 회전수가 발생되지만 상대적으로 큰 토크가 발생한다
③ Kv가 클수록 인가전압 대비 높은 회전수가 발생되지만 상대적으로 큰 토크가 발생한다
④ 모터에 인가되는 전압이 일정할 때 모터의 회전수와 토크는 반비례 관계이다

☞ 해설 : Kv가 클수록 인가전압 대비 높은 회전수가 발생되지만 상대적으로 작은 토크가 발생한다

03 드론 조종자의 혈중 알콜농도 및 처벌기준으로 틀린 것은?

① 혈중 알콜농도 0.02% 이상 0.06% 미만 : 효력정지 60일
② 혈중 알콜농도 0.03% 이상 0.07% 미만 : 효력정지 90일
③ 혈중 알콜농도 0.06% 이상 0.09% 미만 : 효력정지 120일
④ 혈중 알콜농도 0.09% 이상 : 효력정지 180일 또는 자격증 취소

04 항공안전법상 초경량비행장치 조종자 증명을 받지 아니하고 초경량비행장치를 사용하여 비행한 사람에 대한 과태료는?

① 400만원 이하
② 300만원 이하
③ 200만원 이하
④ 100만원 이하

05 항공안전법상 무인비행장치의 특례가 적용되는 긴급 비행의 공공목적에 포함되지 않는 것은?

① 재해・재난으로 인한 수색・구조
② 시설물 붕괴・전도 등으로 인한 재해・재난이 발생한 경우 또는 발생할 우려가 있는 경우의 안전진단
③ 일반환자 후송
④ 대형사고 등으로 인한 교통장애 모니터링

☞ 해설 : 응급환자 후송 또는 응급환자를 위한 장기(臟器) 이송 및 구조・구급활동이다

06 다음 중 항공사진 촬영금지 시설에 포함되지 않는 것은?

① 국가보안시설 및 군사보안 시설
② 고층건물
③ 비행장
④ 군수산업시설

07 다음 중 전문교관 등록 취소 요건으로 올바르지 않은 것은?

① 행정처분을 받은 경우(효력정지 30일 이하인 경우는 제외)
② 허위로 작성된 비행경력증명서를 확인하지 않

고 서명 날인한 경우
③ 거짓이나 그 밖의 부정한 방법으로 전문교관으로 등록된 경우
④ 취소된 사람이 다시 전문교관으로 등록하고자 하는 경우 취소된 날로부터 1년이 경과하여야 하며 조종교육교관과정 또는 실기평가과정을 다시 이수하여야 한다

☞ 해설 : 취소된 사람이 다시 전문교관으로 등록하고자 하는 경우 취소된 날로부터 2년이 경과하여야 하며 조종교육교관과정 또는 실기평가과정을 다시 이수하여야 한다

08 항공안전법상 조종자 증명이 취소되는 사항으로 맞지 않은 것은?

① 거짓이나 그 밖의 부정한 방법으로 초경량비행장치 조종자 증명을 받은 경우
② 이 법을 위반하여 과태료 이상의 형을 선고받은 경우
③ 초경량비행장치 조종자 증명의 효력정지기간에 초경량비행장치를 사용하여 비행한 경우
④ 초경량비행장치의 조종자로서 업무를 수행할 때 고의 또는 중대한 과실로 초경량비행장치 사고를 일으켜 인명피해나 재산피해를 발생시킨 경우

☞ 해설 : 과태료 이상의 형을 선고받은 경우가 아니라 벌금 이상의 형을 선고받은 경우이다

09 다음 중 비행통제 공역에 해당되지 않은 공역은?

① 군작전구역
② 비행금지구역
③ 비행제한구역
④ 초경량비행장치 비행제한구역

10 다음 공역에 대한 설명으로 가장 올바르지 않은 것은?

① 관제구(CTA : Control Area) : 지표면 또는 수면으로부터 200m 이상 높이의 공역
② 비관제공역 : 항공관제 능력이 미치지 않아 서비스를 제공할 수 없는 공해 상공의 공역 또는 항공교통량이 아주 적어 공중충돌 위험이 크지 않아서 항공관제업부 제공이 비 경제적이라고 판단되어 항공교통관제업무가 제공되지 않은 공역
③ 통제공역 : 항공교통의 안전을 위해 항공기의 비행을 금지하거나 제한할 필요가 있는 공역
④ 비행장교통구역 : 항공기의 비행 시 조종사의 특별한 주의·경계·식별 등이 필요한 공역

☞ 해설 : ④는 주의공역에 대한 설명이다

11 아래 설명은 드론에 작용하는 어떤 힘을 말하는 것인가?

유체(공기)의 흐름 방향에 대해 수직으로 작용하는 항공역학적인 힘

① 양력
② 중력
③ 항력
④ 추력

12 드론도 해킹 및 테러에 자유롭지 못하다. 드론 해킹이란 드론과 연결된 무선 네트워크에 침투하여 드론에 저장된 정보를 빼내거나 드론을 탈취하는 것이다. 드론 해킹 및 테러의 대표적인 유형으로 가장 부적절한 것은?

① GPS 스푸핑(Spoofing)
② 재밍(Jamming)
③ 하이재킹(Hijacking)
④ 디지털 포렌식(Digital forensic)

13 다음 중 불법 비행의 범주에 속하는 것으로 가장 부적절한 것은?

① 해킹 및 테러

② 사생활 침해
③ 포획용 드론(Drone Catcher) 비행
④ 무허가 비행

14 항공안전법상 초경량비행장치사고를 일으킨 조종자 또는 그 초경량비행장치소유자 등이 지방항공청장에게 보고하여야 되는 사항이 아닌 것은 ?

① 사고가 발생한 일시 및 장소
② 사고의 공역
③ 초경량비행장치의 종류 및 신고번호
④ 사람의 사상(死傷) 또는 물건의 파손 개요

☞ 해설 : 사고의 경위를 보고하여야 한다. 이외 사상자의 성명 등 사상자의 인적사항 파악을 위하여 참고가 될 사항, 조종자 및 그 초경량비행장치 소유자등의 성명 또는 명칭 등이 있다.

15 다음 중 드론 비행 전후에 점검해야 할 사항으로 가장 부적절한 것은 ?

① 조종자는 점검표에 따라 비행전후 점검을 철저히 시행해야 하며 형식적이고 상투적인 점검을 해서는 안된다
② 조종자는 기계적인 부품에 비해 각종센서, 전자변속기 등 전자부품으로 이루어진 멀티코터는 예고 없는 이상현상이 발생하므로 정비주기에 따른 정기 점검을 반드시 실시 해야 한다.
③ 조종자는 이동 후, 장기간 보관 후, 비를 맞은 경우 등 상황에 따라 수시 점검을 시행해야 하며, 점검은 정비관리자 보다는 현장에서 장치를 운영하는 조종자 및 교관이 1차적으로 수시 점검을 해야 한다.
④ 조종자는 비행종료 후 점검목록(Checklist)을 바탕으로 비행체, 조종장치, 탑재 임무장비(Payload) 등 드론 시스템의 이상유무를 판단하기 위해 정밀기계로 점검을 수행한다.

☞ 해설 : 시스템의 이상유무를 육안으로 점검해야 한다.

16 다음 중 조종자 안전수칙으로 맞지 않은 것은 ?

① 육안으로 주변을 감시할 수 있는 보조요원과 부주의한 접근을 통제할 수 있는 지상 안전요원을 반드시 배치하여야 한다
② 비행중 비상사태에 대비하여 비상절차를 숙지하고 있어야 한다.
③ 250g 이상의 드론을 조종할 경우에는 반드시 초경량 비행장치 조종자 자격증이 있어야 한다.
④ 비행장에서 흡연은 가능하나 반드시 소화기를 배치하여야 한다

☞ 해설 : 비행장에서는 흡연을 제한한다.

17 피로(Fatigue)는 의학적으로 정신이나 몸이 지쳐서 에너지가 고갈되어 힘든 상태를 의미한다. 다음 중 피로시에 나타나는 현상으로 틀린 것은 ?

① 안색이 창백하거나 시야가 어두워진다
② 긴장이 되고 기억력이 좋아진다
③ 동작이 서툴고 동작의 자각이 느리다
④ 정신집중이 안되고 무기력하다

☞ 해설 : 긴장이 풀리고 주의력이 산만하다

18 눈의 망막에는 빛을 받아들이는 세포인 광수용기(photoreceptor, 光受容器)를 가지고 있다. 그리고 사람의 광수용기는 간상체(cone cell)와 추상체(rod cell)로 구성되어 있다. 다음 중 추상체의 특징과 관련이 없는 것은 ?

① 해상도가 높다
② 약 7백만개이다
③ 색의 형태가 흑백이다
④ 주간시이다

☞ 해설 : 추상체는 색의 형태가 컬러이다

19 대표적 인적요인 모델인 SHELL 모델에서 L(Liveware)에 대한 설명 중 올바르지 않은 것은 ?

① 성격
② 의사소통
③ 리더쉽
④ 기상

20 초경량비행장치(드론) 1종 조종자 자격 실기 시험을 보기 위해 최소로 확보해야 하는 비행시간은?

① 20시간
② 30시간
③ 50시간
④ 100시간

21 다음 중 초경량비행장치(드론) 실기 시험에서 평가받은 4가지 요소가 아닌 것은?

① 위치
② 고도
③ 흐름
④ 거리

☞ 해설 : 4가지 요소는 위치, 고도, 방향, 흐름이다

22 항공교통업무에 따른 구분(관제공역) 중 모든 항공기가 계기비행을 해야 하는 공역은?

① A등급
② B등급
③ C등급
④ G등급

☞ 해설 : G등급은 비관제공역으로 모든 항공기에 비행정보업무만 제공되는 공역이다

23 관성측정장치(IMU)의 기본 구성요소가 아닌 것은?

① 자이로스코프
② 가속도계
③ 지자계 센서
④ GPS 수신기

24 다음 중 배터리 보관시 주의사항으로 올바르지 않은 것은?

① 고온(40도 이상)과 저온(10도 이하)에 방치할 경우 성능이 현격히 떨어진다
② 더운 날씨에 보관해서는 안되며 섭씨 22-28도 사이가 적합한 보관장소의 온도이다
③ 다른 배터리들과 함께 보관하면 성능이 좋아진다
④ 겨울철에 너무 차가운 곳에 보관하면 성능이 떨어진다

☞ 해설 : 다른 배터리들과 함께 보관해서는 안된다

25 국토교통부장관이 정하여 고시하는 비행안전을 위한 기술상의 기준에 적합하다는 안전성 인증을 받지 아니하고 비행을 하여서는 안 된다. 다음 기관 중 안전성 인증을 담당하는 기관은?

① 철도항공사고조사위원회
② 항공안전기술원
③ 지방항공청
④ 한국교통안전공단

【정답】

01	①	02	③	03	②	04	①	05	③
06	②	07	④	08	②	09	①	10	④
11	①	12	④	13	③	14	②	15	④
16	④	17	②	18	③	19	④	20	①
21	④	22	①	23	④	24	③	25	②

무인멀티콥터(드론) 필기시험 실전 모의고사 4회

01 항공안전법상 초경량비행장치에 포함되지 않은 것은?

① 행글라이더: 탑승자 및 비상용 장비의 중량을 제외한 자체중량이 70킬로그램 이하로서 체중이동, 타면조종 등의 방법으로 조종하는 비행장치
② 패러글라이더: 탑승자 및 비상용 장비의 중량을 제외한 자체중량이 70킬로그램 이하로서 날개에 부착된 줄을 이용하여 조종하는 비행장치
③ 무인비행선: 연료의 중량을 제외한 자체중량이 150킬로그램 이하이고 길이가 10미터 이하인 무인비행선
④ 낙하산류: 항력(抗力)을 발생시켜 대기(大氣) 중을 낙하하는 사람 또는 물체의 속도를 느리게 하는 비행장치

☞ 해설 : 무인비행선: 연료의 중량을 제외한 자체중량이 180킬로그램 이하이고 길이가 20미터 이하인 무인비행선

02 항공안전법상 초경량비행장치 신고의 종류 중 사유가 발생한 날로부터 신고 기간이 30일 이내가 아닌 것은?

① 신규신고
② 변경신고
③ 이전신고
④ 말소신고

☞ 해설 : 말소신고는 사유가 발생한 날로부터 15일 이내이다

03 항공안전법상 초경량비행장치의 말소신고의 사유가 아닌 것은?

① 국내에 매도된 경우
② 멸실되거나 해체된 경우
③ 신고대상 기체가 소유자 변경 등으로 인하여 미신고 대상이 된 경우
④ 존재 여부가 2개월 이상 불분명한 경우

04 항공안전법상 초경량비행장치 조종자 자격증명의 종류로 올바르지 않은 것은?

① 1종 자격증 25kg 초과 ~ 125kg 이하
② 2종 자격증 7kg 초과 ~ 25kg 이하
③ 3종 자격증 2kg 초과 ~ 7kg 이하
④ 4종 자격증 250g 초과 ~ 2kg 이하

05 항공안전법상 전문교육기관의 지정기준에서 장비 및 시설 구비요건으로 틀린 것은?

① 강의실 및 사무실 각 1개 이상
② 이륙·착륙 시설
③ 훈련용 비행장치 1대 이상
④ 출결 사항을 전자적으로 처리·관리하기 위한 단말기 2대 이상

☞ 해설 : 출결 사항을 전자적으로 처리·관리하기 위한 단말기 1대 이상이다

06 항공사업법상 검사 또는 출입을 거부·방해하거나 기피한 자(검사거부 등의 죄)에 대한 처벌은?

① 500만원 이하의 벌금
② 6개월 이하의 징역 또는 500만원 이하의 벌금
③ 500만원 이하의 과태료
④ 1천만원 이하의 벌금

☞ 해설 : 검사 또는 출입을 거부·방해하거나 기

피한 자는 500만원 이하의 벌금에 처한다(법 제81조)

07 항공사업법상 초경량비행장치 사용사업의 등록 요건으로 틀린 것은?

① 법인의 경우 납입자본금 5천만원 이상
② 조종자 1명 이상
③ 초경량비행장치 1대 이상
④ 제3자 배상책임보험 등 보험가입

☞ 해설 : 법인의 경우 납입자본금 3천만원 이상이다

08 항공사업법상 국토교통부령으로 정하는 초경량비행장치의 사용사업에 포함되지 않은 것은?

① 비료 또는 농약 살포, 씨앗 뿌리기 등 농업지원
② 사진촬영, 육상·해상 측량 또는 탐사
③ 국민의 생명과 재산 등 공공의 안전에 위해를 일으킬 수 있는 업무
④ 조종교육

09 항공사업법상 처분을 하려면 반드시 청문 절차를 거쳐야 되는 것에 해당되지 않은 것은?

① 항공기대여업 등록의 취소
② 초경량비행장치사용사업 등록의 취소
③ 항공기판매사업 등록의 취소
④ 항공레저스포츠사업 등록의 취소

☞ 해설 : 항공사업법 제74조에 규정되어 있다

10 다음 중 항공사격, 대공사격 등으로 인한 위험으로부터 항공기의 안전을 보호하거나 그 밖의 이유로 비행허가를 받지 않은 항공기의 비행을 제한하는 공역은?

① 초경량비행장치 비행제한구역
② 비행금지구역
③ 군작전구역
④ 비행제한구역

11 아래 공역에 대한 설명으로 맞는 것은?

> 항공안전법 제2조 제26호 따른 공역(항공로 및 접근관제구역을 포함한다)으로서 비행정보구역 내의 A, B, C, D 및 E등급 공역에서 시계 및 계기비행을 하는 항공기에 대하여 항공교통관제업무를 제공하는 공역

① 관제권
② 관제구
③ 비행장교통구역
④ 훈련구역

☞ 해설 : 관제공역 중 관제구에 관한 설명이다

12 다음 중 제한식별구역(Limited Identification Zone)에 대한 설명으로 가장 부적절한 것은?

① 방공식별구역에서 평시 국내 운항을 용이하게 하고 효율적으로 방공작전을 도모하기 위하여 설정한 구역이다
② 우리나라 해안선을 따라 한국제한식별구역(KLIZ : Korea Limited Identification Zone)을 설정하여 국방부(공군)가 관리한다
③ 영공 침입을 방지하기 위하여 각국이 설정 하는 공역(空域)으로 국제법상 주권을 가진 영공으로는 인정되지 않는다
④ 항공기 식별이 안될 경우 요격기를 투입한다

☞ 해설 : ③은 방공식별구역(ADIZ : Air Defense Identification Zone)에 대한 설명이다

13 다음 중 초경량비행장치의 비행 공역에 대한 설명으로 가장 부적절한 것은?

① 초경량비행장치 비행공역(UA)에서는 150m

미만의 고도에서 비행승인 없이 비행이 가능하며 기본적으로 그 외 지역에서는 25Kg 초과 무인비행장치는 비행승인을 받아야 비행이 가능하다
② 무인비행선 중 연료의 무게를 제외한 자체무게가 12Kg 이하이고 길이가 7m 이하인 것은 비행 승인없이 비행이 가능하다
③ 현재 우리나라 국토교통부는 드론산업의 육성을 위해 양평(UA-9), 대전(UA-41), 창원(UA-37) 등 전국적으로 초경량비행장치 비행 공역(UA2~40)을 지정하여 운영하고 있다.
④ 서울 지역은 인구밀집지역이기 때문에 초경량비행장치 비행공역을 운영하지 않고 있다.

☞ 해설 : 서울 지역은 광나루 비행장, 신정비행장 등이 지정되어 운영하고 있다

14 다음 중 리튬 폴리머 배터리의 특징 또는 성능으로 가장 맞지 않은 것은 ?

① 폭발위험이 적고 구조적 안정성이 높다
② 무게 대비 방전률 성능이 뛰어나는 등 많은 장점이 있다
③ 메모리 효과가 있다
④ 무게가 가볍다

☞ 해설 : 리튬 폴리머 배터리는 니켈 카드뮴에 비해 메모리 효과가 거의 없다

15 위성기준국으로부터 오차 보정 신호를 받는 실시간 이동측위기법(RTK : Real Time Kinematic)의 특징으로 틀린 것은 ?

① mm ~ cm 단위의 정확도 측정결과를 얻을 수 있다
② 정확한 위치정보를 얻을 수 있으나 기준국 으로부터 멀어질수록 항법 정확도가 낮다
③ 최근 RTK는 드론에서 위치 정확도를 높이는데 적용되고 있다
④ GNSS가 동작하지 않는 실내에서 사용이 가능하다

☞ 해설 : RTK는 GNSS가 동작하는 실외에서 사용이 가능하다

16 다음 중 기압고도계(Barometer)에 설명으로 올바른 것은 ?

① 지구의 자기장을 측정하여 북쪽 방향을 측정한다.
② 대기압을 측정하여 고도에 따른 대기압 변화 원리를 이용하여 비행중인 드론의 고도를 측정하는 측정기이다
③ 일명 컴퍼스 센서(Compass sensor)라고도 하며 나침반의 기능을 하는 센서이다
④ 기체(드론)의 기수 방향을 측정하고 자이로스코프의 기수각 오차를 보정하기 위해 사용한다

☞ 해설 : ①과 ③과 ④은 지자계 센서에 대한 설명이다

17 다음 중 프로펠러의 효율에 대한 설명으로 가장 부적절한 사항은 ?

① 저속비행을 하는 드론은 저 피치 프로펠러가 효율이 좋으나 고속비행을 하는 드론은 고 피치 프로펠러가 효율이 좋다
② 프로펠러의 피치를 자유롭게 증감하는 가변피치 프로펠러를 통해 넓은 속도 영역에서 프로펠러의 성능과 효율 향상이 가능하다.
③ 프로펠러의 직경이 크고 무게가 증가하면 부하가 증가하여 비행시간이 늘어들고, 또한 날개의 수가 증가하면 양력을 순간적으로 강하게 발생시킬 수 있으며 비행시간이 늘어난다
④ 프로펠러는 무게중심과 회전중심이 불일치되면 진동이 발생한다. 이때 진동을 제어하기 위한 진동 댐퍼(vibration damper) 가 필요하다

☞ 해설 : 프로펠러의 직경이 크고 무게가 증가하면 부하가 증가하여 비행시간이 줄어들고 또한 날개의 수가 증가하면 양력을 순간적으로 강하게 발생시킬 수 있으나 비행시간이 줄어든다

18 다음 중 교관(지도조종자)의 안전수칙과 연관성이 먼 것은?

① 피교육생은 미숙달 상태로 실질적이고 최종적인 비행장치 점검은 교관이 담당해야 한다
② 교관은 긴급 상황 및 교육생의 오조작 가능성에 대비하여 교관의 위치를 이탈해서는 안 된다
③ 교관은 접근자 관찰, 접근 항공기 관찰, LED 주시, 조종기 연결상태, 위성 수신상태 등에 항상 시선을 유지해야 한다
④ 교육시에 발생하는 모든 사고는 피교육생이 책임을 져야한다

☞ 해설 : 교관은 교육시에 발생하는 모든 사고에 대해 피교육생이 아닌 교관의 책임임을 명심해야 한다(단, 교육생의 규칙 위반 및 고의적인 사고 발생 경우는 제외).

19 드론(멀티콥터)에 장착된 카메라를 이용하여 다른 사람을 촬영하여 사생활 침해로 고발당하거나 또는 의도와 관계없이 촬영된 경우도 초상권 침해로 고발당한다. 이 때 사생활침해죄가 성립될 경우 벌칙으로 맞는 것은?

① 3년 이하의 징역
② 3년 이하의 징역이나 금고
③ 500만원 이하의 벌금
④ 3년 이하의 징역이나 금고 또는 500만원 이하의 벌금

20 다음 중 무인비행장치 조종자 자격증명 제도가 시행된 이후에 발생한 사고사례는?

① 2005년 RC 모형헬리콥터 사망사고
② 2009년 농업용 무인헬리콥터 사망사고
③ 2012년 군납예정 무인헬리콥터 화재사망사고
④ 2015년 무인헬리콥터 충돌화재사고

☞ 해설 : 무인비행장치 조종자 자격증명 제도는 2013년에 시행되었다

21 다음 중 지도조종자가 갖추어야 할 교육 시 주의사항으로 가장 부적합 한 것은?

① 교육 중 안전을 위해 긴장감을 유지할 필요는 없다
② 조종에 영향을 주거나 심리적인 압박을 줄 수 있는 과도한 언행은 자제한다
③ 규정에 위배되지 않은 지속적인 비행 연습 환경을 제공한다
④ 안전에 위배되는 경우 즉각적인 비행에 대한 간섭을 해야 한다

☞ 해설 : 교육 중 안전을 위해 적당한 긴장감을 유지할 필요가 있다

22 초경량비행장치(드론)에 탑재된 센서에 대한 설명으로 맞지 않은 것은?

① 자이로 센서는 진동과 충격에 강하다
② 기압계 센서는 온도, 습도, 기압, 풍속에 따라 오차가 발생한다
③ 지자기 센서는 주변의 금속, 철광석, 송전탑 등에 의한 지자기가 왜곡된다
④ GPS 센서는 전리층 변화, 대기권, 주변 전류의 전자기장에 의해 전파 교란 가능성이 있다

☞ 해설 : 자이로 센서는 진동과 충격에 취약하므로 수시로 고정을 확인해야 한다

23 무인멀티콥터 실기 비행시험 시 평가받는 4가지 기준요소로 맞는 것은?

① 위치-고도-방향-안전
② 위치-고도-방향-흐름
③ 위치-고도-흐름-안전
④ 위치-고도-방향-안전

24 다음 중 맹점(blind spot)에 대한 설명으로 가장 올바르지 않은 것은?

① 맹점은 망막에서 시세포가 없어 물체의 상이

맺히지 않는 부분이다
② 맹점을 처음 발견한 E. 마리오트의 이름을 따서 마리오트 맹점(Mariotte's spot)이라고도 한다
③ 맹점현상은 양안시에서 나타난다
④ 한 눈을 가질때에는 사각지대가 생기므로 드론을 운항하여서는 아니된다

☞ 해설 : 맹점현상은 양안시에서는 나타나지 않으며 한 눈일 때 나타난다

25 한국형 드론(K- Drone) 시스템과 관련성이 없는 것은 ?

① 핵심구성요소는 4차 산업기술인 Cloud 시스템, AI 기반의 자동관제, 원격자율비행 등이다
② 국토교통부는 2022년 4월 KT, 한국수자원 공사, 한국공항공사, 해양드론기술, 한국국토 정보공사(LX) 등 7개 사업자를 K-드론시스템 실증사업 수행기관으로 선정했다
③ 한국형 드론(K- Drone) 시스템의 대상은 고도 200m, 자체무게 200kg 이하인 무인비행장치이다
④ 무인비행장치의 안전하고 효율적인 공역관리, 불법 비행체 감시 및 대응, 보안기술 개발, 비행체별 운항 규칙에 따른 질서있는 비행, 드론 산업발전을 위한 기반구축 등을 목표로 하고 있다

☞ 해설 : 한국형 드론(K- Drone) 시스템의 대상은 고도 150m, 자체무게 150kg 이하인 무인비행장치이다

【정답】

01	③	02	④	03	①	04	①	05	④
06	①	07	①	08	③	09	③	10	④
11	②	12	③	13	④	14	③	15	④
16	②	17	③	18	④	19	④	20	④
21	①	22	①	23	②	24	③	25	③

무인멀티콥터(드론) 필기시험 실전 모의고사 5회

01 드론 조종자 자격증을 수령한 이후 드론을 비행하려면 비행승인신청을 하여 비행승인을 받아야 한다. 또한 이와는 별개로 항공촬영 시 드론항공촬영허가신청을 하여 촬영허가도 받아야 한다. 다음 중 위의 업무를 일괄 처리하는 홈페이지는 어느 것인가?

① 기상청
② 항공안전기술원
③ 한국교통안전공단
④ 드론원스톱 민원서비스

02 우리나라 기상청은 항공기의 안전과 경제적인 운항을 위해 전국의 항공기상업무를 총괄하는 기관을 설치 운영하고 있다. 다음 중 항공기상청 본부가 설치되어 있는 공항은?

① 김포국제공항
② 김해국제공항
③ 인천국제공항
④ 제주국제공항

03 드론법상 다음 중 행정청이 취소 처분을 하려면 청문을 하여야 하는 사항이 아닌 것은?

① 드론사업의 합병
② 드론첨단기술의 지정 취소
③ 우수사업자의 지정 취소
④ 전문인력 양성기관의 지정 취소

04 드론법상 거짓 또는 그 밖의 부정한 방법으로 전문인력 양성기관으로 지정받은 자에 대한 벌칙으로 올바른 것은?

① 5년 이하의 징역 또는 5천만원 이하의 벌금
② 3년 이하의 징역 또는 3천만원 이하의 벌금
③ 2년 이하의 징역 또는 2천만원 이하의 벌금
④ 1년 이하의 징역 또는 1천만원 이하의 벌금

05 다음 중 조종자가 이륙전 점검해야 될 사항이 아닌 것은?

① 풍향, 풍속 확인
② 배터리 분리
③ 장애물 확인
④ 시정 확인

☞ 해설 : 배터리 분리는 비행 후 점검 사항이다

06 다음 중 드론의 최대이륙중량으로 올바른 것은?

① 기체무게
② 기체무게 + 배터리 무게
③ 기체무게 + 유효탑재량
④ 자체중량 + 유효탑제량

☞ 해설 : 자체중량은 기체무게 + 배터리 무게이다

07 착빙이란 빙결온도 이하의 상태에서 물제에 과냉각된 물방울이 충돌하여 얼음피막을 형성하는 상태를 말한다. 다음 중 착빙의 영향으로 틀린 것은?

① 착빙의 상태가 유지되면 기체가 한쪽 방향으로 흐른다
② 양력과 추력이 증가한다
③ 항력과 중력이 상승한다
④ 필히 착빙을 제거한 후에 비행해야 한다

☞ 해설 : 착빙은 양력과 추력을 감소시킨다

08 드론의 이륙 중 비정상 상황이 발생되었을 경우에 대응방법으로 옳은 것은?

① 즉시 이륙 비행을 포기하고 안전한 장소에 착륙시킨다
② 드론을 3-5m 이륙 시킨 후 고장원인을 찾아낸다
③ 주변에 있는 조종자 등에게 비정상 상황이 무엇인지를 물어본다
④ 일단 이륙시켜 호버링 상태에서 점검한다

09 드론의 비행 전후 점검에서 동력부 점검 사항에 포함되지 않은 것은?

① 프로펠러 점검
② 모터 회전 점검
③ 바디 및 착륙장치 점검
④ 모터 마운터 고정 상태 점검

10 다음 중 조종사의 조종 신호와 기체의 상태를 감지하는 여러 가지 센서에서 감지되는 신호를 분석하여 최적의 비행을 하도록 도와주는 역할을 하는 장치는?

① ESC
② FC
③ GPS
④ RTH

☞ 해설 : RTH(Return To Home)는 조종기와 기체간 통신두절될 경우 처음 전원을 인가하고 GPS가 수신된 이륙 장소로 자동으로 복귀하게 하는 페일세이프 (Fail Safe)기능이다

11 다음 중 항공안전법상 안전성 인증 검사의 종류가 아닌 것은?

① 초도검사
② 임시검사
③ 수시검사
④ 정기검사

12 다음 중 항공기나 무인멀티콥터의 운용에 크게 위험을 초래하는 것으로 짧은 거리 내에서 순간적으로 풍향과 풍속을 급변하게 하여 추락시키게 만드는 기상현상은?

① 착빙(icing)
② 안개(fog)
③ 뇌우(thunderstorm)
④ 윈드쉬어(wind shear)

13 다음 중 제공되는 항공교통업무에 따른 구분에서 비관제 공역에 속하는 등급은?

① A등급 공역
② C등급 공역
③ E등급 공역
④ G등급 공역

☞ 해설 : F등급과 G등급은 비관제 공역에 속한다

14 다음 중 이동중 실시간 위치정보를 기준국 으로부터 오차 보정 신호를 받아 정밀 항법 (수 Cm급) 시스템 수행이 가능한 것은?

① RTK
② DOP
③ GPS
④ GNSS

☞ 해설 : RTK(Real-Time Kinematic)는 이동중 실시간 위치정보를 인접한 지상기준으로부터 받아 수 Cm 오차를 유지한다

15 다음 중 드론법상 반드시 청문을 실시하여야 하는 사항에 해당되지 않은 것은?

① 드론특별자유화구역의 지정 취소
② 드론첨단기술의 지정 취소
③ 우수사업자의 지정 취소
④ 전문인력 양성기관의 지정 취소

16 드론의 경우 프롭이 어느 한 방향으로 회전한다면 기체의 몸체는 반작용법칙이 작용하여 반대 방향으로 회전하려는 토크현상이 발생한다. 토크현상은 뉴턴의 법칙 중 어느 법칙과 연관성이 있는가?

① 관성의 법칙
② 가속도의 법칙
③ 작용반작용의 법칙
④ 베르누이의 법칙

☞ 해설 : 작용반작용의 법칙(law of action and reaction)은 뉴턴의 운동법칙(Newton's laws of motion) 중에서 제3법칙으로 물체 A가 물체 B에 미치는 것을 작용, 물체 B가 물체 A에 미치는 것을 반작용이라 하며 모든 작용은 작용이 있으면 반작용이 있음을 말한다. 즉 모든 작용은 힘의 크기가 같고 방향이 반대인 반작용을 수반한다는 것이다.

17 다음 중 드론법(드론 활용의 촉진 및 기반 조성에 관한 법률)의 제정 목적이 아닌 것은?

① 드론 활용의 촉진 및 기반조성
② 드론시스템의 운영·관리 등에 관한 사항을 규정하여 드론산업의 발전 기반을 조성
③ 국가, 항공사업자 및 항공종사자 등의 의무 등에 관한 사항을 규정
④ 드론산업의 진흥을 통한 국민편의 증진과 국민경제의 발전에 이바지

☞ 해설 : ③ 국가, 항공사업자 및 항공종사자 등의 의무 등에 관한 사항을 규정은 항공안전법의 목적이다

18 항공안전법상 초경량비행장치의 말소신고를 하지 아니한 초경량비행장치 소유자 등에 대한 과태료는 얼마인가?

① 30만원 이하
② 100만원 이하
③ 200만원 이하
④ 300만원 이하

☞ 해설 : 이외 30만원 이하의 과태료 처분 : 초경량비행장치사고에 관한 보고를 하지 아니하거나 거짓으로 보고한 초경량비행장치 조종자 또는 그 초경량비행장치 소유자 등

19 다음 중 조종자 준수사항으로 가장 부적절한 것은?

① 음주 및 약물 복용후 비행금지
② 가시범위 내 비행금지
③ 허용고도 150m 이상 비행금지
④ 인구밀집지역 상공에서 낙하물 투하 금지

20 다음 중 초경량비행장치의 사고발생시 조치와 관련된 사항으로 올바르지 않은 것은?

① 인명구조를 위해 신속히 필요한 조치를 취한다
② 사고 조사를 위해 기체와 현장을 신속히 정리한다.
③ 사고 조사에 도움이 될 수 있는 정황 및 장비 상태에 대한 사진 및 동영상 자료를 세부적으로 촬영한다.
④ 사고발생시 사고조사를 담당하는 기관은 항공철도사고조사위원회이다

☞ 해설 : 사고 조사를 위해 기체와 현장을 그대로 보존한다

21 다음 중 초경량비행장치의 조종 시 주의사항으로 가장 올바르지 않은 것은?

① 비행 중 유인 헬리콥터가 접근해 오는 등 비상상황이 발생하였을 때 무인멀티콥터는 신속하게 그 지역을 회피해야 한다
② 초경량비행장치는 다른 모든 항공기나 헬리콥터에 대하여 진로 등 모든 것을 양보해야 한다
③ 이륙 중 기체가 고장날 경우 이육을 포기하고 신속히 착륙시켜 기체를 점검해야 한다
④ 충돌예방 우선순위로 유인기체가 최우선 순위이며 회피 시에는 좌측으로 이동해야 한다

☞ 해설 : 충돌 회피 시에는 우측으로 이동해야 한다 있다

22 다음 중 초경량비행장치의 비행승인 관할 기관으로 서울지방항공청이 관할하지 않은 지역은?

① 경기 및 인천
② 충청남북도
③ 전라북도
④ 경상북도

☞ 해설 : 경상북도는 부산지방항공청이 관할하는 지역이다

23 다음 중 초경량비행장치의 조종기 조작과 관련하여 가장 올바른 방법은?

① 스로틀은 기체를 전후 이동시킨다
② 러더는 기체의 좌 우 방향을 조절한다
③ 엘리베이터는 기체를 상승 및 하강시킨다
④ 에일러런은 기체를 착륙시킨다

☞ 해설 : 스로틀은 상승 및 하강, 엘리베이터는 전후 이동, 에일러런은 좌우로 이동시킨다.

24 다음 중 노탐(NOTAM)에 관한 설명으로 틀린 것은?

① 항공고시보로 항공종사들의 안전운항을 위한 정보를 제공해 준다
② 유효기간은 3개월이다
③ 영구적인 항공정보를 수록한 간행물이다
④ 비행에 대한 제한 혹은 금지사항을 알려준다

☞ 해설 : AIP(항공정보간행물)가 영구적인 항공정보를 수록하는 간행물이다

25 다음 인적요인의 적용 목적은 크게 ① 수행의 증진과 ② 인간가치의 상승이다. 다음 중 인간가치의 상승과 관련성이 가장 먼 것은?

① 피로와 스트레스 감소
② 건강과 안락함 증가
③ 사용의 편리성
④ 삶의 질 향상

☞ 해설 : 수행의 증진은 ㉠ 생산성 향상, ㉡ 인적에러의 감소, ㉢ 사용의 편리성이 있으며, 인간가치의 상승은 ㉠ 안전성 증대, ㉡ 피로와 스트레스 감소, ㉢ 건강 및 안락함 증가, ㉣ 직무만족 증가, ㉤ 삶의 질 향상 등이 있다.

【정답】

01	④	02	③	03	①	04	③	05	②
06	④	07	②	08	①	09	③	10	②
11	②	12	④	13	④	14	①	15	①
16	③	17	③	18	①	19	②	20	②
21	④	22	④	23	②	24	③	25	③

무인멀티콥터(드론) 필기시험 실전 모의고사 6회

01 통상 드론을 조종하는 스틱(Stick)은 쓰로틀, 러더, 에일러론, 엘리베이터가 있다. 다음 중 드론을 좌우로 평행이동시키는데 사용되는 조종 스틱은 어느 것인가?

① Throttle
② Rudder
③ Aileron
④ Elevator

02 다음은 촬영용 드론의 짐벌(Gimbal)에 대한 설명이다. 올바르지 않은 것은?

① 카메라로 사진이나 동영상을 촬영할 때 카메라의 진동과 흔들림을 최소화하기 위해 사용되는 장치이다
② 멀티콥터(드론)에서는 보통 1축 짐벌을 많이 사용하고 있다
③ 영상촬영 분야에서 많이 사용되며 디자인, 중량, 기능에 따라 가격차이가 크다
④ 자이로스코프의 원리를 이용하여 자동으로 수직 및 수평을 잡아줌으로써 안정적이고 선명한 항공촬영 영상을 얻게 해 준다

☞ 해설 : 멀티콥터(드론)에서는 보통 3축 짐벌을 많이 사용하고 있다

03 항공기상은 드론 등 항공비행에 영향을 주는 기상을 의미한다. 다음 중 항공 기상요인에 가장 해당되지 아니한 것은?

① 구름과 강수
② 기압과 밀도
③ 바람과 습도
④ 밀물과 썰물

04 초경량비행장치의 무인멀티콥터 조종자 증명 1종 자격증을 취득하였을 경우 몇 Kg까지 비행할 수 있는가?

① 180Kg 이하
② 150Kg 이하
③ 125Kg 이하
④ 25Kg 이하

05 무인멀티콥터 이륙 중 조종기과 기체의 신호 연결이 안될 경우 조치하여야 하는 것으로 가장 알맞은 것은?

① 켈리브레이션을 실시한다
② 배터리를 갈아준다
③ GPS 수신기를 교체한다
④ 모터를 교체한다

06 다음 중 조종자 준수사항으로 올바르지 않은 것은?

① 위험한 낙하물을 투하하지 않는다
② 비행계획을 승인을 얻지 아니하고 관제공역, 통제공역, 주의공역에서 비행하지 않는다
③ 안개 등으로 인하여 목표물을 식별할 수 없는 상태에서는 비행하지 않는다
④ 음주 시에는 절대 비행해서는 안되나 약물 복용 시에는 자신이 판단하여 적절히 비행해도 된다

☞ 해설 : 음주, 약물복용 및 비정상적인 상태나 방법으로 비행하지 않는다

07 항공안전법상 초경량비행장치의 비행승인 대상으로 가장 옳지 않은 것은 ?

① 국토교통부장관이 고시하는 초경량비행장치 비행제한공역에서 비행하려는 사람은 국토교통부령으로 정하는 바에 따라 미리 국토교통부장관으로부터 비행승인을 받아야 한다
② 다만, 비행장 및 이착륙장의 주변 등 대통령령으로 정하는 제한된 범위에서 비행하려는 경우는 제외한다.
③ 국토교통부령으로 정하는 고도 이하에서 비행하는 경우
④ 관제공역·통제공역·주의공역 중 관제권 등 국토교통부령으로 정하는 구역에서 비행하는 경우

☞ 해설 : 국토교통부령으로 정하는 고도 이상에서 비행하는 경우이다

08 항공사업법상 변경등록 또는 말소등록의 신청을 하지 아니한 자에 대한 과태료는?

① 500만원 이하
② 400만원 이하
③ 300만원 이하
④ 200만원 이하

09 항공사업법상 500만 원 이하의 과태료 부과 사항에 해당되지 않은 것은?

① 폐업하거나 폐업 신고를 하지 아니하거나 거짓으로 신고한 자
② 요금표 등을 갖추어 두지 아니하거나 거짓 사항을 적은 요금표 등을 갖추어 둔 자
③ 검사 또는 출입을 거부·방해하거나 기피한 자
④ 보험 또는 공제에 가입하지 아니하고 경량 항공기 또는 초경량비행장치를 사용하여 비행한 자

☞ 해설 : 검사 또는 출입을 거부·방해하거나 기피한 자는 500만 원 이하의 벌금에 처한다

10 다음 중 초경량비행장치의 비행 전 기체점검 사항에 포함되지 않은 사항은?

① 토글 스위치
② 고정 볼드
③ 배터리 장착
④ 프롭

☞ 해설 : 토글스위치는 조종기 점검사항이다

11 1NM(Nautical Mile)은 몇 km 인가?

① 0.852km
② 1.852km
③ 2.852km
④ 3.852km

12 우리나라는 비행금지구역 및 비행제한구역 이외에 전국에 군 사격장 공역이 지정되어 운영되고 있다. 다음 중 군 사격장 공역이 아닌 지역은?

① 용문(R-1)
② 제주(R-60)
③ 오천(R-89)
④ 대청도(R-116)

13 다음 중 바람(wind)에 대한 설명으로 가장 올바르지 않은 것은?

① 바람은 기압이 낮은 곳에서 높은 곳으로 움직이며 두 지점의 기압 차이가 클수록 바람의 세기가 약하다
② 바람(Wind)은 공기의 움직임으로 두 장소에 존재하는 기압 차이에 따라 일어나는 공기의 흐름이다
③ 대기 중에서 운행되는 무인멀티콥터는 바람과 습도에 의해 민감하게 영향을 받는다
④ 드론 실시시험의 항목 중에 측풍접근은 바람의 영향을 이겨내면서 비행하는 기법이다

☞ 해설 : 바람은 기압이 높은 곳에서 낮은 곳으로 움직이며 두 지점의 기압 차이가 클수록 바람의 세기가 강하다

14 다음 중 프로펠러의 피치(Pitch)를 설명하는 것으로 올바른 것은?

① 피치란 프로펠러가 0.5 바퀴 회전했을 때 전진하는 거리입니다
② 피치란 프로펠러가 1 바퀴 회전했을 때 전진하는 거리입니다
③ 피치란 프로펠러가 2.5 바퀴 회전했을 때 전진하는 거리입니다
④ 피치란 프로펠러가 2 바퀴 회전했을 때 전진하는 거리입니다

15 다음 배터리의 종류 중 충전이 가능한 2차 전지가 아닌 것은?

① 니켈 카드뮴(Ni-cd)
② 리튬 이온(Li-ion)
③ 리튬 폴리머(Li-Po)
④ 알카라인 전지

☞ 해설 : 알카라인 전지, 망간 전지 등은 1차 전지이다

16 다음 중 지자계 센서(Magnetmeter Sensor)의 특징으로 맞지 않은 것은?

① 지구의 자기장을 측정하여 북쪽 방향을 측정한다
② 일명 컴퍼스 센서(Compass sensor)라고도 하며 나침반의 기능을 하는 센서이다.
③ 드론에서 지자계센서 교정은 기체를 지면과 수평으로 잡고 지면과 수평으로 180도 회전시켜 동서남북 교정을 하며 기수를 밑으로 해서 180도 회전시켜 Z 축에 대해 교정해주어야 한다
④ 기체(드론)의 기수 방향을 측정하고 자이로스코프의 기수각 오차를 보정하기 위해 사용한다

☞ 해설 : 드론에서 지자계센서 교정은 기체를 지면과 수평으로 잡고 지면과 수평으로 360도 회전시켜 동서남북 교정을 하며 기수를 밑으로 해서 360도 회전시켜 Z 축에 대해 교정해주어야 한다

17 비행제어시스템 관련 다음 중 센서 융합과 데이터 분석에 대한 설명으로 가장 부적절한 것은?

① 센서 융합은 한가지 개별 센서가 가지고 있는 한계를 극복하고 여러 개의 센서를 융합하여 상호 보완하고 결합해 보다 높은 신뢰성을 가지게 하는 기술이다
② 드론에 탑재된 IMU(자이로스코프, 가속도계, 지자계), GNSS, 기압고도계 등의 데이터를 결합하여 더욱 높은 정밀성과 신뢰성을 얻을 수 있다
③ 비행데이터 저장 시 주의할 사항으로 기체의 이상 여부를 분석하기 위해서 가급적 느린 주기로 저장된 가공 데이터가 필요하다.
④ 기체의 이상 기동 및 추락의 원인이 되는 센서 오류, 비행제어 불안정, 환경적 요인을 복합적으로 분석해야 하며 별도의 계측 장비와 비행 영상도 필요하다

☞ 해설 : 비행데이터 저장 시 주의할 사항으로 기체의 이상 여부를 분석하기 위해서 가급적 빠른 주기로 저장된 미가공(raw) 데이터가 필요하다.

18 드론 방호 또는 제압 장비로 사용되고 있는 것이 아닌 것은?

① 포획용 드론(Drone Catcher)
② 재머(Drone Sniper 등)
③ 드론 킬러(Drone Killer)
④ 페일 세이프(Fail Safe)

☞ 해설 : 페일 세이프(Fail Safe)는 드론의 고장에 대비하여 안전을 확보하는 기능이다

19 아래 ( ) 안에 들어가는 단어로 옳은 것은?

항공안전법 제129조 제3항 관련 초경량 비행장치 조종자는 초경량비행장치사고가 발생하였을 때에는 국토교통부령으로 정하는 바에 따라 (   ) 국토교통부장관에게 그 사실을 보고하여야 한다. 다만, 초경량 비행장치 조종자가 보고할 수 없을 때 에는 그 초경량비행장치 소유자등이 초경량 비행장치사고를 보고하여야 한다.

① 지체 없이
② 12시간 이내
③ 24시간 이내
④ 48시간 이내

20 다음 중 비 REM(Rapid Eye Movement) 수면의 증상으로 알맞지 않은 것은?

① 1~2단계(약 55%)는 얕은 잠을 단계이다
② 3단계 수면 시에는 외부에서 오는 정보처리를 멈추고 뇌의 뉴런이 작고 빠른 전기파를 생성하여 기억병합이 일어나 학습에 큰 영향을 미친다
③ 3단계 수면은 숙면(업어가도 모를 정도)을 말한다
④ 서파수면(slow-wave sleep)이라고도 한다.

☞ 해설 : 3단계 수면 시에는 외부에서 오는 정보처리를 멈추고 뇌의 뉴런이 거대하고 느린 전기파를 생성하여 기업병합이 일어나 학습에 큰 영향을 미친다

21 다음 중 초경량비행장치의 조종 시 주의사항이다. 약물복용과 관련하여 가장 올바르지 않은 것은?

① 약물(drug, 藥物)의 종류는 진정제, 신경 안정제, 항히스타민제, 진통제, 마취제, 카페인 및 니코틴, 항균제, 환각성 약물 등이 있다
② 드론을 운항하기 전에 진정제, 신경안정제, 진통제, 근육이완제, 지사제, 멀미약 등을 복용시에는 졸음과 판단력을 흐리게 한다

③ 약물 복용 시에는 각성상태 저하, 신체 조정 능력 감소, 시각이상 등의 증상을 초래할 수 있다.
④ 약물은 인간의 능력에 간접적으로 영향을 미치므로 드론 운항 전 필요시에만 항공 전문의사의 상담 및 처방에 따라야 한다

☞ 해설 : 약물은 인간의 능력에 직간접적으로 영향을 미치므로 드론 운항 전에 항상 항공 전문의사의 상담 및 처방에 따라야 한다

22 다음 중 드론의 국내 시장 동향으로 가장 올바르지 않은 것은?

① 2020년 이후 국내 무인멀티콥터 자격증명 취득자는 그간 포화상태로 점점 줄어들고 있다
② 우리 정부는 미래 성장산업으로서 드론산업 육성을 추진 중이며 상대적으로 유망한 드론 활용시장 중심으로 집중 육성 및 경쟁력 강화 방안을 발표하고 있다
③ 4차 산업혁명에 대응하여 범정부 차원에서 드론 기술력 확보 및 국내 산업육성을 강화하고 있다
④ 최근 국내 드론 시장은 조립/정비, 콘텐츠 제작, 농수축산업/임업, 건축/토목, 물류/배송, 교육/스포츠 등의 분야로 활용 범위가 지속적으로 확대되고 있는 동향이다

23 다음 중 드론법상 드론시스템의 개발·관리· 운영 또는 활용 등과 관련된 산업을 통칭하는 것은?

① 드론시스템
② 드론산업
③ 드론사용사업자
④ 드론교통관리

24 다음 중 군집드론(Drone Swarm) 또는 군집비행 기술에 관한 설명으로 틀린 것은?

① 상호 네트워크로 연결된다

② 비융합 기술이다
③ 벌 떼, 새 떼처럼 집단을 이루어 비행하는 기술이다
④ 군사용, 공연용 등 다양한 분야로 확장되고 있다

25 다음 중 위반시 과태료 300만 원 이하의 처벌에 해당되지 않은 것은?

① 다른 사람에게 자기의 성명을 사용하여 초경량비행장치 조종을 수행하게 하거나 초경량비행장치 조종자 증명을 빌려 준 사람
② 승인을 받지 아니하고 초경량비행장치를 사용하여 비행한 사람
③ 변경등록 또는 말소등록의 신청을 하지 아니한 자
④ 다른 사람의 성명을 사용하여 초경량비행장치 조종을 수행하거나 다른 사람의 초경량비행장치 조종자 증명을 빌린 사람

☞ 해설 : ③ 변경등록 또는 말소등록의 신청을 하지 아니한 자는 200만 원 이하의 과태료에 해당한다

【정답】

01	③	02	②	03	④	04	②	05	①
06	④	07	③	08	④	09	③	10	①
11	②	12	②	13	①	14	②	15	④
16	③	17	③	18	④	19	①	20	②
21	④	22	①	23	②	24	②	25	③

무인멀티콥터(드론) 필기시험 실전 모의고사 7회

01 다음 인적요인의 목적 중 인간가치의 상승과 그 내용이 다른 것은?

① 직무만족의 증가
② Human Error의 감소
③ 피로와 스트레스 감소
④ 안정성 증대

02 다음 중 미국 국방성의 사고 통계에 의하면 무인기의 사고율이 가장 높은 계통은?

① 비행조종계통
② 통신계통
③ 추진계통
④ 동력계통

☞ 해설 : 비행조종계통 28%, 추진계통 24%, 통신계통 11%, 동력계통 8%, 인적에러 22%, 기타 7%로 나타났다.

03 다음 중 SHELL 모델에서 인간과 인간, 즉 조종자와 관제사 또는 조종자와 육안 감시자 등 사람들 간의 관계를 의미하는 것은?

① L-H
② L-E
③ L-L
④ L-S

☞ 해설 : 인간과 인간(Liveware-Liveware)

04 다음 중 무인비행장치의 지상통제 시스템에 속하지 않은 것은?

① 지상통제장치
② 탑재센서장치
③ 조종기
④ 지상관제소

05 다음 중 항공안전법상 드론 비행과 관련하여 가장 올바르지 않은 것은?

① 사업용 드론은 2kg 이하라도 장치신고를 반드시 하여야 한다
② 250g 이하의 드론(연료중량 포함)이라도 조종자 증명은 다 받아야 한다
③ 25kg 초과시 안전성 인증 검사를 받아야 한다
④ 조종사 준수사항은 예외없이 모두 준수해야 한다

☞ 해설 : 250g 이하의 드론(연료중량 포함)은 조종자 증명을 안 받아도 된다

06 다음 중 항공안전법상 무인비행장치의 조종자에 대하여 적용되지 않은 것으로 틀린 것은?

① 안개 등으로 인하여 지상목표물을 육안으로 식별할 수 없는 상태에서 비행하는 행위
② 일몰 후부터 일출 전까지의 야간에 비행하는 행위
③ 공중에서 비행시정 거리기준을 위반하여 비행하는 행위
④ 구름으로부터 거리기준을 위반하여 비행하는 행위

☞ 해설 : 항공안전법 시행규칙 제310조 제1항 제4호 및 제5호 사항(무인비행장치 조종자에 대한 비적용 사항)을 말한다

07 다음은 지구의 대기를 설명한 것이다. 가장 적합하지 아니한 것은 ?

① 대기는 산소(78%), 질소(21%), 이산화탄소(0.04%) 등으로 구성되어 있다
② 저고도에서 배터리로 운용되는 드론은 대기의 영향을 크게 받지 않는다
③ 대기(Atmosphere, 大氣)는 지구의 주위를 둘러싸고 있는 기체(공기)를 말한다
④ 고고도에서 엔진을 동력으로 하는 무인기는 산소의 양에 따라 장비의 효율성에 영향을 줄 수 있다

☞ 해설 : 대기는 질소(78%), 산소(21%), 이산화탄소(0.04%) 등으로 구성되어 있다

08 다음 초경량비행장치의 종류 중에 인공활력기로 분류되는 것은 ?

① 초경량헬리콥터
② 무인멀티콥터
③ 무인비행기
④ 패러글라이더

☞ 해설 : 행글라이더 및 패러글라이더는 인공활력기에 속한다

09 다음 중 위험기상의 하나인 착빙(着氷, icing)에 대한 설명으로 가장 올바르지 않은 것은 ?

① 빙결 이하의 온도에서 공중 또는 지상의 항공기에 부분적으로 얼음이 부착되어 피막을 형성하는 것을 말한다
② 착빙에 의해서 항공기는 안정을 잃고 정상적인 속도를 유지할 수 없는 경우가 생기며, 항공사고의 원인이 되기도 한다
③ 착빙이 드론 및 항공기에 미치는 악영향으로 항력감소, 양력증가, 중량감소 등이 있다.
④ 착빙은 기온이 0℃ 전후에서 -10℃ 정도일 때 가장 잘 발생한다.

☞ 해설 : 착빙이 드론 및 항공기에 미치는 악영향으로 항력증가, 양력감소, 중량증가, 장기 기능저하, 전방 시계 방해 등이 있다.

10 다음 기술 중 제어 데이터와 정보 데이터를 송수신하기 위한 무선통신 기술로 비행 및 임무 제어 데이터, 임무 정보 데이터 등을 송수신하기 위한 양방향 통신 기술은 ?

① 자율비행 및 충돌회피 기술
② 탑재장비 기술
③ 데이터 링크 기술
④ 군집비행 기술

11 다음 중 드론 비행 시 위험기상 현상의 하나인 안개에 대한 설명이다. 가장 올바르지 않은 것은 ?

① 안개(fog)는 대기 중의 수증기가 응결하여 지표 가까이에 작은 물방울이 떠 있는 현상을 말하며 액체로 분류된다
② 안개는 사람의 가시거리를 감소시켜 시야 확보를 어렵게 한다
③ 안개의 발생 조건으로 공기 중에 수증기가 다량 함유되고, 바람이 약하고 상공에 기온역전 현상이 있으며 공기가 노점(이슬점 5℃) 이상이 되어야 한다
④ 안개의 종류로는 복사안개, 증기안개, 이류안개, 활승안개, 전선안개, 얼음안개 등이 있다.

☞ 해설 : 안개의 발생 조건으로 공기 중에 수증기가 다량 함유되고, 바람이 약하고 상공에 기온역전 현상이 있으며 공기가 노점(이슬점 5℃) 이하로 냉각되어야 한다

12 다음 중 초경량비행장치의 비행승인 관할 기관인 부산지방항공청에 비행승인 신청을 하는 지역이 아닌 곳은 ?

① 부산
② 광주
③ 전라남도

④ 제주도

☞ 해설 : 제주도는 제주지방항공청에서 비행승인 신청을 하여야 한다

13 다음 중 토크(Torque)에 대한 설명으로 가장 올바르지 않은 것은 ?

① 회전익 항공기의 로터가 회전할 때 기체는 로터의 회전방향으로 회전하려 한다
② 토크는 회전하는 힘에 대한 반작용을 의미 한다
③ 일반적인 헬리콥터는 테일 로터를 이용하여 토크를 상쇄시킨다
④ 멀티콥터는 각각의 로터를 반대로 회전시켜 토크를 상쇄시킨다

☞ 해설 : 회전익 항공기의 로터가 회전할 때 기체는 로터의 반대방향으로 회전하려 한다

14 다음 중 초경량비행장치(드론) 인증의 종류가 아닌 것은?

① 수시인증
② 분기인증
③ 초도인증
④ 정기인증

☞ 해설 : 안전성 인증의 종류에는 초도인증, 정기인증, 수시인증, 재인증이 있다

15 다음 중 드론 운항 시 시정(visibility)에 장애가 되는 위험기상으로 가장 거리가 먼 것은 ?

① 화산재
② 황사
③ 미세먼지
④ 기압

16 다음 중 추진 시스템인 프로펠러에 대한 설명으로 올바른 것은 ?

① 프로펠러의 규격은 직경과 피치로 표기한다
② 직경은 프로펠러가 만드는 회전면의 지름이다
③ 피치는 프로펠러가 한 바퀴 회전하였을 때 앞으로 나아가는 거리이다
④ 동일한 회전수에서 직경과 피치가 증가할 경우 추력은 감소한다

☞ 해설 : 동일한 회전수에서 직경과 피치가 증가할 경우 추력은 증가한다

17 다음 중 항공사업법상 초경량비행장치 사용사업을 등록할 경우 사업계획서에 포함하는 사항으로 가장 틀린 것은 ?

① 사업목적 및 범위
② 상호·대표자의 성명과 사업소의 명칭 및 소재지
③ 출자금
④ 사업 개시 예정일

☞ 해설 : 출자금이 아니라 자본금이다. 이 밖에 초경량비행장치의 안전성 점검 계획 및 사고 대응 매뉴얼 등을 포함한 안전관리대책, 사용시설·설비 및 장비 개요, 종사자 인력의 개요를 포함하여야 한다

18 드론법상 위탁받은 업무를 수행하는 과정에서 알게 된 비밀을 누설한 자에 대한 벌칙은 ?

① 5년 이하의 징역 또는 5천만원 이하의 벌금
② 3년 이하의 징역 또는 3천만원 이하의 벌금
③ 2년 이하의 징역 또는 2천만원 이하의 벌금
④ 1년 이하의 징역 또는 1천만원 이하의 벌금

19 드론법상 위반 시 2년 이하의 징역 또는 2천만원 이하의 벌금에 해당되지 않은 것은 ?

① 거짓 또는 그 밖의 부정한 방법으로 드론첨단기술을 지정받은 자
② 거짓 또는 그 밖의 부정한 방법으로 우수 사업자로 지정받은 자

③ 거짓 또는 그 밖의 부정한 방법으로 전문인력 양성기관으로 지정받은 자
④ 위탁받은 업무를 수행하는 과정에서 알게 된 비밀을 누설하는 자

☞ 해설 : 위탁받은 업무를 수행하는 과정에서 알게 된 비밀을 누설하는 자는 3년 이하의 징역 또는 3천만원 이하의 벌금에 처한다

20 다음 중 러시아의 위성항법시스템(GNSS)으로 맞는 것은 ?

① GLONASS
② GALILEO
③ BEIDOU
④ GPS

☞ 해설 : GALILEO는 유럽, BEIDOU는 중국, GPS는 중국의 위성항법시스템이다

21 다음 중 초경량비행장치 조종자의 준수사항으로 가장 올바르지 않은 사항은 ?

① 250g 이상의 드론을 조종할 경우에는 반드시 초경량비행장치 조종자 자격증이 있어야 한다
② 비행장 주변 관제권(9.3km)에서 비행하거나 비행금지구역(청와대, 원자력지역, 휴전선)에서 비행할 시 지상고도 150m 이상 비행시에는 반드시 관할기관의 사전승인을 받아야 한다
③ 육안으로 주변을 감시할 수 있는 보조요원과 부주의한 접근을 통제할 수 있는 지상 안전요원을 반드시 배치하여야 한다
④ 비행 중 비상사태에 대비하여 비상절차를 숙지하고 있어야 하며, 사람이 많은 도시 중심이나 공원 등 인구밀집지역에서 조심하여 비행을 해도 된다

22 다음 중 드론법상 전문인력 양성기관으로 지정받은 자에 대하여 위반 시 반드시 그 지정을 취소하여야 하는 경우는 ?

① 대통령령으로 정하는 지정 요건에 계속하여 3개월 이상 미달한 경우
② 교육을 이수하지 아니한 사람을 이수한 것으로 처리한 경우
③ 대통령령으로 정하는 지정 요건에 계속하여 2개월 이상 미달한 경우
④ 거짓이나 그 밖의 부정한 방법으로 지정을 받은 경우

☞ 해설 : 드론법 제18조에 의거 ①②③의 경우 그 지정을 취소할 수 있지만, ④의 경우 반드시 그 지정을 취소하여야 한다

23 다음 중 최근 진행되고 있는 드론의 추진동력 기술 발전과 거리가 먼 것은 ?

① 친환경
② 고성능
③ 고탐지
④ 고효율

24 다음 중 항공안전법상 드론 전문교육기관 지정 신청서류에 포함되지 않는 사항은 ?

① 실기평가과정 이수 증명서
② 전문교관의 현황
③ 교육시설 및 장비의 현황
④ 교육훈련계획 및 교육훈련규정

☞ 해설 : 실기평가과정 이수증명서는 전문교관의 등록 서류이다

25 다음 중 항공안전법상 위반 시 과태료 300만원 이하에 해당되는 사항이 아닌 것은 ?

① 다른 사람에게 자기의 성명을 사용하여 초경량비행장치 조종을 수행하게 하거나 초경량비행장치 조종자 증명을 빌려준 사람
② 승인을 받지 아니하고 초경량비행장치를 사용하여 비행한 사람
③ 초경량비행장치의 말소신고를 하지 아니한 초

경량비행장치 소유자 등
④ 조종자 준수사항을 따르지 아니하고 초경량 비행장치를 사용하여 비행한 사람

☞ 해설 : ③은 과태료 30만 원 이하이다

【정답】

01	④	02	①	03	③	04	②	05	②
06	②	07	①	08	④	09	③	10	③
11	③	12	④	13	①	14	②	15	④
16	④	17	③	18	②	19	④	20	①
21	④	22	④	23	③	24	①	25	③

무인멀티콥터(드론) 필기시험 실전 모의고사 8회

01 다음 중 우리나라의 보안업무규정상 항공 사진 촬영금지 시설이 아닌 것은?

① 국가보안시설 및 군사보안시설
② 비행장, 군항, 유도탄 기지, 댐 등 군사시설
③ 국립공원
④ 기타 군수산업시설 등 국가안보상 중요한 시설 및 지역

02 항공사진 촬영신청자는 촬영 며칠 전 (공휴일 제외)까지 인터넷 드론 원스톱(One Stop) 민원처리 시스템(https://drone.onestop.go.kr)을 통해 촬영 허가 신청을 해야 하는가?

① 촬영 3일전
② 촬영 4일전
③ 촬영 5일전
④ 촬영 6일전

03 다음 중 드론 비행 전 반드시 승인을 받아야 하는 경우가 아닌 것은?

① 지상고도 100m 이하에서 비행
② 비행장 주변 관제권에서 비행
③ 비행금지구역에서 비행
④ 지상고도 150m 이상에서 비행

04 다음 중 대기압(Atmospheric Pressure)에 대한 설명으로 맞지 않은 것은?

① 기압은 ㎠ 면적에 1,000km 높이로 쌓인 공기의 무게가 짓누르는 압력을 1기압, 즉 단위면적당(per unit area) 공기의 무게로 대기압이라고도 부른다.
② 기압은 760mm의 수은(Hg) 기둥의 높이에서 10m 정도의 물기둥의 무게와 동일하다.
③ 표준 대기압은 기압의 표준값이며 온도 0℃, 중력의 가속도가 980.665cm/s²인 곳에서 수은주가 높이 760mm를 나타내는 압력이다. 즉,1atm = 760Hg = 1.03322kg/㎠ = 1.01325bar이다.
④ 고기압(High Pressure)은 기압이 주변보다 상대적으로 낮은 영역을 말하며 저기압(Low Pressure)은 주변보다 상대적으로 높은 영역을 의미한다

☞ 해설 : 고기압(High Pressure)은 기압이 주변보다 **높은** 영역을 말하며 저기압(Low Pressure)은 주변보다 상대적으로 **낮은** 영역을 의미한다

05 다음 중 용도에 따른 드론의 분류에 포함되지 않은 것은?

① 항공사진촬영 드론
② 농임업용 드론
③ 재난구조용 드론
④ 고정익 드론

☞ 해설 : 형태에 따른 드론의 분류로 고정익, 회전익, 다중로터형 회전익 드론이 있다

06 다음 중 밝은 곳에서 어두운 공간으로 들어갔을 때 처음에는 보이지 않다가 시간이 지남에 따라 주위의 사물이 천천히 보이는 현상을 말하는 것은?

① 암순응
② 광수용기
③ 맹점
④ 푸르키네 현상

07 다음 중 비행 전 점검사항(Check List)에 포함되지 아니한 것은?

① 조종 면허증
② 프롭 및 모터
③ 조종기
④ 랜딩기어

08 다음 중 멀티콥터의 위치를 확인하거나 제어하는 장치는?

① 가속도 센서
② 자이로 센서
③ 지자계 센서
④ GPS

09 다음 중 자이로스코프의 원리를 이용하여 자동으로 수직 및 수평을 잡아줌으로써 안정적이고 선명한 항공촬영 영상을 얻게 해 주는 장치는?

① BAROMETER
② MEMS
③ GIMBAL
④ IMU

☞ 해설 : 짐벌(Gimbal)은 카메라로 사진이나 동영상을 촬영할 때 카메라의 진동과 흔들림을 최소화하기 위해 사용되는 장치이다. 짐벌은 영상촬영 분야에서 많이 사용되며 디자인, 중량, 기능에 따라 가격 차이가 크다. 멀티콥터(드론)에서는 보통 3축 짐벌을 많이 사용하고 있다.

10 다음 중 항공관련 시설, 업무, 절차 또는 장애 요소, 항공기 운항관련자가 필수적으로 알아야 할 지식 등의 신설, 상태 또는 변경과 관련된 정보를 통신수단을 통해 배포되는 공고문은?

① AIP
② NOTAM
③ FIR
④ ATR

☞ 해설 : 항공정보간행물(AIP : Aeronautical Information Publication)은 국제 민간 항공 협약에 의거하여, 각 가맹국의 주관청이 각국 공역에서의 비행장 및 지상 원조 시설, 항공 통신, 항공 기상, 항공 교통 규칙, 수색 구조 및 항공로 따위의 안전하고 능률적인 운항에 필요한 각종 정보를 수록한 간행물이다.

11 다음은 위험기상의 하나인 태풍에 대한 설명이다. 가장 올바르지 않은 것은?

① 태풍(typhoon, 颱風)은 북서 태평양에서 발생하는 강력한 열대성 저기압의 통칭이다
② 태풍은 주로 6월에서 7월 중에 자주 발생하여 우리나라 등 동남아시아 국가를 강타한다
③ 태풍은 발생하여 약 1주일에서 1개월 동안 활동하다 사라진다
④ 태풍주의보나 경보가 발령되었을 경우 드론 비행을 금지하여야 한다

☞ 해설 : 태풍은 주로 8월에서 9월 중에 자주 발생하여 우리나라 등 동남아시아 국가를 강타 한다.

12 다음 중 비관제 공역으로 분류되는 것은?

① 비행금지구역
② 훈련구역
③ 관제권
④ 정보구역

☞ 해설 : 조언구역과 정보구역은 비관제 공역이다

13 항공기의 항행에 적합하도록 항행안전무선시설(VOR 등)을 이용하여 설정하는 공간의 통로(Corridor)를 항공로라고 한다. 다음 중 우리나라의 항공로는 총 몇 개인가?

① 총 22개(국제 11개, 국내 11개)
② 총 32개(국제 11개, 국내 21개)

③ 총 42개(국제 11개, 국내 31개)
④ 총 52개(국제 11개, 국내 41개)

14 다음 중 멀티콥터(드론)의 비행원리로 틀리게 설명하고 있는 것은?

① 쿼드콥터 비행체는 로터가 6개이기 때문에 각 로터의 회전수를 조절하여 기체의 자세를 조절할 수 있다
② 로터를 회전시켜 발생하는 양력(lift, 揚力)으로 비행한다
③ 전후좌우 움직이는 것도 헬리콥터와 같이 이동하려는 방향으로 로터를 기울이면 양력의 일부가 추력으로 작용하여 움직이게 된다
④ 기체를 전진시켜야 할 경우, 전방의 2개 로터의 회전수를 후방의 2개 로터보다 적게 하면 기체의 앞면은 내려가고 뒷면은 올라가게 되는데, 로터 부양력의 일부가 진행 방향으로 추력으로 작용하여 비행체가 전진하게 된다

☞ 해설 : 쿼드콥터 비행체는 로터가 4개이다

15 날개의 시위선(익현선)과 공기흐름의 속도 방향이 만드는 사이 각으로 비행체를 부양시킬 수 있는 항공역학적 각이며 양력을 발생시키는 가장 큰 영향을 주는 각은?

① 취부각(붙임각)
② 상반각
③ 영각(받음각)
④ 후퇴각

☞ 해설 : 영각은 날개의 시위선(익현선)과 공기흐름의 속도 방향이 만드는 사이 각으로 비행체를 부양시킬 수 있는 항공역학적 각이며 양력을 발생시키는 가장 큰 요인이 된다. 수평 직진 비행 상태에서 상승비행으로 전환시킬 때 영각을 증가시켜 양력을 증가시킨다. 영각이 커지면 양력이 커지고 그만큼 항력은 감소한다.

16 다음은 드론의 안전문화에 대한 설명이다. 안전문화와 가장 거리가 먼 것은?

① 오늘날 무인비행장치(드론) 산업이 발전하면서 테러, 추락, 충돌, 사생활 침해 등으로 인한 비행안전 문제가 지속적으로 제기되고 있다
② 전 세계는 ICAO의 무인비행 기준을 준용하여 개별 국가의 현실과 제도를 반영하여 드론에 대한 안전인식과 문화를 정착해 나가고 있다
③ 무인비행장치에 의한 사고는 크게 대인사고, 대물사고, 보안사고, 불법비행사고, 사생활 침해 등 기타 사고로 나눌 수 있다
④ 유인기 사고율이 무인기에 비해 매우 높다

☞ 해설 : 미국 국방성의 사고통계 자료에 의하면, 무인기(드론) 사고율은 유인기에 비해 약 10~100배 이상 높은 수치를 보였다

17 다음 중 실기시험(1종-2종) 평가항목에 포함되지 않는 것은?

① 이륙 및 공중 조작
② 조종경력
③ 착륙조작
④ 구술시험

18 다음 중 리튬폴리머 배터리 취급 및 보관 시 주의사항으로 올바르지 않은 것은?

① 10일 이상 사용하지 않을 시 배터리의 40-60% 방전시킨 후, 보관한다
② 배터리는 온도와 충격에 주의해야 한다
③ 매 비행시 마다 배터리는 60-80% 충전해야 한다
④ 저 전력 경고가 점등될 경우 즉시 복귀 및 착륙시켜야 한다

☞ 해설 : 매 비행시 마다 배터리 완충시켜야 한다

19 다음 중 통신두절, 낮은 배터리, 모터나 시스템 이상 등 비상 시 안전을 확보하는 기능 또는 장치를 무엇이라 칭하는가?

① RTH
② 페일세이프
③ 캘리브레이션
④ 배터리 교체

20 다음 중 실기평가 조종자 자격 시험에 응시할 수 있는 연령은?

① 만 18세 이상
② 만 16세 이상
③ 만 14세 이상
④ 만 10세 이상

21 항공사업법상 항공보험 등에 가입한 날로 부터 몇일 이내에 보험가입 신고를 하여야 하는가?

① 7일 이내
② 14일 이내
③ 30일 이내
④ 60일 이내

22 다음 공역 중 비행금지구역이 아닌 곳은?

① P-518
② P 73A
③ P 65
④ P 60

☞ 해설: P61-65는 원전지역으로 비행금지 구역이다

23 다음 중 안티 드론(Anti-Drone) 시스템에 대한 설명으로 가장 올바르지 않은 것은?

① 무인비행체의 접근을 탐지하는 무인비행체 탐지 기술과 드론의 비행을 무력화시키는 기술이 융합된 시스템을 말한다
② 안티드론의 기술로는 음향탐지 센서, 방향 탐지 센서, 영상 센서, 레이더 센서 등의 다양한 센서를 활용하고 있다
③ 음향탐지 센서는 드론이 동작할 때 프로펠러의 회전으로 인해 발생하는 소음을 탐지하는 센서로 가격은 비싸나 소음이 많은 환경에서는 탐지하기 쉽다는 장점이 있다
④ 레이더 센서는 스스로 에너지를 방사하는 센서로 특정 대역의 신호를 송출하고 표적으로부터 반사되어 돌아오는 신호를 수신하여 표적을 탐지한다

☞ 해설: 음향탐지 센서는 드론이 동작할 때 프로펠러의 회전으로 인해 발생하는 소음을 탐지하는 센서로 가격은 저렴하나 소음이 많은 환경에서는 탐지하기 어렵다는 단점이 있다

24 항공안전법상 신고번호를 해당 초경량비행 장치에 표시하지 아니하거나 거짓으로 표시한 초경량비행장치 소유자 등에 대한 과태료는?

① 30만원 이하
② 100만원 이하
③ 200만원 이하
④ 300만원 이하

☞ 해설: 항공안전법 제166조 제4항에 의거하여 100만 원 이하의 과태료이다

25 항공안전법상 위반 시 초경량비행장치 조종자 증명을 반드시 취소해야 되는 사항에 해당되지 않은 것은?

① 거짓이나 그 밖의 부정한 방법으로 초경량비행장치 조종자 증명을 받은 경우
② 초경량비행장치 조종자의 준수사항을 위반한 경우
③ 초경량비행장치 조종자 증명의 효력정지 기간에 초경량비행장치를 사용하여 비행한 경우

④ 다른 사람에게 자기의 성명을 사용하여 초경량비행장치 조종을 수행하게 하거나 초경량비행장치 조종자 증명을 빌려주는 행위

☞ 해설 : ② 초경량비행장치 조종자의 준수 사항을 위반한 경우는 초경량비행장치 조종자 증명을 취소하거나 1년 이내의 기간을 정하여 그 효력의 정지를 명할 수 있다(항공안전법 제125조 제5항)

【정답】

01	③	02	②	03	①	04	④	05	④
06	①	07	①	08	④	09	③	10	②
11	②	12	④	13	④	14	①	15	③
16	④	17	②	18	③	19	②	20	①
21	①	22	④	23	③	24	②	25	②

제3장 드론 실기 및 구술시험(1종 기준)

1. 실기시험

*드론 실기 비행 시 평가받는 가장 중요한 4가지 요소는
위치, 고도, 방향, 흐름이다.*

① **위치**는 기체가 있어야 할 위치에서 얼마나 이탈되어 있는지를 평가한다.
② **고도**는 정해진 고도에서 기체(드론)가 얼마나 이탈되어 있는지를 평가한다.
③ **방향**은 기체가 향해야 할 방향에서 실제 기체가 어느 정도 틀어져 있는지를 평가한다.
④ **흐름**은 상승·하강, 전진·후진, 좌우 이동, 좌우 선회, 정지·기동 등에서 기체의 흐름을 평가한다.

【실기시험 평가 시 구호】

1) 비행장 위치로

- 비행 전 기체점검 : 1-6번 프롭 이상무, 고정볼트 이상무, 모터 및 변속기 이상무, 암대 및 고정 이상무, FC 박스 이상무, GPS 이상무, 바디 이상무, 랜딩기어 이상무, 배터리 장착 이상무
- 조종기 점검 : 안테나 이상무, 토글스위치 이상무, 스틱 이상무, 전원확인(ON), 배터리 연결, GPS 수신 이상무, LED 이상무
- 체크리스트 작성

2) 조종석 위치로

- 공역확인 : 전방, 좌측, 우측, 풍향풍속, 시정 이상무

o 시동 걸어도 좋습니까? (시험관 : 네, 좋습니다, 시동거세요)
o 시동, 6개 프롭회전 이상무, 이륙, 정지(1.2.3.4.5)

3) 이륙 후 기체점검 실시

o 전후좌우 이상무, 정지(1.2.3.4.5)

4) 호버링 위치로

o 호버링 위치로, 정지(1.2.3.4.5), 우측면 호버링, 정지(1.2.3.4.5), 좌측면 호버링, 정지(1.2.3.4.5), 기수전방, 정지(1.2.3.4.5)

5) 전진 및 후진 비행 실시

o 전진, 정지(1.2.3.4.5), 후진, 정지(1.2.3.4.5)

6) 삼각비행 실시

o 좌로 이동, 정지(1.2.3.4.5), 우로 45도 상승(약 7.5m), 정지(1.2.3.4.5), 좌로 45도 하강, 정지(1.2.3.4.5), 호버링 위치로, 정지(1.2.3.4.5)

7) 원주비행 실시

o 원주비행 위치로(착륙장), 정지(1.2.3.4.5), 좌측면 호버링, 정지(1.2.3.4.5), 원주비행, 원주비행완료 후 정지(1.2.3.4.5), 기수전방, 정지(1.2.3.4.5)

8) 비상조작 실시

o 고도 2m 상승, 1m, 2m, 정지(1.2.3.4.5), 비상(1.5배 이상 속도로 비상착륙장에 착륙), 6개 프롭 정지 확인

9) 정상접근 실시

o 에띠모드 전환, 에띠모드 확인, 시동, 6개 프롭회전 이상무, 이륙, 정지 (1.2.3.4.5), 착륙장 위치로, 정지(1.2.3.4.5), 착륙, 6개 프롭정지 확인

10) 측풍접근 실시

o GPS 전환, GPS 모드 확인, 시동, 6개 프롭회전 이상무, 이륙, 정지(1.2.3.4.5), 측풍접근 위치로, 정지(1.2.3.4.5), 좌(우)측면 호버링, 정지(1.2.3.4.5), 착륙장 위치로, 정지(1.2.3.4.5), 착륙, 6개 프롭 정지 확인

11) 비행후 기체 점검

o 기체 기수 전방 정리, 배터리 분리, 조종기 전원 OFF, 1-6번 프롭 이상무, 고정볼트 이상무, 모터 및 변속기 이상무, 암대 및 고정 이상무, 바디 이상무, 랜딩기어 이상무
o 비행 후 기체점검 이상무
o 체크리스트 작성

12) 조종석 위치로 (이후 평가위원이 구술시험을 실시함)

* 고도변화 : 기준고도에서 상하 0.5m까지 인정
* 위치변화 : 무인멀티콥터 중심축 기준 좌우 1m까지 인정

그림 8-1 실기시험 순서 및 시험장 규격

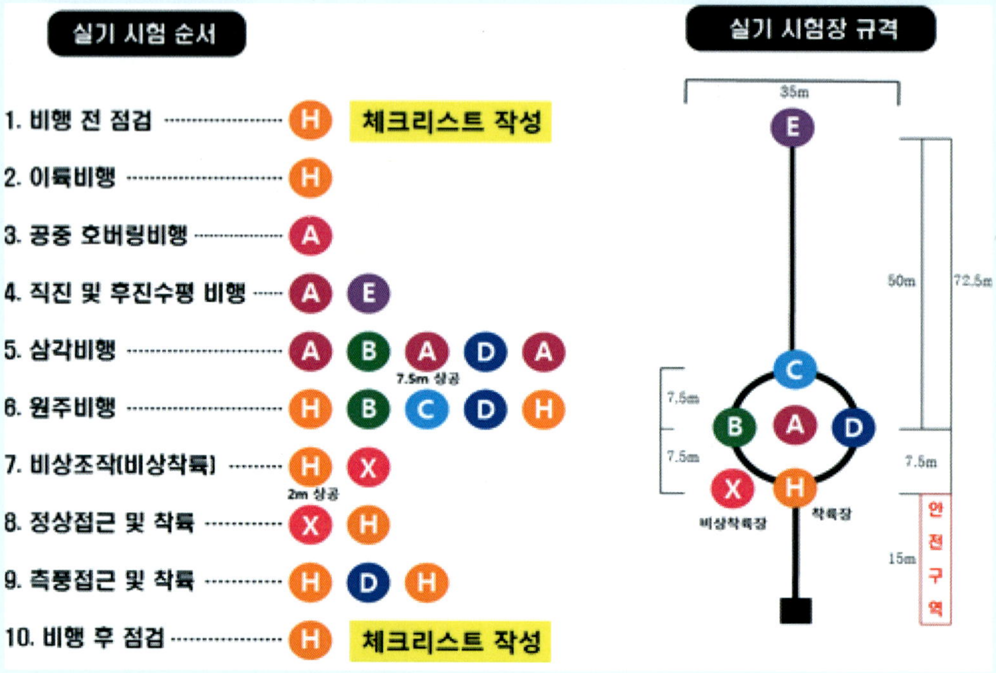

실기 시험 순서

1. 비행 전 점검 ········ H 체크리스트 작성
2. 이륙비행 ············ H
3. 공중 호버링비행 ···· A
4. 직진 및 후진수평 비행 ··· A E
5. 삼각비행 ············ A B A D A (7.5m 상공)
6. 원주비행 ············ H B C D H
7. 비상조작(비상착륙) ·· H X (2m 상공)
8. 정상접근 및 착륙 ···· X H
9. 측풍접근 및 착륙 ···· H D H
10. 비행 후 점검 ········ H 체크리스트 작성

실기 시험장 규격

35m / 50m / 72.5m / 7.5m / 7.5m / 7.5m / 15m

E / C / B A D / X H (비상착륙장 / 착륙장) / 안전구역

* 실기교육 훈련시설(평평한 토지): 길이 80m 이상 × 폭 35m 이상

2. 구술시험 질문 및 답변

구술시험에서는 평가위원이 3-7개의 질문을 하면, 큰소리로 답변한다.

1) 일반사항과 관련된 질문

o 1 NM(노티컬마일: 해상마일)은 몇 km인가요?
  - 1.852km입니다.

o 초경량비행장치란 무엇인가요?
  - 항공기와 경량항공기 외에 비행할 수 있는 장치로 국토교통부령으로 정하는 동력비행장치, 인력활공기, 기구류 및 무인비행장치 등을 말합니다(항공법 제2조).

2) 기체 제원 및 성능과 관련된 질문

o 지금 사용하는 기체의 모델명과 최대이륙 중량에 대해 말해 보세요.
  - 이 기체의 모델명은 (예 ; ANT-H5-T) 헥사콥터입니다.
  - 최대이륙중량은 30kg입니다.
  - 전장, 전폭, 전고는 1250×1250×650mm이며
  - 프로펠러 사이즈는 프로펠러23 피치8.8, 기체중량은 13kg, 적재중량 10kg입니다.

o 멀티콥터의 로터(모터/프로펠러) 개수에 따른 명칭을 설명해 보세요.
  - 로터 개수가 4개인 쿼드콥터, 6개는 헥사콥터, 8개는 옥타콥터, 10개는 데카콥터, 12개는 도데카콥터입니다.

o 프로펠러 한 개가 정지 시 기체별 상태변화를 설명하세요.
  - 쿼드콥터는 기체가 뒤집어 집니다.
  - 헥사콥터는 토크 상쇄 균형이 깨지며 기체회전 및 고도 하강이 발생합니다.
  - 옥토콥터는 토크 상쇄 균형이 깨지나 FC의 제어를 통해 기체가 어느정도 비행이

가능합니다.

o 프로펠러의 단위에 대해 설명하세요.
  - 프로펠러의 단위는 인치(inch)입니다.

o 모터의 규격에 대하여 설명하세요.
  - 모터의 규격은 mm입니다.
  - 8120 모터는 81mm의 직경과 20mm의 높이로 구성되어 있습니다.

o BLDC 모터는 무엇입니까?
  - 전기가 흐르는 코일을 고정시키고 자석이 붙어있는 회전자를 회전시키는 방식으로 BLDC 모터는 반드시 회전수를 조절하는 ESC라고 하는 컨트롤러가 필요합니다.

o ESC(Electronic Speed Controls)는 무엇입니까?
  - 전자변속기로 FC에서 신호를 받아 모터의 회전수를 조절하는 장치입니다.

o FC(Flight Controller)는 무엇입니까?
  - 드론의 제어장치로 비행을 위한 핵심요소로 두뇌에 해당합니다.

o 프로펠러 피치가 의미하는 것은 무엇인가요?
  - 피치란 프로펠러가 한 바퀴 회전했을 때 전진하는 거리입니다.

o 프로펠러의 2388의 의미는 무엇인가요?
  - 앞의 두 자리는 프로펠러 직경(인치), 뒤의 두 자리는 피치(인치)입니다.

o 조종기의 주파수는 어떻게 되나요?
  - 일반적으로 2.4Ghz를 사용합니다.

o IMU(Inertial Measurement Unit)와 FC 개념에 대해 설명해 보세요.
  - IMU는 관성측정장치로 자이로센서, 가속도센서, 기압계센서가 내장되어 있습니다.
  - FC는 플라잉 컨트롤러, 즉 비행을 제어하는 장치입니다. 수신기, 메인컨트롤러,

IMU, GPS 등이 있습니다.

o 토크(Torque) 상쇄에 대해 설명하세요. (토크현상: 회전하는 힘에 의한 반작용을 의미)
 - 회전익 항공기의 로터가 회전할 때 기체는 로터의 반대방향으로 회전하려 하는데 이를 토크 현상이라 합니다.
 - 일반적인 헬리콥터는 테일 로터를 이용하여 토크를 상쇄시키며, 멀티콥터는 각각의 로터를 반대로 회전시켜 토크를 상쇄시킵니다.

o 사용 중인 배터리의 종류와 정격 전압에 대해 설명해 보세요.
 - 리튬폴리머 배터리이며 1셀당 정격전압은 3.7V이고 완충 시는 4.2V입니다.
 - 6셀의 정격전압은 22.2V이고 완충시는 25.2V입니다.

o 리튬폴리머 배터리 취급 및 보관 시 주의사항을 말해 보세요.
 - 배터리는 온도와 충격에 주의해야 합니다.
 - 보관은 상온에서 해야하며 고온다습한 곳은 피해야 합니다.
 - 10일 이상 사용하지 않을 시 배터리의 40-60% 방전시킨 후, 보관해야 합니다. 과충전, 과방전은 배터리는 성능을 저하시킵니다.
 - 비행체를 장기 보관할 경우 배터리를 분리해야 합니다.
 - 배터리 폐기 시에는 완전 방전 후 폐기해야 합니다.
 - 화기나 열기 가열 금지해야 합니다.
 - 매 비행 시마다 배터리를 완충시켜야 합니다.
 - 저 전력 경고가 점등될 경우 즉시 복귀 및 착륙시켜야 합니다.

o 리튬폴리머 배터리 폐기방법을 설명해 보세요.
 - 소금물에 3일 정도 담가 두고 완전히 방전 후 분리수거 폐기합니다.

o 기체의 방향을 가리키는 장치의 명칭은 무엇인가요?
 - GPS 안테나 내부에 있는 지자기센서가 나침반 역할을 하여 동서남북 방향을 알려주는 센서입니다.

o 기체의 자체중량과 최대 이륙중량에 대해 설명해 보세요.

- 무인멀티콥터의 자체중량은 기체무게+배터리무게입니다.
- 최대이륙중량은 기체무게+ 배터리 무게+ 유효탑재량을 말합니다.

o 지금 사용하는 기체의 자체 이륙중량과 최대이륙중량은 어떻게 되나요?
 - (예시) 이 기체의 자체 이륙중량은 14kg 이고 최대이륙중량은 24kg입니다.

o 로터(Rotor)와 피치(Pitch) 각에 대하여 설명해 보세요.
 - 피치는 로터를 1회전 시켰을 때 전진하는 거리를 의미합니다.
 - 피치 각은 로터의 중심으로부터 75% 되는 지점 위치의 각을 말합니다.
 - 로터규격이 2170일 경우 길이가 21인치이고 로터1회전 시 7인치 전진한다는 뜻입니다.

o 모터의 KV의 의미를 설명해 보세요.
 - KV는 전압 1V당 분당 회전수(rpm)를 말합니다. 모터100KV는 1분간 모터가 100회 회전합니다

o GPS모드와 자세모드(ATTI)의 차이점을 설명해 보세요.
 - GPS모드는 자세 및 위치를 인식하여 경로 비행까지 실시할 수 있는 모드입니다.
 - 자세모드(ATTI)는 자이로센서에 의해 자동으로 비행자세를 유지시켜 수평을 잡아주는 모드입니다.

o 기체에 장착된 각종 센서의 명칭과 기능을 설명해 보세요.
 - 자이로센서 : 비행체의 자세(즉 수평) 유지합니다
 - 가속도센서 : 비행체의 자세변화 속도 감지합니다
 - 지자기센서 : 자기장의 세기를 측정하여 방향을 감지하며 나침반 역할을 합니다. 즉 기수방향을 제어합니다.
 - 기압계센서 : 대기의 압력을 측정하여 고도를 유지합니다.
 - GPS : 비행체의 위치를 유지(인공위성의 경도/위도/좌표/고도를 측정) 합니다.

o 비행장치 안전성 인증검사와 인증기관은 어디인가요?
 - 안정성 인증검사는 비행안전을 위한 기술상의 기준에 적합한 지 여부를 검사하는

것입니다.
- 최대 이륙중량 25kg 초과 무인비행장치는 항공안전기술원에서 안정성 검사를 받고 비행을 해야 합니다.
- 안정성 인증을 받지 않고 비행한 사람은 500만 원 이하의 과태료를 부과합니다.

o 비행 승인은 어떻게 받아야 합니까?
- 비행일로부터 최소 평일 기준 4일 전에 드론 원스톱 민원처리시스템에서 신청하면 됩니다.
- 비행승인신청 허가기관은 관할 지방항공청이고 촬영승인허가자는 국방부장관입니다.

3) 조종자와 관련된 질문

o 취득하는 자격증 이름은 무엇인가요?
- 초경량비행장치 무인멀티콥터 1종 조종자 자격증입니다.

o 드론 1종 자격증 취득 후 운용 가능한 기체 범위는 어떻게 되나요?
- 최대이륙중량 25kg 초과 150kg 이하 기체를 조종할 수 있습니다.

o 비행장치 무게기준 자격증 종류를 설명하세요.
- 최대이륙중량 기준으로 설명하겠습니다.
- 4종은 250g 초과 2kg 이하
- 3종은 2kg 초과 7kg 이하
- 2종은 7kg 초과 25kg 이하
- 1종은 25kg 초과 150kg 이하입니다

o 초경량비행장치 무인멀티콥터 1종 조종자 증명취득을 위한 응시자격 요건은 무엇인가요?
- 만 14세 이상(4종은 10세, 지도조종자, 평가조종자는 18세 이상)입니다.
- 필기합격 또는 전문교육원 교육이수자입니다.
- 비행로그 20시간 이상 비행해야 합니다.

- 2종 보통 자동차 운전면허증 또는 신체 검사 합격증을 갖추어야 합니다.

o 조종자 준수사항을 5가지 이상 말해 주세요.
  - 비행금지 및 제한구역 비행금지
  - 관제공역(관제탑 기준 9.3km 이내) 비행 금지
  - 음주비행금지/약물 복용후 비행 금지(혈중알콜농도 0.02% 이상이면 처벌: 3년 3천만원)
  - 야간 비행금지(일몰후-일출전)
  - 비행중 낙하물 투하 금지
  - 인구밀집 상공에서 위험 비행금지
  - 허용고도 150m 이상 비행금지
  - 가시거리 범위 외 비행금지
  - 유인항공기 접근시 회피
  - 장치에 소유자 정보 기재

o 음주비행의 기준은 어떻게 되나요?
  - 혈중알콜농도 0.02% 이상입니다.

o 비행 중 유인 헬리콥터가 접근해올 때 무인 멀티콥터 준수사항에 대해 설명해 보세요.
  - 초경량비행장치 무인멀티콥터는 비행기나 유인 헬리콥터 접근시 신속하게 그 지역을 회피해야 됩니다.

o 초경량 비행장치의 비행경로 양보순위가 어떻게 되나요?
  - 초경량 비행장치는 다른 모든 항공기나 헬리콥터에 대하여 진로 등 모든 것을 양보해야 합니다.

o 충돌예방 우선 순위를 설명하세요.
  - 유인기체가 최우선 순위이며 회피 시는 우측으로 이동하여야 합니다.

4) 공역 및 비행장과 관련된 질문

o 비행금지구역은 어디이며, 비행하려면 누구에게 승인받아야 하나요?
 - 용산 대통령 청사인 P73 A 지역은 반경 3.7km입니다. 수도방위사령부입니다.
 - P-518 휴전선 지역은 합동참모본부장에 승인을 받아야 합니다.
 - P 61-65 원자력지역 중 A 구역(3.7km)은 합참, B 구역(18.6km)은 지방항공청장에게 승인을 받아야 합니다.

o 원전 5개 지역을 설명하고 통제범위와 비행승인하는 곳을 설명해 보세요.
 - P-61 부산고리원전
 - P-62 경주월성원전
 - P-63 영광한빛원전
 - P-64 울진한울원전
 - P-65 대전원자력 연구소
 - 원전중심으로부터 3.7km는 A 구역으로 합동참모본부에서 비행승인을 하고, 원전으로부터 18.6km는 B 구역으로 지방항공청에서 비행승인을 합니다.

o 비행제한구역에 대해서 말해보세요.
 - 항공사격, 대공사격 등으로 인한 위험으로부터 항공기의 안전을 보호하거나 그 밖의 이유로 비행허가를 받지 않은 항공기의 비행을 제한하는 공역입니다.

o R-75 비행제한구역에 대하여 설명하고 비행제한구역에서 비행하려면 누구에게 승인을 받아야 됩니까?
 - R-75는 수도권 인근 인구밀집지역으로 비행허가를 받지 않고는 비행을 제한하는 공역입니다
 - 비행제한구역 비행승인권자는 서울 수도방위사령부입니다.

o P-73 비행금지 구역에 대해 설명해 보세요.
 - 서울지역 비행금지 구역으로 용산을 기준으로 A 구역은 중심반경 3.7km, B 구역은 4.2km입니다. A 구역은 침범 시 격추를 당하며, B 구역은 경고사격을 합니다.

o 비행금지구역, 제한구역에서 비행하려면 어떻게 하나요?
- 드론 원스톱 홈페이지에서 최소 4일 전 지방항공청 및 국방부에 비행승인 허가를 받아야 합니다.

o UA에 대해 설명하세요.
- 초경량비행장치 비행공역이며 지면기준 150m 이상은 비행이 제한됩니다.

o 서울지방항공청이 관할하는 지역은 어디인가요?
- 서울, 경기, 인천, 충청도, 대전, 강원도, 전라북도입니다.

o 부산지방항공청이 관할하는 지역은 어디인가요?
- 부산, 울산, 대구, 경상도, 광주, 전라남도입니다.

o 제주지방항공청이 관할하는 지역은 어디인가요?
- 제주도입니다.

o 관제권은 무엇인가요?
- 항공교통안전을 위해 국토부에서 지정, 공고한 지역으로 공항 또는 대형 비행장 관제탑으로부터 반경 9.3km입니다.

o 관제구는 무엇인가요?
- 지표면 또는 수면으로부터 200m 높이의 구역으로 비행제한 구역입니다.

5) 드론의 비행원리와 관련된 질문

o 토크현상과 전이성향(반토크)에 대해 설명해 보세요.
- 토크는 프로펠러가 회전할 때 반작용의 힘으로 기체는 프로펠러가 회전하는 반대방향으로 회전하려는 성질(뉴턴의 작용 반작용의 법칙) 입니다.
- 반토크는 토크작용을 상세시키는 것입니다.

o 멀티콥터 비행장치에 작용하는 4가지 힘에 대해 말해 보세요.
  - 양력(들어올리는 힘), 중력(지구중심으로 작용하는 힘), 추력(전방으로 나가는 힘), 항력(저항하는 힘) 입니다.

o 드론의 비행원리에 대하여 설명해 보세요.
  - 우회전 원리 : 반시계방향으로 1.3.5 모터의 rpm이 더 빨리 회전할 때 기체는 반대방향인 오른쪽 시계방향으로 회전합니다.
  - 좌회전 원리는 위와 반대로입니다.
  - 전진 원리는 뒤쪽 모터 동력 증가/ 앞쪽 모터 동력이 감소합니다.
  - 후진 원리는 전진의 반대원리로 앞쪽 모터 동력 등가/ 뒤쪽 동력이 감소합니다.

o 조종기 조작관련 용어를 설명하세요.
  - 스로틀은 기체의 상승과 하강을 조종합니다.
  - 러더는 기체의 좌우회전을 조종합니다.
  - 엘리베이터는 기체의 전후 이동을 조종합니다.
  - 에일러론은 기체의 좌우 이동입니다.

6) 일반지식 및 비상절차와 관련된 질문

o 비행 중 비상 조치 사항을 설명해 보세요.
  - 비상사태가 발생하면 먼저 주위에 비상상황을 전파하고 기체를 안전한 곳으로 신속히 착륙시킨 후 기체점검을 합니다

o 이륙 중 기체 고장 시 대처방법을 설명해 보세요.
  - 이륙을 포기하고 신속히 착륙시켜 기체를 점검해야 합니다.

o 운행 중 인명사고 대처법을 설명해 보세요.
  - 119 구조대에 연락, 인명구조 요청을 하고 지방항공청과 항공철도 사고조사위원회에 신속히 사고보고를 해야 합니다.

o 비행하면 안 되는 기상 조건은 무엇이 있나요?
- 일출 전, 일몰 후, 비, 눈, 안개, 천둥, 번개, 우박, 태풍 등 위험기상 발생 시 비행을 하지 않아야 합니다.

o 비행 전 확인해야 될 사항을 설명해 보세요.
- 기상상태, 음주여부, 비행지역내 장애물, 사람안전 유무, 비행가능시간, 비행금지구역 여부 등을 확인해야 합니다.

o 초경량비행장치 비행 시 반드시(필수) 지참(휴대)해야 하는 것은 무엇인가요?
- 조종자 자격증, 비행승인서, 안전성 인증서, 비행기록부, 기체신고증명서, 2종보통 이상 운전면허증 또는 신체검사 합격증을 휴대하여야 합니다.

o 영리목적으로 비행장치를 운용하기 위해서 어떤 절차가 필요한가요?
- 지방항공청장에게 보험가입된 기체를 신고하고 사용사업등록후 비행허가 및 항공촬영 허가를 드론원스톱서비스 웹사이트에서 허가를 받은 후 운용합니다.

o 시험장 내 원주비행의 원 지름이 어떻게 되나요?
- 반지름 7.5m이고 지름은 15m입니다.

o 조종자 시험 시 비행고도는 어떻게 되나요?
- 기준고도는 3-5m입니다.
- 비상조작은 기준고도에서 2m 상승합니다.
- 삼각비행은 기준고도에서 7.5m 상승합니다.

o 노탐(NOTAM: notice to airman)에 대하여 설명해 보세요.
- 항공고시보로 항공종사자들의 안전운항을 위한 정보를 제공합니다.
- 유효기간은 3개월 입니다.
- 비행에 대한 제한 혹은 금지사항을 알려주는 정보입니다.

o 페일세이프는 무엇인가요?
- 조종기와 드론 간에 신호가 차단(노콘)되거나 혼선되면 최초 이륙한 장소로 안전

하게 돌아오거나 착륙하는 기능입니다.

o RTH(return to home-드론의 대표적인 페일세이프 기능) : 페일 세이프 작동시 대처사항과 탑재 이유에 대해 설명하세요.
  - 노콘 상태 시 비상을 외치고 착륙예상 장소 주위에 사람과 장애물을 제거하고 주위를 정리합니다.
  - 통신두절, 낮은 배터리, 모터 시스템 이상 등 고장 발생 등에 대비하여 페일 세이프 기능이 탑재됩니다.

o 이륙 중 조종기와 기체 신호연결이 안 될 경우 대처방법에 관해서 설명하세요.
  - 캘리브레이션을 실시합니다.

o 초경량비행장치 무인멀티콥터 비행고도가 150미터인 이유는 무엇인가요?
  - 차상위 비행장치의 고도가 150미터 이상이라 150미터 미만으로 운행해야 합니다.

7) 안전성과 관련된 질문

o 안전성 인증검사 대상을 선정하는 기준은 무엇인가요?
  - 최대이륙중량 25kg을 초과할 경우 안전성 인증검사를 받아야 합니다.

o 안전성 인증검사의 종류에 대해서 말해 보세요.
  - 안전성 인증에는 초도검사, 정기검사, 수시검사, 재검사가 있습니다.

8) 처벌 및 과태료와 관련된 질문

o 음주운전(혈중알콜농도 0.02% 이상) 비행 시 처벌 사항은?
  - 3년 이하의 징역 또는 3천만 원 이하의 벌금에 처합니다.

o 사업자등록을 하지않고 영리목적으로 비행장치를 운영한 사람에 대한 처벌은?
  - 1년 이하의 징역 또는 1천만 원 이하의 벌금에 처합니다.

o 초경량 비행장치 미신고 또는 변경 신고를 하지 않고 비행한 경우 처벌은?
  - 6개월 이하의 징역 또는 5백만 원 이하의 벌금에 처합니다.

o 안전성 인증검사를 받지 않고 비행할 경우 처벌사항은?
  - 500만 원 이하의 과태료에 처합니다.

o 사업용 기체의 보험 가입을 하지 않을 경우 처벌은 어떻게 되나요?
  - 500만 원 이하의 과태료에 처합니다.

o 무면허 비행(조종자 증명없이 비행)에 대한 처벌은 어떻게 되나요?
  - 400만 원 이하의 과태료에 처합니다.

제3장 드론 실기 및 구술시험(1종 기준) 265

☞ **참조 : 드론원스톱 민원 포털 서비스**

그림 8-2 　드론원스톱 홈페이지

* 출처 : 드론원스톱 민원서비스(https://drone.onestop.go.kr)

무인멀티콥터 (드론) 관련법

1. 드론 활용의 촉진 및 기반조성에 관한 법률 (약칭: 드론법)

2. 항공안전법

3. 항공사업법

4. 항공시설법

1. 드론 활용의 촉진 및 기반조성에 관한 법률(약칭: 드론법)

[시행 2022. 6. 8.] [법률 제18556호, 2021. 12. 7. 일부개정]

국토교통부(첨단항공과), 044-201-4253

제1장 총칙

제1조(목적) 이 법은 드론 활용의 촉진 및 기반조성, 드론시스템의 운영·관리 등에 관한 사항을 규정하여 드론산업의 발전 기반을 조성하고 드론산업의 진흥을 통한 국민편의 증진과 국민경제의 발전에 이바지함을 목적으로 한다.

제2조(정의) ① 이 법에서 사용하는 용어의 뜻은 다음과 같다.
1. "드론"이란 조종자가 탑승하지 아니한 상태로 항행할 수 있는 비행체로서 국토교통부령으로 정하는 기준을 충족하는 다음 각 목의 어느 하나에 해당하는 기기를 말한다.
   가. 「항공안전법」 제2조제3호에 따른 무인비행장치
   나. 「항공안전법」 제2조제6호에 따른 무인항공기
   다. 그 밖에 원격·자동·자율 등 국토교통부령으로 정하는 방식에 따라 항행하는 비행체
2. "드론시스템"이란 드론의 비행이 유기적·체계적으로 이루어지기 위한 드론, 통신체계, 지상통제국(이·착륙장 및 조종인력을 포함한다), 항행관리 및 지원체계가 결합된 것을 말한다.
3. "드론산업"이란 드론시스템의 개발·관리·운영 또는 활용 등과 관련된 산업을 말한다.
4. "드론사용사업자"란 타인의 수요에 맞추어 드론을 사용하여 유상으로 운송, 농약살포, 사진촬영 등의 업무를 수행할 목적으로 「항공사업법」 제2조제23호에 따른 초경량비행장치사용사업 등 국토교통부령으로 정하는 사업을 영위하는 자를 말한다.
5. "드론교통관리"란 드론 비행에 필요한 각종 신고·승인 등 업무의 지원 및 비행에 필요한 정보제공, 비행경로 관리 등 드론의 이륙부터 착륙까지의 과정에서 필요한 관리 업무를 말한다.

② 제1항에 규정된 것 외의 용어에 관하여는 이 법에서 특별히 정하는 경우를 제외하고는 「항공안전법」 제2조 및 「항공사업법」 제2조에 따른 용어의 정의에 따른다.

제3조(드론산업의 지원) ① 국가 및 지방자치단체는 드론산업을 지속가능한 경제 성장 동력으로 육성하고 기업 간 상생문화를 구축하며 건전한 산업생태계를 조성하기 위하여 행정적·재정적·기술적 지원을 할 수 있다. 〈개정 2021. 12. 7.〉

② 국가 및 지방자치단체는 소방·방재·방역·보건·측량·감시·구호 등의 공공부문에서 드론이 활용될 수 있도록 노력하여야 한다. 〈신설 2021. 12. 7.〉

제4조(다른 법률과의 관계) 드론 활용의 촉진 및 기반조성에 관하여 이 법에서 정한 사항에 대하여는 다른 법률에 우선하여 이 법을 적용한다.

제2장 정책추진 체계

제5조(드론산업발전기본계획의 수립 등) ① 정부는 대통령령으로 정하는 절차에 따라 드론산업의 육성 및 발전에 관한 기본계획(이하 "기본계획"이라 한다)을 5년마다 수립·시행하여야 한다.

② 기본계획에는 다음 각 호의 사항이 포함되어야 한다.
1. 드론산업의 현황과 향후 전망
2. 드론산업 육성을 위한 정책의 기본방향
3. 드론산업의 부문별 육성 시책
4. 드론산업 육성을 위한 연구개발 지원
5. 드론산업 육성을 위한 제도 개선
6. 드론산업 관련 사용자 보호
7. 드론산업 관련 국제협력 및 해외시장 진출 지원
8. 드론산업 육성을 위한 투자소요 및 재원조달 방안
9. 그 밖에 드론산업 육성을 위하여 필요한 사항

③ 정부는 기본계획의 수립을 위하여 관계 중앙행정기관의 장, 특별시장·광역시장·특별자치시장·도지사 또는 특별자치도지사(이하 "시·도지사"라 한다) 및 공공기관(「공공기관의 운영에 관한 법률」 제4조에 따른 공공기관을 말한다. 이하 같다)의 장에게 관련 자료를 요청할 수 있다. 이 경우 자료 제공을 요청받은 각 기관의 장은 정당한 사유가 없으면 이에 따라야 한다.

④ 정부는 기본계획을 수립하거나 대통령령으로 정하는 중요한 사항을 변경하려면 관계 중앙행정기

관의 장 및 시·도지사와 협의하여야 한다.
⑤ 정부는 기본계획을 수립하거나 변경하였을 때에는 그 내용을 관보에 즉시 고시하고, 관계 중앙행정기관의 장 및 시·도지사에게 알려야 한다.
⑥ 정부는 기본계획에 따라 연도별 시행계획을 수립하여야 한다.

제6조(드론산업 실태조사) ① 정부는 드론산업 관련 정책의 효과적인 수립·시행을 위하여 매년 드론산업 전반에 걸친 실태조사를 실시할 수 있다.
② 정부는 제1항에 따른 실태조사를 실시하는 경우 공공 및 민간부문의 드론시스템에 대한 중장기 수요전망을 포함할 수 있다.
③ 정부는 제1항에 따른 실태조사와 제2항에 따른 수요전망 작성을 위하여 필요한 경우 중앙행정기관의 장, 시·도지사 및 공공기관의 장에게 필요한 자료를 요청할 수 있으며 각 기관의 장은 특별한 사유가 없으면 이에 따라야 한다.
④ 제1항부터 제3항까지에 따른 실태조사의 대상·방법 및 절차에 관하여 필요한 사항은 대통령령으로 정한다.

제7조(드론산업협의체의 구성·운영) ① 정부는 드론의 운영·관리 등 드론산업과 관련된 업무를 담당하는 국가기관과 지방자치단체의 공무원, 공공기관의 임원 또는 직원 및 드론산업에 종사하는 사업자 등을 구성원으로 하는 드론산업협의체를 구성·운영할 수 있다.
② 드론산업협의체 구성 및 운영에 관하여 필요한 사항은 대통령령으로 정한다.

제8조(공공기관 드론 활용 등의 요청) 국토교통부장관은 드론산업의 활성화를 위하여 중앙행정 기관의 장, 시·도지사 및 공공기관의 장에게 드론시스템의 도입 및 활용 등을 요청할 수 있다.

제3장 드론산업의 육성

제9조(드론시스템의 연구·개발) ① 정부는 드론시스템의 기술개발을 촉진하고 기본계획을 효율적으로 추진하기 위하여 대통령령으로 정하는 바에 따라 드론시스템의 기술 발전에 필요한 연구·개발 사업을 할 수 있다.
② 정부는 제1항에 따른 연구·개발 사업을 추진함에 있어 드론시스템의 연구·개발자, 제작자 및 수요자 간의 연계협력을 위하여 필요한 지원을 할 수 있다.
③ 정부는 드론시스템에 관한 연구·개발의 성과를 높이기 위하여 공공기관, 법인, 단체 및 대학 간의 공동연구를 촉진하는 데 필요한 지원을 할 수 있다.
④ 제2항 및 제3항에 따른 지원에 필요한 사항은 대통령령으로 정한다.

제9조의2(드론 정보체계의 구축·운영 등) ① 국토교통부장관은 드론 관련 정보 및 자료 등을 체계적으로 관리하고 안전한 드론 활용 기반을 조성하기 위하여 다음 각 호의 정보를 포함한 드론 정보체계(이하 "정보체계"라 한다)를 구축·운영할 수 있다.
1. 드론 관련 사고 현황·이력 등에 관한 정보
2. 드론 관련 보험가입·보험금청구 등에 관한 정보
3. 「항공안전법」 제122조 및 제123조에 따른 초경량비행장치(무인비행장치에 한정한다)의 신고 및 변경신고 등에 관한 정보
4. 「항공안전법」 제125조에 따른 초경량비행장치(무인비행장치에 한정한다)의 조종자 증명 등에 관한 정보
5. 「항공사업법」 제48조 및 제49조에 따른 초경량비행장치사용사업의 등록, 사업계획, 양도·양수, 합병, 상속, 휴업 및 폐업 등에 관한 정보
6. 그 밖에 정보체계의 구축·운영을 위하여 필요한 정보로서 대통령령으로 정하는 정보

② 국토교통부장관은 정보체계의 구축·운영을 위하여 필요한 경우 관계 중앙 행정기관의 장, 지방자치단체의 장, 공공기관의 장, 관련 기관 및 단체의 장 등에게 필요한 자료 또는 정보의 제공을 요청할 수 있다. 이 경우 자료 또는 정보의 제공을 요청받은 자는 특별한 사유가 없으면 이에 따라야 한다.
③ 그 밖에 정보체계의 구축·운영 등에 필요한 사항은 국토교통부령으로 정한다.
[본조신설 2022. 11. 15.]
[시행일: 2023. 5. 16.] 제9조의2

제10조(드론특별자유화구역의 지정 및 관리) ① 국토교통부장관은 드론시스템의 실용화 및 사업화 등을 촉진하기 위하여 드론 특별자유화 구역(이하 "드론특별자유화구역"이라 한다)을 지정·운영할 수 있다.
② 국토교통부장관은 제1항의 드론특별자유화구 역에서 행하는 드론 실용화 및 사업화 등을 위해 다음 각 호에 따른 법률에 규정된 인증·허가·승인·평가·신고 등을 대통령 령으로 정하는 바에 따라 유예 또는 면제하거나 간소화할 수 있다.
1. 「항공안전법」 제23조에 따른 특별감항증명
2. 「항공안전법」 제68조에 따른 무인항공기의 비행허가
3. 「항공안전법」 제124조에 따른 시험비행허가 또는 안전성인증
4. 「항공안전법」 제127조에 따른 비행승인
5. 「항공안전법」 제129조제5항에 따른 특별 비행의 승인
6. 「전파법」 제58조의2에 따른 적합성평가

③ 국토교통부장관은 제1항에 따라 드론특별 자유화구역을 지정하거나 제2항에 따른 인증·허가·승

인·평가·신고 등을 한시적으로 유예 또는 면제하거나 간소화하기 위하여 관계 중앙행정기관의 장과 사전에 협의하여야 한다.

④ 그 밖에 드론특별자유화구역의 지정, 운영 및 관리 등에 필요한 사항은 대통령령으로 정한다.

제11조(드론시범사업구역의 지정 및 관리) ① 국토교통부장관은 대통령령으로 정하는 바에 따라 드론시스템의 실증·시험 등을 원활하게 수행하기 위한 드론시범사업구역(이하 "드론시범사업구역"이라 한다)을 지정·운영할 수 있다.

② 국토교통부장관은 드론시범사업구역에서 다음 각 호의 어느 하나에 해당하는 자에게 행정적·재정적 지원을 할 수 있다.

1. 드론의 성능시험 및 개발 등을 위하여 비행을 하는 자
2. 안전기준 연구 등을 위하여 드론을 비행하는 자
3. 그 밖에 국토교통부령으로 정하는 자

제12조(창업의 활성화) 정부는 드론산업과 관련된 창업을 촉진하고 활성화하기 위하여 대통령령으로 정하는 바에 따라 다음 각 호의 행정적·재정적 지원을 할 수 있다.

1. 창업자금의 융자
2. 드론 관련 연구개발 성과의 제공
3. 시험 장비 및 설비의 지원
4. 그 밖에 대통령령으로 정하는 사항

제13조(드론첨단기술의 지정 및 지원) ① 산업통상자원부장관은 드론산업 관련 기술의 개발 및 활용을 촉진하기 위하여 기존 드론시스템을 첨단화한 기술을 대통령령으로 정하는 바에 따라 드론첨단기술(드론첨단기술이 접목된 제품을 포함한다. 이하 같다)로 지정할 수 있다.

② 산업통상자원부장관은 관계 중앙행정기관의 장, 시·도지사 및 공공기관의 장에게 드론첨단 기술을 우선 구매하여 사용하도록 요청할 수 있다.

③ 중소벤처기업부장관은 산업통상자원부장관의 요청에 따라 중소기업(「중소기업기본법」 제2조에 따른 중소기업자를 말한다)이 개발한 드론첨단기술을 「중소기업제품 구매촉진 및 판로지원에 관한 법률」 제6조에 따른 경쟁제품으로 지정할 수 있다.

④ 산업통상자원부장관은 드론첨단기술로 지정된 기술이 다음 각 호의 어느 하나에 해당하는 경우에는 그 지정을 취소하거나 3개월 이내의 기간을 정하여 지정의 효력을 정지할 수 있다. 다만, 제1호에 해당하는 경우에는 그 지정을 취소하여야 한다.

1. 거짓이나 그 밖의 부정한 방법으로 지정을 받은 경우
2. 제1항에 따라 대통령령으로 정하는 드론첨단기술의 지정 기준에 적합하지 아니하게 된 경우

⑤ 제1항에 따른 드론첨단기술의 지정 및 제4항에 따른 지정취소 등에 필요한 사항은 대통령령으로 정한다.

제14조(인증등의 의제) ① 제13조에 따라 드론첨단기술의 지정을 받은 자는 다음 각 호의 인증·평가·검정(이하 "인증등"이라 한다)을 받은 것으로 본다.

1. 「항공안전법」 제124조에 따른 안전성인증
2. 「전파법」 제58조의2에 따른 적합성평가
3. 「농업기계화 촉진법」 제9조에 따른 농업 기계의 검정

② 산업통상자원부장관은 제13조에 따른 지정을 할 때 제1항 각 호의 어느 하나에 해당하는 사항이 포함되어 있는 경우에는 제13조에 따른 지정을 신청한 자가 제출한 산업통상자원부령으로 정하는 관계 서류를 첨부하여 미리 관계 행정기관의 장과 협의하여야 한다. 이 경우 관계 행정기관의 장은 협의요청을 받은 날부터 30일 이내에 의견을 제출하여야 하며 같은 기간 이내에 의견 제출이 없는 경우에는 의견이 없는 것으로 본다.

③ 제1항에 따라 인증등을 받은 것으로 보는 경우에는 관계 법률에 따라 부과되는 수수료를 면제한다.

제15조(지식재산권의 보호 및 육성) ① 정부는 드론시스템의 연구 활동과 드론산업을 보호하고 육성하기 위하여 드론시스템의 지식재산권 보호 및 육성시책을 마련하여야 한다.

② 정부는 드론시스템의 지식재산권 보호를 위하여 다음 각 호의 사업을 추진할 수 있다.

1. 지식재산권 침해에 대한 대응과 복구
2. 지식재산권에 관한 교육·홍보
3. 지식재산권의 효율적 활용
4. 그 밖에 대통령령으로 정하는 사항

③ 정부는 대통령령으로 정하는 바에 따라 지식재산권 분야의 전문기관 또는 단체를 지정하여 제2항 각 호의 사업을 추진하게 할 수 있다.

제16조(우수사업자의 지정 등) ① 국토교통부 장관은 드론사용사업자 중 드론산업의 발전과 서비스 및 안전 수준 향상에 기여한 자로서 국토교통부령으로 정하는 기준에 적합한 자를 우수사업자로 지정할 수 있다.

② 국토교통부장관은 우수사업자로 지정된 자에 대하여 우수사업자로 지정되었음을 나타내는 표지의 제공, 행정절차의 간소화 등 국토교통부령으로 정하는 지원을 할 수 있다.

③ 국토교통부장관은 우수사업자로 지정된 자가 다음 각 호의 어느 하나에 해당하는 경우에는 그 지정을 취소하거나 3개월 이내의 기간을 정하여 지정의 효력을 정지할 수 있다. 다만, 제1호에 해당하는 경우에는 그 지정을 취소하여야 한다.

1. 거짓이나 그 밖의 부정한 방법으로 우수사업자 의

지정을 받은 경우
2. 제1항에 따른 국토교통부령으로 정하는 우수사업자의 지정 기준에 적합하지 아니하게 된 경우
④ 제1항부터 제3항까지에서 규정한 사항 외에 우수사업자의 지정·취소 또는 효력정지의 기준 및 절차 등에 필요한 사항은 국토교통부령으로 정한다.

제17조(드론교통관리시스템의 구축 및 운영) ① 국토교통부장관은 안전하고 효율적으로 드론을 운영하기 위하여 다음 각 호의 어느 하나에 해당하는 자를 전담사업자로 지정하여 드론교통관리시스템을 구축 및 운영할 수 있다.
1. 대통령령으로 정하는 공공기관 또는 드론산업 관련 단체
2. 대통령령으로 정하는 기준을 충족하는 「상법」에 따른 주식회사
② 제1항에 따라 지정된 전담사업자는 드론 교통관리시스템을 사용하는 자로부터 드론교통 관리시스템의 운영·관리 등에 소요되는 비용을 징수할 수 있다.
③ 국토교통부장관은 제1항에 따라 드론교통관리시스템을 구축·운영하는 경우 드론비행로를 지정하여 운영할 수 있다.
④ 국토교통부장관은 제1항에 따른 드론 교통관리시스템의 원활한 구축·운영을 위하여 국방부 및 관계 기관 등과 긴밀히 협력하여야 한다. 〈신설 2021. 12. 7.〉

제4장 보칙

제18조(전문인력의 양성) ① 정부는 드론산업 관련 전문인력의 양성과 자질 향상을 위하여 교육훈련을 실시할 수 있다.
② 정부는 대통령령으로 정하는 연구소나 대학, 그 밖의 기관이나 단체를 전문인력 양성기관으로 지정하여 제1항에 따른 교육훈련을 실시하게 할 수 있으며, 이에 필요한 예산을 지원할 수 있다.
③ 제1항 및 제2항에 따른 전문인력의 양성, 교육훈련에 관한 계획의 수립 및 전문인력 양성기관의 지정 요건·절차 등에 필요한 사항은 대통령령으로 정한다.
④ 정부는 제2항에 따라 전문인력 양성기관으로 지정받은 자가 다음 각 호의 어느 하나에 해당 하게 된 때에는 그 지정을 취소할 수 있다. 다만, 제1호에 해당하는 경우에는 그 지정을 취소하여야 한다.
1. 거짓이나 그 밖의 부정한 방법으로 지정을 받은 경우
2. 대통령령으로 정하는 지정 요건에 계속하여 3개월 이상 미달한 경우
3. 교육을 이수하지 아니한 사람을 이수한 것으로 처리한 경우

제19조(해외진출 및 국제협력) ① 정부는 드론산업의 국제협력 및 해외시장 진출을 추진하기 위하여 관련 기술 및 인력의 국제교류, 국제전시회 참가, 국제표준화, 국제공동연구개발 등의 사업을 지원할 수 있다.
② 정부는 대통령령으로 정하는 기관이나 단체로 하여금 제1항의 사업을 수행하게 할 수 있으며 필요한 예산을 지원할 수 있다.

제20조(청문) 행정청은 다음 각 호의 어느 하나에 해당하는 처분을 하려면 청문을 하여야 한다.
1. 제13조제4항에 따른 드론첨단기술의 지정 취소
2. 제16조제3항에 따른 우수사업자의 지정 취소
3. 제18조제4항에 따른 전문인력 양성기관의 지정 취소

제21조(권한 등의 위임·위탁) ① 이 법에 따른 국토교통부장관의 권한 중 그 일부를 대통령령으로 정하는 바에 따라 그 소속 기관의 장에게 위임할 수 있다.
② 이 법에 따른 국토교통부장관의 업무 중 그 일부를 대통령령으로 정하는 바에 따라 드론산업에 전문성이 있다고 인정되어 국토교통부장관이 고시하는 기관 또는 단체에 위탁할 수 있다.

제22조(수수료 등) ① 다음 각 호의 어느 하나에 해당하는 자는 국토교통부장관 또는 산업통상자원부장관에게 수수료를 내야 한다. 다만, 제21조의 규정에 따라 업무가 위임되거나 위탁된 경우에는 그 수탁기관에 내야 한다.
1. 이 법에 따른 지정을 받으려는 자
2. 이 법에 따른 지정서 등의 발급 또는 재발급을 신청하는 자
② 인증등을 위하여 현지출장이 필요한 경우에는 그 출장에 드는 여비를 신청인이 내야 한다.
③ 제1항에 따른 수수료 및 제2항에 따른 여비의 산정기준, 징수절차·방법에 관하여 필요한 사항은 국토교통부령(제13조에 따른 드론첨단기술 지정의 경우에는 산업통상자원부령을 말한다)으로 정한다.

제23조(비밀 누설의 금지) 이 법에 따라 위탁받아 업무를 수행하거나 수행하였던 자는 업무를 수행하는 과정에서 알게 된 비밀을 누설하여서는 아니 된다.

제24조(벌칙 적용에서 공무원 의제) 다음 각 호의 어느 하나에 해당하는 사람은 「형법」 제129조부터 제132조까지의 규정을 적용할 때 공무원으로 본다.
1. 제17조제1항에 따른 전담사업자
2. 제21조제2항에 따라 국토교통부장관이 위탁한 업무에 종사하는 기관 또는 단체의 임직원

제5장 벌칙

제25조(벌칙) ① 제23조를 위반하여 위탁받은 업무를 수행하는 과정에서 알게 된 비밀을 누설하는 자는 3년 이하의 징역 또는 3천만원 이하의 벌금에 처한다.
② 다음 각 호의 어느 하나에 해당하는 자는 2년 이하의 징역 또는 2천만원 이하의 벌금에 처한다.
1. 제13조를 위반하여 거짓 또는 그 밖의 부정한 방법으로 드론첨단기술을 지정받은 자
2. 제16조를 위반하여 거짓 또는 그 밖의 부정한 방법으로 우수사업자로 지정받은 자
3. 제18조를 위반하여 거짓 또는 그 밖의 부정한 방법으로 전문인력 양성기관으로 지정받은 자

제26조(양벌규정) 법인의 대표자나 법인 또는 개인의 대리인, 사용인, 그 밖의 종업원이 그 법인 또는 개인의 업무에 관하여 제23조의 위반행위를 하면 그 행위자를 벌하는 외에 그 법인 또는 개인에게도 해당 조문의 벌금형을 과(科)한다. 다만, 법인 또는 개인이 그 위반행위를 방지하기 위하여 해당 업무에 관하여 상당한 주의와 감독을 게을리하지 아니한 경우에는 그러하지 아니하다.

부칙 <제18556호, 2021. 12. 7.>
이 법은 공포 후 6개월이 경과한 날부터 시행한다.

2. 항공안전법

[시행 2023. 1. 19.] [법률 제18789호, 2022. 1. 18. 일부개정]

국토교통부(항공안전정책과), 044-201-4255

제1장 총칙

제1조(목적) 이 법은 「국제민간항공협약」 및 같은 협약의 부속서에서 채택된 표준과 권고되는 방식에 따라 항공기, 경량항공기 또는 초경량비행장치의 안전하고 효율적인 항행을 위한 방법과 국가, 항공사업자 및 항공종사자 등의 의무 등에 관한 사항을 규정함을 목적으로 한다. 〈개정 2019. 8. 27.〉

제2조(정의) 이 법에서 사용하는 용어의 뜻은 다음과 같다. 〈개정 2019. 8. 27., 2021. 5. 18.〉
1. "항공기"란 공기의 반작용(지표면 또는 수면에 대한 공기의 반작용은 제외한다. 이하 같다)으로 뜰 수 있는 기기로서 최대이륙중량, 좌석 수 등 국토교통부령으로 정하는 기준에 해당하는 다음 각 목의 기기와 그 밖에 대통령령으로 정하는 기기를 말한다.
   가. 비행기
   나. 헬리콥터
   다. 비행선
   라. 활공기(滑空機)
2. "경량항공기"란 항공기 외에 공기의 반작용으로 뜰 수 있는 기기로서 최대이륙중량, 좌석 수 등 국토교통부령으로 정하는 기준에 해당하는 비행기, 헬리콥터, 자이로플레인(gyroplane) 및 동력패러슈트(powered parachute) 등을 말한다.
3. "초경량비행장치"란 항공기와 경량항공기 외에 공기의 반작용으로 뜰 수 있는 장치로서 자체중량, 좌석 수 등 국토교통부령으로 정하는 기준에 해당하는 동력비행장치, 행글라이더, 패러글라이더, 기구류 및 무인비행장치 등을 말한다.
4. "국가기관등항공기"란 국가, 지방자치단체, 그 밖에 「공공기관의 운영에 관한 법률」에 따른 공공기관으로서 대통령령으로 정하는 공공기관(이하 "국가기관등"이라 한다)이 소유하거나 임차(賃借)한 항공기로서 다음 각 목의 어느 하나에 해당하는 업무를 수행하기 위하여 사용되는 항공기를 말한다. 다만, 군용·경찰용·세관용 항공기는 제외한다.
   가. 재난·재해 등으로 인한 수색(搜索)·구조
   나. 산불의 진화 및 예방
   다. 응급환자의 후송 등 구조·구급활동
   라. 그 밖에 공공의 안녕과 질서유지를 위하여 필요한 업무
5. "항공업무"란 다음 각 목의 어느 하나에 해당하는 업무를 말한다.
   가. 항공기의 운항(무선설비의 조작을 포함한다) 업무(제46조에 따른 항공기 조종연습은 제외한다)
   나. 항공교통관제(무선설비의 조작을 포함한다) 업무(제47조에 따른 항공교통관제연습은 제외한다)
   다. 항공기의 운항관리 업무
   라. 정비·수리·개조(이하 "정비등"이라 한다)된 항공기·발동기·프로펠러(이하 "항공기등"이라 한다), 장비품 또는 부품에 대하여 안전하게 운용할 수 있는 성능(이하 "감항성"이라 한다)이 있는지를 확인하는 업무 및 경량항공기 또는 그 장비품·부품의 정비사항을 확인하는 업무
6. "항공기사고"란 사람이 비행을 목적으로 항공기에 탑승하였을 때부터 탑승한 모든 사람이 항공기에서 내릴 때까지[사람이 탑승하지 아니하고 원격조종 등의 방법으로 비행하는 항공기(이하 "무인항공기"라 한다)의 경우에는 비행을 목적으로 움직이는 순간부터 비행이 종료되어 발동기가 정지되는 순간까지를 말한다] 항공기의 운항과 관련하여 발생한 다음 각 목의 어느 하나에 해당하는 것으로서 국토교통부령으로 정하는 것을 말한다.
   가. 사람의 사망, 중상 또는 행방불명
   나. 항공기의 파손 또는 구조적 손상
   다. 항공기의 위치를 확인할 수 없거나 항공기에 접근이 불가능한 경우
7. "경량항공기사고"란 비행을 목적으로 경량항공기의 발동기가 시동되는 순간부터 비행이 종료되어 발동기가 정지되는 순간까지 발생한 다음 각 목의 어느 하나에 해당하는 것으로서 국토교통부령으로 정하는 것을 말한다.
   가. 경량항공기에 의한 사람의 사망, 중상 또는 행방불명

나. 경량항공기의 추락, 충돌 또는 화재 발생
다. 경량항공기의 위치를 확인할 수 없거나 경량항공기에 접근이 불가능한 경우
8. "초경량비행장치사고"란 초경량비행장치를 사용하여 비행을 목적으로 이륙[이수(離水)를 포함한다. 이하 같다]하는 순간부터 착륙[착수(着水)를 포함한다. 이하 같다]하는 순간까지 발생한 다음 각 목의 어느 하나에 해당하는 것으로서 국토교통부령으로 정하는 것을 말한다.
   가. 초경량비행장치에 의한 사람의 사망, 중상 또는 행방불명
   나. 초경량비행장치의 추락, 충돌 또는 화재 발생
   다. 초경량비행장치의 위치를 확인할 수 없거나 초경량비행장치에 접근이 불가능한 경우
9. "항공기준사고"(航空機準事故)란 항공안전에 중대한 위해를 끼쳐 항공기사고로 이어질 수 있었던 것으로서 국토교통부령으로 정하는 것을 말한다.
10. "항공안전장애"란 항공기사고 및 항공기준사고 외에 항공기의 운항 등과 관련하여 항공안전에 영향을 미치거나 미칠 우려가 있는 것을 말한다.
10의2. "항공안전위해요인"이란 항공기사고, 항공기준사고 또는 항공안전장애를 발생시킬 수 있거나 발생 가능성의 확대에 기여할 수 있는 상황, 상태 또는 물적·인적요인 등을 말한다.
10의3. "위험도"(Safety risk)란 항공안전위해요인이 항공안전을 저해하는 사례로 발전할 가능성과 그 심각도를 말한다.
10의4. "항공안전데이터"란 항공안전의 유지 또는 증진 등을 위하여 사용되는 다음 각 목의 자료를 말한다.
   가. 제33조에 따른 항공기 등에 발생한 고장, 결함 또는 기능장애에 관한 보고
   나. 제58조제4항에 따른 비행자료 및 분석결과
   다. 제58조제5항에 따른 레이더 자료 및 분석결과
   라. 제59조 및 제61조에 따라 보고된 자료
   마. 제60조 및 「항공·철도 사고조사에 관한 법률」 제19조에 따른 조사결과
   바. 제132조에 따른 항공안전 활동 과정에서 수집된 자료 및 결과보고
   사. 「기상법」 제12조에 따른 기상업무에 관한 정보
   아. 「항공사업법」 제2조제34호에 따른 공항운영자가 항공안전관리를 위해 수집·관리하는 자료 등
   자. 「항공사업법」 제6조제1항 각 호에 따라 구축된 시스템에서 관리되는 정보
   차. 「항공사업법」 제68조제4항에 따른 업무수행 중 수집한 정보·통계 등
   카. 항공안전을 위해 국제기구 또는 외국정부 등이 우리나라와 공유한 자료
   타. 그 밖에 국토교통부령으로 정하는 자료
10의5. "항공안전정보"란 항공안전데이터를 안전관리 목적으로 사용하기 위하여 가공(加工)·정리·분석한 것을 말한다.
11. "비행정보구역"이란 항공기, 경량항공기 또는 초경량비행장치의 안전하고 효율적인 비행과 수색 또는 구조에 필요한 정보를 제공하기 위한 공역(空域)으로서 「국제민간항공협약」 및 같은 협약 부속서에 따라 국토교통부장관이 그 명칭, 수직 및 수평 범위를 지정·공고한 공역을 말한다.
12. "영공"(領空)이란 대한민국의 영토와 「영해 및 접속수역법」에 따른 내수 및 영해의 상공을 말한다.
13. "항공로"(航空路)란 국토교통부장관이 항공기, 경량항공기 또는 초경량비행장치의 항행에 적합하다고 지정한 지구의 표면상에 표시한 공간의 길을 말한다.
14. "항공종사자"란 제34조제1항에 따른 항공종사자 자격증명을 받은 사람을 말한다.
15. "모의비행훈련장치"란 항공기의 조종실을 동일 또는 유사하게 모방한 장치로서 국토교통부령으로 정하는 장치를 말한다.
16. "운항승무원"이란 제35조제1호부터 제6호까지의 어느 하나에 해당하는 자격증명을 받은 사람으로서 항공기에 탑승하여 항공업무에 종사하는 사람을 말한다.
17. "객실승무원"이란 항공기에 탑승하여 비상시 승객을 탈출시키는 등 승객의 안전을 위한 업무를 수행하는 사람을 말한다.
18. "계기비행"(計器飛行)이란 항공기의 자세·고도·위치 및 비행방향의 측정을 항공기에 장착된 계기에만 의존하여 비행하는 것을 말한다.
19. "계기비행방식"이란 계기비행을 하는 사람이 제84조제1항에 따라 국토교통부장관 또는 제85조제1항에 따른 항공교통업무증명(이하 "항공교통업무증명"이라 한다)을 받은 자가 지시하는 이동·이륙·착륙의 순서 및 시기와 비행의 방법에 따라 비행하는 방식을 말한다.
20. "피로위험관리시스템"이란 운항승무원과 객실승무원이 충분한 주의력이 있는 상태에서 해당 업무를 할 수 있도록 피로와 관련한 위험요소를 경험과 과학적 원리 및 지식에 기초하여 지속적으로 감독하고 관리하는 시스템을 말한다.
21. "비행장"이란 「공항시설법」 제2조제2호에 따른 비행장을 말한다.
22. "공항"이란 「공항시설법」 제2조제3호에 따른 공항을 말한다.
23. "공항시설"이란 「공항시설법」 제2조제7호에 따른 공항시설을 말한다.
24. "항행안전시설"이란 「공항시설법」 제2조제15호에 따른 항행안전시설을 말한다.

25. "관제권"(管制圈)이란 비행장 또는 공항과 그 주변의 공역으로서 항공교통의 안전을 위하여 국토교통부장관이 지정·공고한 공역을 말한다.
26. "관제구"(管制區)란 지표면 또는 수면으로부터 200미터 이상 높이의 공역으로서 항공교통의 안전을 위하여 국토교통부장관이 지정·공고한 공역을 말한다.
27. "항공운송사업"이란 「항공사업법」 제2조제7호에 따른 항공운송사업을 말한다.
28. "항공운송사업자"란 「항공사업법」 제2조제8호에 따른 항공운송사업자를 말한다.
29. "항공기사용사업"이란 「항공사업법」 제2조제15호에 따른 항공기사용사업을 말한다.
30. "항공기사용사업자"란 「항공사업법」 제2조제16호에 따른 항공기사용사업자를 말한다.
31. "항공기정비업자"란 「항공사업법」 제2조제18호에 따른 항공기정비업자를 말한다.
32. "초경량비행장치사용사업"이란 「항공사업법」 제2조제23호에 따른 초경량비행장치사용사업을 말한다.
33. "초경량비행장치사용사업자"란 「항공사업법」 제2조제24호에 따른 초경량비행장치사용사업자를 말한다.
34. "이착륙장"이란 「공항시설법」 제2조제19호에 따른 이착륙장을 말한다.

제2장 항공기 등록

제3장 항공기기술기준 및 형식증명 등

제4장 항공종사자 등

제5장 항공기의 운항

제6장 공역 및 항공교통업무 등

제78조(공역 등의 지정) ① 국토교통부장관은 공역을 체계적이고 효율적으로 관리하기 위하여 필요하다고 인정할 때에는 비행정보구역을 다음 각 호의 공역으로 구분하여 지정·공고할 수 있다.
1. 관제공역: 항공교통의 안전을 위하여 항공기의 비행 순서·시기 및 방법 등에 관하여 제84조제1항에 따라 국토교통부장관 또는 항공교통업무증명을 받은 자의 지시를 받아야 할 필요가 있는 공역으로서 관제권 및 관제구를 포함하는 공역
2. 비관제공역: 관제공역 외의 공역으로서 항공기의 조종사에게 비행에 관한 조언·비행정보 등을 제공할 필요가 있는 공역
3. 통제공역: 항공교통의 안전을 위하여 항공기의 비행을 금지하거나 제한할 필요가 있는 공역
4. 주의공역: 항공기의 조종사가 비행 시 특별한 주의·경계·식별 등이 필요한 공역

② 국토교통부장관은 필요하다고 인정할 때에는 국토교통부령으로 정하는 바에 따라 제1항에 따른 공역을 세분하여 지정·공고할 수 있다.
③ 제1항 및 제2항에 따른 공역의 설정기준 및 지정절차 등 그 밖에 필요한 사항은 국토교통부령으로 정한다.

제79조(항공기의 비행제한 등) ① 제78조제1항에 따른 비관제공역 또는 주의공역에서 항공기를 운항하려는 사람은 그 공역에 대하여 국토교통부장관이 정하여 공고하는 비행의 방식 및 절차에 따라야 한다.
② 항공기를 운항하려는 사람은 제78조제1항에 따른 통제공역에서 비행해서는 아니 된다. 다만, 국토교통부령으로 정하는 바에 따라 국토교통부장관의 허가를 받아 그 공역에 대하여 국토교통부장관이 정하는 비행의 방식 및 절차에 따라 비행하는 경우에는 그러하지 아니하다.

제80조(공역위원회의 설치) ① 제78조에 따른 공역의 설정 및 관리에 필요한 사항을 심의하기 위하여 국토교통부장관 소속으로 공역위원회를 둔다.
② 제1항에서 규정한 사항 외에 공역위원회의 구성·운영 및 기능 등에 필요한 사항은 대통령령으로 정한다.

제81조(항공교통안전에 관한 관계 행정기관의 장의 협조) ① 국토교통부장관은 항공교통의 안전을 확보하기 위하여 다음 각 호의 사항에 관하여 관계 행정기관의 장과 상호 협조하여야 한다. 이 경우 국가안보를 고려하여야 한다.
1. 항공교통관제에 관한 사항
2. 효율적인 공역관리에 관한 사항
3. 그 밖에 항공교통의 안전을 위하여 필요한 사항
② 제1항에 따른 협조 요청에 필요한 세부 사항은 대통령령으로 정한다.

제82조(전시 상황 등에서의 공역관리) 전시(戰時) 및 「통합방위법」에 따른 통합방위사태 선포 시의 공역관리에 관하여는 각각 전시 관계법 및 「통합방위법」에서 정하는 바에 따른다.

제83조(항공교통업무의 제공 등) ① 국토교통부장관 또는 항공교통업무증명을 받은 자는 비행장, 공항, 관제권 또는 관제구에서 항공기 또는 경량항공기 등에 항공교통관제 업무를 제공할 수 있다.
② 국토교통부장관 또는 항공교통업무증명을 받은 자는 비행정보구역에서 항공기 또는 경량항공기의 안전하고 효율적인 운항을 위하여 비행장, 공항 및 항행안전시설의 운용 상태 등 항공기 또는 경량항공기의 운항과 관련된 조언 및 정보를 조종사 또는 관련 기관 등에 제공할 수 있다.
③ 국토교통부장관 또는 항공교통업무증명을 받은

자는 비행정보구역에서 수색·구조가 필요한 항공기 또는 경량항공기에 관한 정보를 조종사 또는 관련 기관 등에 제공할 수 있다. 〈개정 2020. 6. 9.〉
④ 제1항부터 제3항까지의 규정에 따라 국토교통부장관 또는 항공교통업무증명을 받은 자가 하는 업무(이하 "항공교통업무"라 한다)의 제공 영역, 대상, 내용, 절차 등에 필요한 사항은 국토교통부령으로 정한다.

제84조(항공교통관제 업무 지시의 준수) ① 비행장, 공항, 관제권 또는 관제구에서 항공기를 이동·이륙·착륙시키거나 비행하려는 자는 국토교통부장관 또는 항공교통업무증명을 받은 자가 지시하는 이동·이륙·착륙의 순서 및 시기와 비행의 방법에 따라야 한다.
② 비행장 또는 공항의 이동지역에서 차량의 운행, 비행장 또는 공항의 유지·보수, 그 밖의 업무를 수행하는 자는 항공교통의 안전을 위하여 국토교통부장관 또는 항공교통업무증명을 받은 자의 지시에 따라야 한다.

제85조(항공교통업무증명 등) ① 국토교통부장관 외의 자가 항공교통업무를 제공하려는 경우에는 국토교통부령으로 정하는 바에 따라 항공교통업무를 제공할 수 있는 체계(이하 "항공교통업무제공체계"라 한다)를 갖추어 국토교통부장관의 항공교통업무증명을 받아야 한다.
② 국토교통부장관은 항공교통업무증명에 필요한 인력·시설·장비, 항공교통업무규정에 관한 요건 및 항공교통업무증명절차 등(이하 "항공교통업무증명기준"이라 한다)을 정하여 고시하여야 한다.
③ 국토교통부장관은 항공교통업무증명을 할 때에는 항공교통업무증명기준에 적합한지를 검사하여 적합하다고 인정되는 경우에는 국토교통부령으로 정하는 바에 따라 항공교통업무증명서를 발급하여야 한다.
④ 항공교통업무증명을 받은 자는 항공교통업무증명을 받았을 때의 항공교통업무제공체계를 유지하여야 하며, 항공교통업무증명기준을 준수하여야 한다.
⑤ 항공교통업무증명을 받은 자는 항공교통업무제공체계를 변경하려는 경우 국토교통부령으로 정하는 바에 따라 국토교통부장관에게 신고하여야 한다. 다만, 제2항에 따른 항공교통업무규정 등 국토교통부령으로 정하는 중요사항을 변경하려는 경우에는 국토교통부장관의 승인을 받아야 한다.
⑥ 제5항 본문에 따른 변경신고가 신고서의 기재사항 및 첨부서류에 흠이 없고, 법령 등에 규정된 형식상의 요건을 충족하는 경우에는 신고서가 접수기관에 도달된 때에 신고 의무가 이행된 것으로 본다. 〈신설 2017. 8. 9.〉
⑦ 국토교통부장관은 항공교통업무증명기준이 변경되어 항공교통업무증명을 받은 자의 항공교통업무제공체계가 변경된 항공교통업무증명기준에 적합하지 아니하게 된 경우 변경된 항공교통업무증명기준을 따르도록 명할 수 있다. 〈개정 2017. 8. 9.〉
⑧ 국토교통부장관은 항공교통업무증명을 받은 자가 항공교통업무제공체계를 계속적으로 유지하고 있는지를 정기 또는 수시로 검사할 수 있다. 〈개정 2017. 8. 9.〉
⑨ 국토교통부장관은 제8항에 따른 검사 결과 항공교통안전에 위험을 초래할 수 있는 사항이 발견되었을 때에는 국토교통부령으로 정하는 바에 따라 시정조치를 명할 수 있다. 〈개정 2017. 8. 9.〉

제86조(항공교통업무증명의 취소 등) ① 국토교통부장관은 항공교통업무증명을 받은 자가 다음 각 호의 어느 하나에 해당하는 경우에는 항공교통업무증명을 취소하거나 6개월 이내의 기간을 정하여 항공교통업무 제공의 정지를 명할 수 있다. 다만, 제1호 또는 제8호에 해당하는 경우에는 항공교통업무증명을 취소하여야 한다. 〈개정 2017. 8. 9.〉
1. 거짓이나 그 밖의 부정한 방법으로 항공교통업무증명을 받은 경우
2. 제58조제2항을 위반하여 다음 각 목의 어느 하나에 해당하는 경우
 가. 항공교통업무 제공을 시작하기 전까지 항공안전관리시스템을 마련하지 아니한 경우
 나. 승인을 받지 아니하고 항공안전관리시스템을 운용한 경우
 다. 항공안전관리시스템을 승인받은 내용과 다르게 운용한 경우
 라. 승인을 받지 아니하고 국토교통부령으로 정하는 중요사항을 변경한 경우
3. 제85조제4항을 위반하여 항공교통업무제공체계를 계속적으로 유지하지 아니하거나 항공교통업무증명기준을 준수하지 아니하고 항공교통업무를 제공한 경우
4. 제85조제5항을 위반하여 신고를 하지 아니하거나 승인을 받지 아니하고 항공교통업무제공체계를 변경한 경우
5. 제85조제7항을 위반하여 변경된 항공교통업무증명기준에 따르도록 한 명령에 따르지 아니한 경우
6. 제85조제9항에 따른 시정조치 명령을 이행하지 아니한 경우
7. 고의 또는 중대한 과실로 항공기사고를 발생시키거나 소속 항공종사자에 대하여 관리·감독하는 상당한 주의의무를 게을리하여 항공기사고가 발생한 경우
8. 이 조에 따른 항공교통업무 제공의 정지기간에 항공교통업무를 제공한 경우
② 제1항에 따른 처분의 세부기준 등 그 밖에 필요한

사항은 국토교통부령으로 정한다.

제87조(항공교통업무증명을 받은 자에 대한 과징금의 부과) ① 국토교통부장관은 항공교통업무증명을 받은 자가 제86조제1항제2호부터 제7호까지의 어느 하나에 해당하여 항공교통업무 제공의 정지를 명하여야 하는 경우로서 그 항공교통업무 제공을 정지하면 비행장 이용자 등에게 심한 불편을 주거나 공익을 해칠 우려가 있는 경우에는 항공교통업무 제공의 정지처분을 갈음하여 1억원 이하의 과징금을 부과할 수 있다.
② 제1항에 따른 과징금 부과의 구체적인 기준, 절차 및 그 밖에 필요한 사항은 대통령령으로 정한다.
③ 국토교통부장관은 제1항에 따른 과징금을 내야 할 자가 납부기한까지 과징금을 내지 아니하면 국세 체납처분의 예에 따라 징수한다.

제88조(수색·구조 지원계획의 수립·시행) 국토교통부장관은 항공기가 조난되는 경우 항공기 수색이나 인명구조를 위하여 대통령령으로 정하는 바에 따라 관계 행정기관의 역할 등을 정한 항공기 수색·구조 지원에 관한 계획을 수립·시행하여야 한다.

제89조(항공정보의 제공 등) ① 국토교통부장관은 항공기 운항의 안전성·정규성 및 효율성을 확보하기 위하여 필요한 정보(이하 "항공정보"라 한다)를 비행정보구역에서 비행하는 사람 등에게 제공하여야 한다.
② 국토교통부장관은 항공로, 항행안전시설, 비행장, 공항, 관제권 등 항공기 운항에 필요한 정보가 표시된 지도(이하 "항공지도"라 한다)를 발간(發刊)하여야 한다.
③ 제1항 및 제2항에서 규정한 사항 외에 항공정보 또는 항공지도의 내용, 제공방법, 측정단위 등에 필요한 사항은 국토교통부령으로 정한다.

제8장 외국항공기

제9장 경량항공기

제108조(경량항공기 안전성인증 등) ① 시험비행 등 국토교통부령으로 정하는 경우로서 국토교통부장관의 허가를 받은 경우를 제외하고는 경량항공기를 소유하거나 사용할 수 있는 권리가 있는 자(이하 "경량항공기소유자등"이라 한다)는 국토교통부령으로 정하는 기관 또는 단체의 장으로부터 그가 정한 안전성인증의 유효기간 및 절차·방법 등에 따라 그 경량항공기가 국토교통부장관이 정하여 고시하는 비행안전을 위한 기술상의 기준에 적합하다는 안전성인증을 받지 아니하고 비행하여서는 아니 된다. 이 경우 안전성인증의 유효기간 및 절차·방법 등에 대해서는 국토교통부장관의 승인을 받아야 하며, 변경할 때에도 또한 같다.
② 제1항에 따라 국토교통부령으로 정하는 기관 또는 단체의 장이 안전성인증을 할 때에는 국토교통부령으로 정하는 바에 따라 안전성인증 등급을 부여하고, 그 등급에 따른 운용범위를 지정하여야 한다.
③ 경량항공기소유자등 또는 경량항공기를 사용하여 비행하려는 사람은 제2항에 따라 부여된 안전성인증 등급에 따른 운용범위를 준수하여 비행하여야 한다.
④ 경량항공기소유자등 또는 경량항공기를 사용하여 비행하려는 사람은 경량항공기 또는 그 장비품·부품을 정비한 경우에는 제35조제8호의 항공정비사 자격증명을 가진 사람으로부터 국토교통부령으로 정하는 방법에 따라 안전하게 운용할 수 있다는 확인을 받지 아니하고 비행하여서는 아니 된다. 다만, 국토교통부령으로 정하는 경미한 정비는 그러하지 아니하다.

제109조(경량항공기 조종사 자격증명) ① 경량항공기를 사용하여 비행하려는 사람은 국토교통부령으로 정하는 바에 따라 국토교통부장관의 자격증명(이하 "경량항공기 조종사 자격증명"이라 한다)을 받아야 한다.
② 다음 각 호의 어느 하나에 해당하는 사람은 경량항공기 조종사 자격증명을 받을 수 없다.
1. 17세 미만인 사람
2. 제114조제1항에 따른 경량항공기 조종사 자격증명 취소처분을 받고 그 취소일부터 2년이 지나지 아니한 사람

제110조(경량항공기 조종사 업무범위) 경량항공기 조종사 자격증명을 받은 사람은 경량항공기에 탑승하여 경량항공기를 조종하는 업무(이하 "경량항공기 조종업무"라 한다) 외의 업무를 해서는 아니 된다. 다만, 새로운 종류의 경량항공기에 탑승하여 시험비행 등을 하는 경우로서 국토교통부령으로 정하는 바에 따라 국토교통부장관의 허가를 받은 경우에는 그러하지 아니하다.

제111조(경량항공기 조종사 자격증명의 한정) ① 국토교통부장관은 경량항공기 조종사 자격증명을 하는 경우에는 경량항공기의 종류를 한정할 수 있다.
② 제1항에 따라 경량항공기 조종사 자격증명의 한정을 받은 사람은 그 한정된 경량항공기 종류 외의 경량항공기를 조종해서는 아니 된다.
③ 제1항에 따른 경량항공기 조종사 자격증명의 한정에 필요한 세부 사항은 국토교통부령으로 정한다.

제112조(경량항공기 조종사 자격증명 시험의 실시 및 면제) ① 경량항공기 조종사 자격증명을 받

으려는 사람은 국토교통부령으로 정하는 바에 따라 경량항공기 조종업무에 종사하는 데 필요한 지식 및 능력에 관하여 국토교통부장관이 실시하는 학과시험 및 실기시험에 합격하여야 한다.

② 국토교통부장관은 제111조에 따라 경량항공기 조종사 자격증명(제115조에 따른 경량항공기 조종교육증명을 포함한다)을 경량항공기의 종류별로 한정하는 경우에는 경량항공기 탑승경력 등을 심사하여야 한다. 이 경우 종류에 대한 최초의 경량항공기 조종사 자격증명의 한정은 실기시험을 실시하여 심사할 수 있다.

③ 국토교통부장관은 다음 각 호의 어느 하나에 해당하는 사람에게는 국토교통부령으로 정하는 바에 따라 제1항 및 제2항에 따른 시험 및 심사의 전부 또는 일부를 면제할 수 있다.

1. 제35조제1호부터 제4호까지의 자격증명 또는 외국정부로부터 경량항공기 조종사 자격증명을 받은 사람
2. 제117조에 따른 경량항공기 전문교육기관의 교육과정을 이수한 사람
3. 해당 분야에 관한 실무경험이 있는 사람

④ 국토교통부장관은 제1항에 따라 학과시험 및 실기시험에 합격한 사람에 대해서는 경량항공기 조종사 자격증명서를 발급하여야 한다.

제112조의2(경량항공기 조종사 자격증명서의 대여 등 금지) ① 경량항공기 조종사 자격증명을 받은 사람은 다른 사람에게 자기의 성명을 사용하여 경량항공기 조종업무를 수행하게 하거나 제112조제4항에 따라 발급받은 경량항공기 조종사 자격증명서(이하 "경량항공기 조종사 자격증명서"라 한다)를 빌려 주어서는 아니 된다.

② 누구든지 다른 사람의 성명을 사용하여 경량항공기 조종업무를 수행하거나 다른 사람의 경량항공기 조종사 자격증명서를 빌려서는 아니 된다.

③ 누구든지 제1항이나 제2항에서 금지된 행위를 알선하여서는 아니 된다.
[본조신설 2021. 5. 18.]

제113조(경량항공기 조종사의 항공신체검사증명) ① 경량항공기 조종사 자격증명을 받고 경량항공기 조종업무를 하려는 사람(제116조에 따라 경량항공기 조종연습을 하는 사람을 포함한다)은 국토교통부장관의 항공신체검사증명을 받아야 한다.

② 제1항에 따른 항공신체검사증명에 관하여는 제40조제2항부터 제7항까지의 규정을 준용한다.
<개정 2022. 1. 18.>

제114조(경량항공기 조종사 자격증명등 · 항공신체검사증명의 취소 등) ① 국토교통부장관은 경량항공기 조종사 자격증명을 받은 사람이 다음 각 호의 어느 하나에 해당하는 경우에는 그 경량항공기 조종사 자격증명이나 자격증명의 한정(이하 이 조에서 "자격증명등"이라 한다)을 취소하거나 1년 이내의 기간을 정하여 자격증명등의 효력정지를 명할 수 있다. 다만, 제1호, 제5호의2, 제5호의3, 제12호 또는 제17호의 어느 하나에 해당하는 경우에는 자격증명등을 취소하여야 한다. <개정 2021. 5. 18., 2021. 12. 7.>

1. 거짓이나 그 밖의 부정한 방법으로 자격증명등을 받은 경우
2. 이 법을 위반하여 벌금 이상의 형을 선고받은 경우
3. 경량항공기 조종업무를 수행할 때 고의 또는 중대한 과실로 경량항공기사고를 일으켜 인명피해나 재산피해를 발생시킨 경우
4. 제110조 본문을 위반하여 경량항공기 조종업무 외의 업무에 종사한 경우
5. 제111조제2항을 위반하여 경량항공기 조종사 자격증명의 한정을 받은 사람이 한정된 경량항공기 종류 외의 경량항공기를 조종한 경우
5의2. 제112조의2제1항을 위반하여 다른 사람에게 자기의 성명을 사용하여 경량항공기 조종업무를 수행하게 하거나 경량항공기 조종사 자격증명서를 빌려 준 경우
5의3. 제112조의2제3항을 위반하여 다음 각 목의 어느 하나에 해당하는 행위를 알선한 경우
  가. 다른 사람에게 자기의 성명을 사용하여 경량항공기 조종업무를 수행하게 하거나 경량항공기 조종사 자격증명서를 빌려 주는 행위
  나. 다른 사람의 성명을 사용하여 경량항공기 조종업무를 수행하거나 다른 사람의 경량항공기 조종사 자격증명서를 빌리는 행위
6. 제113조(제116조제5항에서 준용하는 경우를 포함한다)를 위반하여 항공신체검사증명을 받지 아니하고 경량항공기 조종업무를 하거나 경량항공기 조종연습을 한 경우
7. 제115조제1항을 위반하여 조종교육증명을 받지 아니하고 조종교육을 한 경우
8. 제115조제2항을 위반하여 국토교통부장관이 정하는 교육을 받지 아니한 경우
9. 제118조를 위반하여 이륙 · 착륙 장소가 아닌 곳 또는 「공항시설법」 제25조제6항에 따라 사용이 중지된 이착륙장에서 경량항공기를 이륙하거나 착륙하게 한 경우
10. 제121조제2항에서 준용하는 제57조제1항을 위반하여 주류등의 영향으로 경량항공기 조종업무(제116조에 따른 경량항공기 조종연습을 포함한다)를 정상적으로 수행할 수 없는 상태에서 경량항공기를 사용하여 비행한 경우
11. 제121조제2항에서 준용하는 제57조제2항을 위반하여 경량항공기 조종업무(제116조에 따른 경

량항공기 조종연습을 포함한다)에 종사하는 동안에 같은 조 제1항에 따른 주류등을 섭취하거나 사용한 경우
12. 제121조제2항에서 준용하는 제57조제3항을 위반하여 같은 조 제1항에 따른 주류등의 섭취 및 사용 여부의 측정 요구에 따르지 아니한 경우
13. 제121조제3항에서 준용하는 제67조제1항을 위반하여 비행규칙을 따르지 아니하고 비행한 경우
14. 제121조제4항에서 준용하는 제79조제1항을 위반하여 국토교통부장관이 정하여 공고하는 비행의 방식 및 절차에 따르지 아니하고 비관제공역 또는 주의공역에서 비행한 경우
15. 제121조제4항에서 준용하는 제79조제2항을 위반하여 허가를 받지 아니하거나 국토교통부장관이 정하는 비행의 방식 및 절차에 따르지 아니하고 통제공역에서 비행한 경우
16. 제121조제5항에서 준용하는 제84조제1항을 위반하여 국토교통부장관 또는 항공교통업무증명을 받은 자가 지시하는 이동·이륙·착륙의 순서 및 시기와 비행의 방법에 따르지 아니한 경우
17. 이 조에 따른 자격증명등의 효력정지기간에 경량항공기 조종업무에 종사한 경우

② 국토교통부장관은 경량항공기 조종업무를 하는 사람이 다음 각 호의 어느 하나에 해당하는 경우에는 그 항공신체검사증명을 취소하거나 1년 이내의 기간을 정하여 항공신체검사증명의 효력정지를 명할 수 있다. 다만, 제1호에 해당하는 경우에는 항공신체검사증명을 취소하여야 한다.
1. 거짓이나 그 밖의 부정한 방법으로 항공신체검사증명을 받은 경우
2. 제113조제2항에서 준용하는 제40조제2항에 따른 자격증명의 종류별 항공신체검사증명의 기준에 맞지 아니하게 되어 경량항공기 조종업무를 수행하기에 부적합하다고 인정되는 경우
3. 제1항제10호부터 제12호까지의 어느 하나에 해당하는 경우

③ 자격증명등의 시험에 응시하거나 심사를 받는 사람이 그 시험 또는 심사에서 부정행위를 하거나 항공신체검사를 받는 사람이 그 검사에서 부정한 행위를 한 경우에는 그 부정행위를 한 날부터 각각 2년 동안 이 법에 따른 자격증명등의 시험에 응시하거나 심사를 받을 수 없으며, 이 법에 따른 항공신체검사를 받을 수 없다.

④ 제1항 및 제2항에 따른 처분의 기준 및 절차와 그 밖에 필요한 사항은 국토교통부령으로 정한다.

제115조(경량항공기 조종교육증명) ① 다음 각 호의 조종연습을 하는 사람에 대하여 경량항공기 조종교육을 하려는 사람은 그 경량항공기의 종류별로 국토교통부령으로 정하는 바에 따라 국토교통부장관의 조종교육증명을 받아야 한다.

1. 경량항공기 조종사 자격증명을 받지 아니한 사람이 경량항공기에 탑승하여 하는 조종연습
2. 경량항공기 조종사 자격증명을 받은 사람이 그 경량항공기 조종사 자격증명에 대하여 제111조에 따른 한정을 받은 종류 외의 경량항공기에 탑승하여 하는 조종연습

② 제1항에 따른 조종교육증명(이하 "경량항공기 조종교육증명"이라 한다)은 경량항공기 조종교육증명서를 발급함으로써 하며, 경량항공기 조종교육증명을 받은 자는 국토교통부장관이 정하는 바에 따라 교육을 받아야 한다.

③ 경량항공기 조종교육증명의 시험 및 취소 등에 관하여는 제112조 및 제114조제1항·제3항을 준용한다.

제116조(경량항공기 조종연습) ① 제115조제1항제1호의 조종연습을 하려는 사람은 그 조종연습에 관하여 국토교통부령으로 정하는 바에 따라 국토교통부장관의 허가를 받고 경량항공기 조종교육증명을 받은 사람의 감독 하에 조종연습을 하여야 한다.

② 제115조제1항제2호의 조종연습을 하려는 사람은 경량항공기 조종교육증명을 받은 사람의 감독 하에 조종연습을 하여야 한다.

③ 제1항에 따른 조종연습에 대해서는 제109조제1항을 적용하지 아니하고, 제2항에 따른 조종연습에 대해서는 제111조제2항을 적용하지 아니한다.

④ 국토교통부장관은 제1항에 따라 조종연습의 허가 신청을 받은 경우 신청인이 경량항공기 조종연습을 하기에 필요한 능력이 있다고 인정될 때에는 국토교통부령으로 정하는 바에 따라 그 조종연습을 허가하고, 신청인에게 경량항공기 조종연습허가서를 발급한다.

⑤ 제4항에 따른 허가를 받은 사람의 항공신체검사증명 등에 관하여는 제113조 및 제114조를 준용한다.

⑥ 제4항에 따른 허가를 받은 사람이 경량항공기 조종연습을 할 때에는 경량항공기 조종연습허가서와 항공신체검사증명서를 지녀야 한다.

제117조(경량항공기 전문교육기관의 지정 등) ① 국토교통부장관은 경량항공기 조종사를 양성하기 위하여 국토교통부령으로 정하는 바에 따라 경량항공기 전문교육기관을 지정할 수 있다.

② 국토교통부장관은 제1항에 따라 지정된 경량항공기 전문교육기관이 경량항공기 조종사를 양성하는 경우에는 예산의 범위에서 필요한 경비의 전부 또는 일부를 지원할 수 있다.

③ 경량항공기 전문교육기관의 교육과목, 교육방법, 인력, 시설 및 장비 등의 지정기준은 국토교통부령으로 정한다.

④ 국토교통부장관은 경량항공기 전문교육기관으로

지정받은 자가 다음 각 호의 어느 하나에 해당하는 경우에는 그 지정을 취소할 수 있다. 다만, 제1호에 해당하는 경우에는 그 지정을 취소하여야 한다.
1. 거짓이나 그 밖의 부정한 방법으로 경량항공기 전문교육기관으로 지정받은 경우
2. 제3항에 따른 경량항공기 전문교육기관의 지정기준 중 국토교통부령으로 정하는 사항을 위반한 경우

제118조(경량항공기 이륙·착륙의 장소) ① 누구든지 경량항공기를 비행장(군 비행장은 제외한다) 또는 이착륙장이 아닌 곳에서 이륙하거나 착륙하여서는 아니 된다. 다만, 안전과 관련한 비상상황 등 불가피한 사유가 있는 경우로서 국토교통부장관의 허가를 받은 경우에는 그러하지 아니한다.
② 제1항 단서에 따른 허가에 필요한 세부기준 및 절차와 그 밖에 필요한 사항은 대통령령으로 정한다.

제119조(경량항공기 무선설비 등의 설치·운용 의무) 국토교통부령으로 정하는 경량항공기를 항공에 사용하려는 사람 또는 소유자등은 해당 경량항공기에 무선교신용 장비, 항공기 식별용 트랜스폰더 등 국토교통부령으로 정하는 무선설비를 설치·운용하여야 한다.

제120조(경량항공기 조종사의 준수사항) ① 경량항공기 조종사는 경량항공기로 인하여 인명이나 재산에 피해가 발생하지 아니하도록 국토교통부령으로 정하는 준수사항을 지켜야 한다.
② 경량항공기 조종사는 경량항공기사고가 발생하였을 때에는 지체 없이 국토교통부령으로 정하는 바에 따라 국토교통부장관에게 그 사실을 보고하여야 한다. 다만, 경량항공기 조종사가 보고할 수 없을 때에는 그 경량항공기소유자등이 경량항공기사고를 보고하여야 한다.

제121조(경량항공기에 대한 준용규정) ① 경량항공기의 등록 등에 관하여는 제7조부터 제18조까지의 규정을 준용한다.
② 경량항공기에 대한 주류등의 섭취·사용 제한에 관하여는 제57조를 준용한다.
③ 경량항공기의 비행규칙에 관하여는 제67조를 준용한다.
④ 경량항공기의 비행제한에 관하여는 제79조를 준용한다.
⑤ 경량항공기에 대한 항공교통관제 업무 지시의 준수에 관하여는 제84조를 준용한다.

제10장 초경량비행장치

제122조(초경량비행장치 신고) ① 초경량비행장치를 소유하거나 사용할 수 있는 권리가 있는 자(이하 "초경량비행장치소유자등"이라 한다)는 초경량비행장치의 종류, 용도, 소유자의 성명, 제129조제4항에 따른 개인정보 및 개인위치정보의 수집 가능 여부 등을 국토교통부령으로 정하는 바에 따라 국토교통부장관에게 신고하여야 한다. 다만, 대통령령으로 정하는 초경량비행장치는 그러하지 아니하다.
② 국토교통부장관은 제1항 본문에 따른 신고를 받은 날부터 7일 이내에 신고수리 여부를 신고인에게 통지하여야 한다. 〈신설 2020. 6. 9.〉
③ 국토교통부장관이 제2항에서 정한 기간 내에 신고수리 여부 또는 민원 처리 관련 법령에 따른 처리기간의 연장을 신고인에게 통지하지 아니하면 그 기간(민원 처리 관련 법령에 따라 처리기간이 연장 또는 재연장된 경우에는 해당 처리기간을 말한다)이 끝난 날의 다음 날에 신고를 수리한 것으로 본다. 〈신설 2020. 6. 9.〉
④ 국토교통부장관은 제1항에 따라 초경량비행장치의 신고를 받은 경우 그 초경량비행장치소유자등에게 신고번호를 발급하여야 한다. 〈개정 2020. 6. 9.〉
⑤ 제4항에 따라 신고번호를 발급받은 초경량비행장치소유자등은 그 신고번호를 해당 초경량비행장치에 표시하여야 한다. 〈개정 2020. 6. 9.〉

제123조(초경량비행장치 변경신고 등) ① 초경량비행장치소유자등은 제122조제1항에 따라 신고한 초경량비행장의 용도, 소유자의 성명 등 국토교통부령으로 정하는 사항을 변경하려는 경우에는 국토교통부령으로 정하는 바에 따라 국토교통부장관에게 변경신고를 하여야 한다.
② 국토교통부장관은 제1항에 따른 변경신고를 받은 날부터 7일 이내에 신고수리 여부를 신고인에게 통지하여야 한다. 〈신설 2020. 6. 9.〉
③ 국토교통부장관이 제2항에서 정한 기간 내에 신고수리 여부 또는 민원 처리 관련 법령에 따른 처리기간의 연장을 신고인에게 통지하지 아니하면 그 기간(민원 처리 관련 법령에 따라 처리기간이 연장 또는 재연장된 경우에는 해당 처리기간을 말한다)이 끝난 날의 다음 날에 신고를 수리한 것으로 본다. 〈신설 2020. 6. 9.〉
④ 초경량비행장치소유자등은 제122조제1항에 따라 신고한 초경량비행장치가 멸실되었거나 그 초경량비행장치를 해체(정비등, 수송 또는 보관하기 위한 해체는 제외한다)한 경우에는 그 사유가 발생한 날부터 15일 이내에 국토교통부장관에게 말소신고를 하여야 한다. 〈개정 2020. 6. 9.〉
⑤ 제4항에 따른 신고가 신고서의 기재사항 및 첨부서류에 흠이 없고, 법령 등에 규정된 형식상의 요건을 충족하는 경우에는 신고서가 접수기관에 도달된 때에 신고된 것으로 본다. 〈신설 2020. 6. 9.〉
⑥ 초경량비행장치소유자등이 제4항에 따른 말소신

고를 하지 아니하면 국토교통부장관은 30일 이상의 기간을 정하여 말소신고를 할 것을 해당 초경량비행장치소유자등에게 최고하여야 한다. 〈개정 2020. 6. 9.〉

⑦ 제6항에 따른 최고를 한 후에도 해당 초경량비행장치소유자등이 말소신고를 하지 아니하면 국토교통부장관은 직권으로 그 신고번호를 말소할 수 있으며, 신고번호가 말소된 때에는 그 사실을 해당 초경량비행장치소유자등 및 그 밖의 이해관계인에게 알려야 한다. 〈개정 2020. 6. 9.〉

제124조(초경량비행장치 안전성인증) 시험비행 등 국토교통부령으로 정하는 경우로서 국토교통부장관의 허가를 받은 경우를 제외하고는 동력비행장치 등 국토교통부령으로 정하는 초경량비행장치를 사용하여 비행하려는 사람은 국토교통부령으로 정하는 기관 또는 단체의 장으로부터 그가 정한 안전성인증의 유효기간 및 절차·방법 등에 따라 그 초경량비행장치가 국토교통부장관이 정하여 고시하는 비행안전을 위한 기술상의 기준에 적합하다는 안전성인증을 받지 아니하고 비행하여서는 아니 된다. 이 경우 안전성인증의 유효기간 및 절차·방법 등에 대해서는 국토교통부장관의 승인을 받아야 하며, 변경할 때에도 또한 같다.

제125조(초경량비행장치 조종자 증명 등) ① 동력비행장치 등 국토교통부령으로 정하는 초경량비행장치를 사용하여 비행하려는 사람은 국토교통부령으로 정하는 기관 또는 단체의 장으로부터 그가 정한 해당 초경량비행장치별 자격기준 및 시험의 절차·방법에 따라 해당 초경량비행장치의 조종을 위하여 발급하는 증명(이하 "초경량비행장치 조종자 증명"이라 한다)을 받아야 한다. 이 경우 해당 초경량비행장치별 자격기준 및 시험의 절차·방법 등에 관하여는 국토교통부령으로 정하는 바에 따라 국토교통부장관의 승인을 받아야 하며, 변경할 때에도 또한 같다.

② 초경량비행장치 조종자 증명을 받은 사람은 다른 사람에게 자기의 성명을 사용하여 초경량비행장치 조종을 수행하게 하거나 초경량비행장치 조종자 증명을 빌려 주어서는 아니 된다. 〈신설 2021. 5. 18.〉

③ 누구든지 다른 사람의 성명을 사용하여 초경량비행장치 조종을 수행하거나 다른 사람의 초경량비행장치 조종자 증명을 빌려서는 아니 된다. 〈신설 2021. 5. 18.〉

④ 누구든지 제2항이나 제3항에서 금지된 행위를 알선하여서는 아니 된다. 〈신설 2021. 5. 18.〉

⑤ 국토교통부장관은 초경량비행장치 조종자 증명을 받은 사람이 다음 각 호의 어느 하나에 해당하는 경우에는 초경량비행장치 조종자 증명을 취소하거나 1년 이내의 기간을 정하여 그 효력의 정지를 명할 수 있다. 다만, 제1호, 제3호의2, 제3호의3, 제7호 또는 제8호의 어느 하나에 해당하는 경우에는 초경량비행장치 조종자 증명을 취소하여야 한다. 〈개정 2021. 5. 18., 2021. 12. 7.〉

1. 거짓이나 그 밖의 부정한 방법으로 초경량비행장치 조종자 증명을 받은 경우
2. 이 법을 위반하여 벌금 이상의 형을 선고받은 경우
3. 초경량비행장치의 조종자로서 업무를 수행할 때 고의 또는 중대한 과실로 초경량비행장치사고를 일으켜 인명피해나 재산피해를 발생시킨 경우
3의2. 제2항을 위반하여 다른 사람에게 자기의 성명을 사용하여 초경량비행장치 조종을 수행하게 하거나 초경량비행장치 조종자 증명을 빌려 준 경우
3의3. 제4항을 위반하여 다음 각 목의 어느 하나에 해당하는 행위를 알선한 경우
  가. 다른 사람에게 자기의 성명을 사용하여 초경량비행장치 조종을 수행하게 하거나 초경량비행장치 조종자 증명을 빌려 주는 행위
  나. 다른 사람의 성명을 사용하여 초경량비행장치 조종을 수행하거나 다른 사람의 초경량비행장치 조종자 증명을 빌리는 행위
4. 제129조제1항에 따른 초경량비행장치 조종자의 준수사항을 위반한 경우
5. 제131조에서 준용하는 제57조제1항을 위반하여 주류등의 영향으로 초경량비행장치를 사용하여 비행을 정상적으로 수행할 수 없는 상태에서 초경량비행장치를 사용하여 비행한 경우
6. 제131조에서 준용하는 제57조제2항을 위반하여 초경량비행장치를 사용하여 비행하는 동안에 같은 조 제1항에 따른 주류등을 섭취하거나 사용한 경우
7. 제131조에서 준용하는 제57조제3항을 위반하여 같은 조 제1항에 따른 주류등의 섭취 및 사용 여부의 측정 요구에 따르지 아니한 경우
8. 이 조에 따른 초경량비행장치 조종자 증명의 효력 정지기간에 초경량비행장치를 사용하여 비행한 경우

⑥ 국토교통부장관은 초경량비행장치 조종자 증명을 위한 초경량비행장치 실기시험장, 교육장 등의 시설을 지정·구축·운영할 수 있다. 〈신설 2017. 8. 9., 2021. 5. 18.〉

⑦ 제5항에 따른 처분의 기준 및 절차와 그 밖에 필요한 사항은 국토교통부령으로 정한다. 〈신설 2021. 5. 18.〉

제126조(초경량비행장치 전문교육기관의 지정 등) ① 국토교통부장관은 초경량비행장치 조종자를 양성하기 위하여 국토교통부령으로 정하는 바에 따라 초경량비행장치 전문교육기관(이하 "초경

량비행장치 전문교육기관"이라 한다)을 지정할 수 있다.
② 국토교통부장관은 초경량비행장치 전문교육기관이 초경량비행장치 조종자를 양성하는 경우에는 예산의 범위에서 필요한 경비의 전부 또는 일부를 지원할 수 있다.
③ 초경량비행장치 전문교육기관의 교육과목, 교육방법, 인력, 시설 및 장비 등의 지정기준은 국토교통부령으로 정한다.
④ 국토교통부장관은 초경량비행장치 전문교육기관으로 지정받은 자가 다음 각 호의 어느 하나에 해당하는 경우에는 그 지정을 취소할 수 있다. 다만, 제1호에 해당하는 경우에는 그 지정을 취소하여야 한다.
1. 거짓이나 그 밖의 부정한 방법으로 초경량비행장치 전문교육기관으로 지정받은 경우
2. 제3항에 따른 초경량비행장치 전문교육기관의 지정기준 중 국토교통부령으로 정하는 기준에 미달하는 경우
⑤ 국토교통부장관은 초경량비행장치 전문교육기관으로 지정받은 자가 제3항의 지정기준을 충족·유지하고 있는지에 대하여 관련 사항을 보고하게 하거나 자료를 제출하게 할 수 있다. 〈신설 2017. 8. 9.〉
⑥ 국토교통부장관은 초경량비행장치 전문교육기관으로 지정받은 자가 제3항의 지정기준을 충족·유지하고 있는지에 대하여 관계 공무원으로 하여금 사무소 등을 출입하여 관계 서류나 시설·장비 등을 검사하게 할 수 있다. 이 경우 검사를 하는 공무원은 그 권한을 나타내는 증표를 지니고 이를 관계인에게 내보여야 한다. 〈신설 2017. 8. 9.〉
⑦ 국토교통부장관은 초경량비행장치 조종자의 효율적 활용과 운용능력 향상을 위하여 필요한 경우 교육·훈련 등 조종자의 육성에 관한 사업을 실시할 수 있다. 〈신설 2019. 11. 26.〉

제127조(초경량비행장치 비행승인) ① 국토교통부장관은 초경량비행장치의 비행안전을 위하여 필요하다고 인정하는 경우에는 초경량비행장치의 비행을 제한하는 공역(이하 "초경량비행장치 비행제한공역"이라 한다)을 지정하여 고시할 수 있다.
② 동력비행장치 등 국토교통부령으로 정하는 초경량비행장치를 사용하여 국토교통부장관이 고시하는 초경량비행장치 비행제한공역에서 비행하려는 사람은 국토교통부령으로 정하는 바에 따라 미리 국토교통부장관으로부터 비행승인을 받아야 한다. 다만, 비행장 및 이착륙장의 주변 등 대통령령으로 정하는 제한된 범위에서 비행하려는 경우는 제외한다.
③ 제2항 본문에 따른 비행승인 대상이 아닌 경우라 하더라도 다음 각 호의 어느 하나에 해당하는 경우에는 제2항의 절차에 따라 국토교통부장관의 비행승인을 받아야 한다. 〈신설 2017. 8. 9., 2021. 12. 7.〉
1. 제68조제1호에 따른 국토교통부령으로 정하는 고도 이상에서 비행하는 경우
2. 제78조제1항에 따른 관제공역·통제공역·주의공역 중 관제권 등 국토교통부령으로 정하는 구역에서 비행하는 경우
④ 제2항 및 제3항제2호에 따른 국토교통부장관의 비행승인이 필요한 때에 제131조의2제2항에 따라 무인비행장치를 비행하려는 경우 해당 국가기관등의 장이 국토교통부령으로 정하는 바에 따라 사전에 그 사실을 국토교통부장관에게 알리면 비행승인을 받은 것으로 본다. 〈신설 2019. 8. 27.〉

제128조(초경량비행장치 구조 지원 장비 장착 의무) 초경량비행장치를 사용하여 초경량비행장치 비행제한공역에서 비행하려는 사람은 안전한 비행과 초경량비행장치사고 시 신속한 구조 활동을 위하여 국토교통부령으로 정하는 장비를 장착하거나 휴대하여야 한다. 다만, 무인비행장치 등 국토교통부령으로 정하는 초경량비행장치는 그러하지 아니하다.

제129조(초경량비행장치 조종자 등의 준수사항)
① 초경량비행장치의 조종자는 초경량비행장치로 인하여 인명이나 재산에 피해가 발생하지 아니하도록 국토교통부령으로 정하는 준수사항을 지켜야 한다.
② 초경량비행장치 조종자는 무인자유기구를 비행시켜서는 아니 된다. 다만, 국토교통부령으로 정하는 바에 따라 국토교통부장관의 허가를 받은 경우에는 그러하지 아니하다.
③ 초경량비행장치 조종자는 초경량비행장치사고가 발생하였을 때에는 국토교통부령으로 정하는 바에 따라 지체 없이 국토교통부장관에게 그 사실을 보고하여야 한다. 다만, 초경량비행장치 조종자가 보고할 수 없을 때에는 그 초경량비행장치소유자등이 초경량비행장치사고를 보고하여야 한다.
④ 무인비행장치 조종자는 무인비행장치를 사용하여 「개인정보 보호법」 제2조제1호에 따른 개인정보(이하 "개인정보"라 한다) 또는 「위치정보의 보호 및 이용 등에 관한 법률」 제2조제2호에 따른 개인위치정보(이하 "개인위치정보"라 한다) 등 개인의 공적·사적 생활과 관련된 정보를 수집하거나 이를 전송하는 경우 타인의 자유와 권리를 침해하지 아니하도록 하여야 하며 형식, 절차 등 세부적인 사항에 관하여는 각각 해당 법률에서 정하는 바에 따른다. 〈개정 2017. 8. 9.〉
⑤ 제1항에도 불구하고 초경량비행장치 중 무인비행장치 조종자로서 야간에 비행 등을 위하여 국토교통부령으로 정하는 바에 따라 국토교통부장관의

승인을 받은 자는 그 승인 범위 내에서 비행할 수 있다. 이 경우 국토교통부장관은 국토교통부장관이 고시하는 무인비행장치 특별비행을 위한 안전기준에 적합한지 여부를 검사하여야 한다. 〈신설 2017. 8. 9.〉

⑥ 제5항에 따른 승인을 신청하고자 하는 자는 제127조제2항 및 제3항에 따른 비행승인 신청을 함께 할 수 있다. 〈신설 2019. 11. 26.〉

제130조(초경량비행장치사용사업자에 대한 안전개선명령) 국토교통부장관은 초경량비행장치사용사업의 안전을 위하여 필요하다고 인정되는 경우에는 초경량비행장치사용사업자에게 다음 각 호의 사항을 명할 수 있다.
1. 초경량비행장치 및 그 밖의 시설의 개선
2. 그 밖에 초경량비행장치의 비행안전에 대한 방해요소를 제거하기 위하여 필요한 사항으로서 국토교통부령으로 정하는 사항

제131조(초경량비행장치에 대한 준용규정) 초경량비행장치소유자등 또는 초경량비행장치를 사용하여 비행하려는 사람에 대한 주류등의 섭취·사용 제한에 관하여는 제57조를 준용한다.

제131조의2(무인비행장치의 적용 특례) ① 군용·경찰용 또는 세관용 무인비행장치와 이에 관련된 업무에 종사하는 사람에 대하여는 이 법을 적용하지 아니한다.

② 국가, 지방자치단체, 「공공기관의 운영에 관한 법률」에 따른 공공기관으로서 대통령령으로 정하는 공공기관이 소유하거나 임차한 무인비행장치를 재해·재난 등으로 인한 수색·구조, 화재의 진화, 응급환자 후송, 그 밖에 국토교통부령으로 정하는 공공목적으로 긴급히 비행(훈련을 포함한다)하는 경우(국토교통부령으로 정하는 바에 따라 안전관리 방안을 마련한 경우에 한정한다)에는 제129조제1항, 제2항, 제4항 및 제5항을 적용하지 아니한다. 〈개정 2019. 11. 26.〉

③ 제129조제3항을 이 조 제2항에 적용할 때에는 "국토교통부장관"은 "소관 행정기관의 장"으로 본다. 이 경우 소관 행정기관의 장은 제129조제3항에 따라 보고받은 사실을 국토교통부장관에게 알려야 한다.
[본조신설 2017. 8. 9.]

제11장 보칙

제132조(항공안전 활동) ① 국토교통부장관은 항공안전의 확보를 위하여 다음 각 호의 어느 하나에 해당하는 자에게 그 업무에 관한 보고를 하게 하거나 서류를 제출하게 할 수 있다. 〈개정 2020. 6. 9., 2022. 1. 18.〉
1. 항공기등, 장비품 또는 부품의 제작 또는 정비등을 하는 자
2. 비행장, 이착륙장, 공항, 공항시설 또는 항행안전시설의 설치자 및 관리자
3. 항공종사자, 경량항공기 조종사 및 초경량비행장치 조종자
4. 항공교통업무증명을 받은 자
5. 항공운송사업자(외국인국제항공운송사업자 및 외국항공기로 유상운송을 하는 자를 포함한다. 이하 이 조에서 같다), 항공기사용사업자, 항공기정비업자, 초경량비행장치사용사업자, 「항공사업법」 제2조제22호에 따른 항공기대여업자, 「항공사업법」 제2조제27호에 따른 항공레저스포츠사업자, 경량항공기 소유자등 및 초경량비행장치 소유자등
6. 제48조에 따른 전문교육기관, 제72조에 따른 위험물전문교육기관, 제117조에 따른 경량항공기 전문교육기관, 제126조에 따른 초경량비행장치 전문교육기관의 설치자 및 관리자
6의2. 항공전문의사
7. 그 밖에 항공기, 경량항공기 또는 초경량비행장치를 계속하여 사용하는 자

② 국토교통부장관은 이 법을 시행하기 위하여 특히 필요한 경우에는 소속 공무원으로 하여금 제1항 각 호의 어느 하나에 해당하는 자의 다음 각 호의 어느 하나의 장소에 출입하여 항공기, 경량항공기 또는 초경량비행장치, 항행안전시설, 장부, 서류, 그 밖의 물건을 검사하거나 관계인에게 질문하게 할 수 있다. 이 경우 국토교통부장관은 검사 등의 업무를 효율적으로 수행하기 위하여 특히 필요하다고 인정하면 국토교통부령으로 정하는 자격을 갖춘 항공안전에 관한 전문가를 위촉하여 검사 등의 업무에 관한 자문에 응하게 할 수 있다.
1. 사무소, 공장이나 그 밖의 사업장
2. 비행장, 이착륙장, 공항, 공항시설, 항행안전시설 또는 그 시설의 공사장
3. 항공기 또는 경량항공기의 정치장
4. 항공기, 경량항공기 또는 초경량비행장치

③ 국토교통부장관은 항공운송사업자가 취항하는 공항에 대하여 국토교통부령으로 정하는 바에 따라 정기적인 안전성검사를 하여야 한다.

④ 제2항 및 제3항에 따른 검사 또는 질문을 하려면 검사 또는 질문을 하기 7일 전까지 검사 또는 질문의 일시, 사유 및 내용 등의 계획을 피검사자 또는 피질문자에게 알려야 한다. 다만, 긴급한 경우이거나 사전에 알리면 증거인멸 등으로 검사 또는 질문의 목적을 달성할 수 없다고 인정하는 경우에는 그러하지 아니하다.

⑤ 제2항 및 제3항에 따른 검사 또는 질문을 하는 공무원은 그 권한을 표시하는 증표를 지니고, 이를 관계인에게 보여주어야 한다.

⑥ 제5항에 따른 증표에 관하여 필요한 사항은 국토교통부령으로 정한다.
⑦ 제2항 및 제3항에 따른 검사 또는 질문을 한 경우에는 그 결과를 피검사자 또는 피질문자에게 서면으로 알려야 한다.
⑧ 국토교통부장관은 제2항 또는 제3항에 따른 검사를 하는 중에 긴급히 조치하지 아니할 경우 항공기, 경량항공기 또는 초경량비행장치의 안전운항에 중대한 위험을 초래할 수 있는 사항이 발견되었을 때에는 국토교통부령으로 정하는 바에 따라 항공기, 경량항공기 또는 초경량비행장치의 운항 또는 항행안전시설의 운용을 일시 정지하게 하거나 항공종사자, 초경량비행장치 조종자 또는 항행안전시설을 관리하는 자의 업무를 일시 정지하게 할 수 있다.
⑨ 국토교통부장관은 제2항 또는 제3항에 따른 검사 결과 항공기, 경량항공기 또는 초경량비행장치의 안전운항에 위험을 초래할 수 있는 사항을 발견한 경우에는 그 검사를 받은 자에게 시정조치 등을 명할 수 있다.

제133조(항공운송사업자에 관한 안전도 정보의 공개) 국토교통부장관은 국민이 항공기를 안전하게 이용할 수 있도록 국토교통부령으로 정하는 바에 따라 다음 각 호의 사항이 포함된 항공운송사업자(외국인국제항공운송사업자를 포함한다. 이하 이 조에서 같다)에 관한 안전도 정보를 공개하여야 한다.
1. 국토교통부령으로 정하는 항공기사고에 관한 정보
2. 항공운송사업자가 속한 국가에 대한 국제민간항공기구(ICAO)의 안전평가 결과[국제민간항공기구(ICAO)에서 안전기준에 미달하여 항공기사고의 위험도가 높은 것으로 공개한 국가만 해당한다]
3. 그 밖에 항공운송사업자의 안전과 관련하여 국토교통부령으로 정하는 사항

제133조의2(안전투자의 공시) ①「항공사업법」제2조제35호에 따른 항공교통사업자는 항공안전의 증진을 위하여 국토교통부장관이 항공안전과 직·간접적으로 관련이 있다고 인정한 지출 또는 투자(이하 "안전투자"라 한다) 세부내역을 매년 공시하여야 한다.
② 안전투자의 범위, 항목 및 공시를 위한 기준, 절차 등 안전투자의 공시를 위하여 필요한 사항은 국토교통부령으로 정한다.
[본조신설 2019. 11. 26.]

제134조(청문) 국토교통부장관은 다음 각 호의 어느 하나에 해당하는 처분을 하려면 청문을 하여야 한다. 〈개정 2017. 10. 24., 2017. 12. 26., 2021. 5. 18., 2022. 1. 18.〉
1. 제20조제7항에 따른 형식증명 또는 부가형식증명의 취소
2. 제21조제7항에 따른 형식증명승인 또는 부가형식증명승인의 취소
3. 제22조제5항에 따른 제작증명의 취소
4. 제23조제7항에 따른 감항증명의 취소
5. 제24조제3항에 따른 감항승인의 취소
6. 제25조제3항에 따른 소음기준적합증명의 취소
7. 제27조제4항에 따른 기술표준품형식승인의 취소
8. 제28조제5항에 따른 부품등제작자증명의 취소
8의2. 제39조의2제5항에 따른 모의비행훈련장치에 대한 지정의 취소 또는 효력정지
9. 제43조제1항 또는 제3항에 따른 자격증명등 또는 항공신체검사증명의 취소 또는 효력정지
10. 제44조제4항에서 준용하는 제43조제1항에 따른 계기비행증명 또는 조종교육증명의 취소
11. 제45조제6항에서 준용하는 제43조제1항에 따른 항공영어구술능력증명의 취소
11의2. 제47조의2에 따른 연습허가 또는 항공신체검사증명의 취소 또는 효력정지
12. 제48조의2에 따른 전문교육기관 지정의 취소
13. 제50조제1항에 따른 항공전문의사 지정의 취소 또는 효력정지(같은 항 제8호의 경우는 제외한다)
14. 제63조제3항에 따른 자격인정의 취소
15. 제71조제5항에 따른 포장·용기검사기관 지정의 취소
16. 제72조제5항에 따른 위험물전문교육기관 지정의 취소
17. 제86조제1항에 따른 항공교통업무증명의 취소
18. 제91조제1항 또는 제95조제1항에 따른 운항증명의 취소
19. 제98조제1항에 따른 정비조직인증의 취소
20. 제105조제1항 단서에 따른 운항증명승인의 취소
21. 제114조제1항 또는 제2항에 따른 자격증명등 또는 항공신체검사증명의 취소
22. 제115조제3항에서 준용하는 제114조제1항에 따른 조종교육증명의 취소
23. 제117조제4항에 따른 경량항공기 전문교육기관 지정의 취소
24. 제125조제5항에 따른 초경량비행장치 조종자 증명의 취소
25. 제126조제4항에 따른 초경량비행장치 전문교육기관 지정의 취소

제135조(권한의 위임·위탁) ① 이 법에 따른 국토교통부장관의 권한은 그 일부를 대통령령으로 정하는 바에 따라 특별시장·광역시장·특별자치시장·도지사·특별자치도지사 또는 국토교통부장

관 소속 기관의 장에게 위임할 수 있다.
② 국토교통부장관은 제20조부터 제25조까지, 제27조, 제28조 및 제30조에 따른 증명, 승인 또는 검사에 관한 업무를 대통령령으로 정하는 바에 따라 전문검사기관을 지정하여 위탁할 수 있다.
③ 국토교통부장관은 제30조에 따른 수리·개조승인에 관한 권한 중 국가기관등항공기의 수리·개조승인에 관한 권한을 대통령령으로 정하는 바에 따라 관계 중앙행정기관의 장에게 위탁할 수 있다.
④ 삭제 〈2020. 6. 9.〉
⑤ 국토교통부장관은 다음 각 호의 업무를 대통령령으로 정하는 바에 따라 「한국교통안전공단법」에 따른 한국교통안전공단(이하 "한국교통안전공단"이라 한다) 또는 항공 관련 기관·단체에 위탁할 수 있다. 〈개정 2017. 8. 9., 2017. 10. 24., 2019. 11. 26., 2020. 6. 9., 2021. 5. 18., 2021. 12. 7.〉
1. 제38조에 따른 자격증명 시험업무 및 자격증명 한정심사업무와 항공종사자 자격증명서의 발급에 관한 업무
2. 제44조에 따른 계기비행증명업무 및 조종교육증명업무와 증명서의 발급에 관한 업무
3. 제45조제3항에 따른 항공영어구술능력증명서의 발급에 관한 업무
4. 제48조제9항 및 제10항에 따른 항공교육훈련통합관리시스템에 관한 업무
5. 제61조에 따른 항공안전 자율보고의 접수·분석 및 전파에 관한 업무
6. 제112조에 따른 경량항공기 조종사 자격증명 시험업무 및 자격증명 한정심사업무와 경량항공기 조종사 자격증명서의 발급에 관한 업무
7. 제115조제1항 및 제2항에 따른 경량항공기 조종교육증명업무와 증명서의 발급 및 경량항공기 조종교육증명을 받은 자에 대한 교육에 관한 업무
8. 제122조에 따른 초경량비행장치 신고의 수리 및 신고번호의 발급에 관한 업무
9. 제123조에 따른 초경량비행장치의 변경신고, 말소신고, 말소신고의 최고와 직권말소 및 직권말소의 통보에 관한 업무
10. 제125조제1항에 따른 초경량비행장치 조종자 증명에 관한 업무
11. 제125조제6항에 따른 실기시험장, 교육장 등 시설의 지정·구축·운영에 관한 업무
12. 제126조제1항 및 제5항에 따른 초경량비행장치 전문교육기관의 지정 및 지정조건의 충족·유지 여부 확인에 관한 업무
13. 제126조제7항에 따른 교육·훈련 등 조종자의 육성에 관한 업무
13의2. 제130조에 따른 초경량비행장치사용사업자에 대한 안전개선명령 업무
13의3. 제132조제1항에 따른 항공안전 활동에 관한 업무(초경량비행장치사용사업자에 한정한다)
14. 제133조의2제1항에 따른 안전투자의 공시에 관한 업무
⑥ 국토교통부장관은 다음 각 호의 업무를 대통령령으로 정하는 바에 따라 항공의학 관련 전문기관 또는 단체에 위탁할 수 있다. 〈개정 2022. 1. 18.〉
1. 제40조에 따른 항공신체검사증명에 관한 업무
1의2. 제42조제2항에 따라 항공신체검사증명을 받은 사람의 신체적·정신적 상태의 저하에 관한 신고 접수, 같은 조 제3항에 따른 항공신체검사증명의 기준 적합 여부 확인 및 결과 통지에 관한 업무
2. 제49조제3항에 따른 항공전문의사의 교육에 관한 업무
⑦ 국토교통부장관은 제45조제2항에 따른 항공영어구술능력증명시험의 실시에 관한 업무를 대통령령으로 정하는 바에 따라 한국교통안전공단 또는 영어평가 관련 전문기관·단체에 위탁할 수 있다. 〈개정 2017. 8. 9., 2017. 10. 24.〉
⑧ 국토교통부장관은 다음 각 호의 업무를 대통령령으로 정하는 바에 따라 「항공안전기술원법」에 따른 항공안전기술원 또는 항공 관련 기관·단체에 위탁할 수 있다. 〈신설 2017. 1. 17., 2017. 8. 9., 2019. 8. 27.〉
1. 「국제민간항공협약」 및 같은 협약 부속서에서 채택된 표준과 권고되는 방식에 따라 제19조, 제67조, 제70조 및 제77조에 따른 항공기기술기준, 비행규칙, 위험물취급의 절차·방법 및 운항기술기준을 정하기 위한 연구 업무
2. 제59조에 따른 항공안전 의무보고의 분석 및 전파에 관한 업무
3. 제129조제5항 후단에 따른 검사에 관한 업무
4. 그 밖에 항공기의 안전한 항행을 위한 연구·분석 업무로서 대통령령으로 정하는 업무
[시행일: 2025. 1. 19.] 제135조제6항제1호의2

제136조(수수료 등) ① 다음 각 호의 어느 하나에 해당하는 자는 국토교통부령으로 정하는 수수료를 국토교통부장관에게 내야 한다. 다만, 제135조제2항 및 제5항부터 제8항까지의 규정에 따라 권한이 위탁된 경우에는 그 수탁기관에 내야 한다. 〈개정 2019. 11. 26., 2020. 6. 9.〉
1. 이 법에 따른 증명·승인·인증·등록 또는 검사(이하 "검사등"이라 한다)를 받으려는 자
2. 이 법에 따른 증명서 또는 허가서의 발급 또는 재발급을 신청하는 자
② 검사등을 위하여 현지출장이 필요한 경우에는 그 출장에 드는 여비를 신청인이 내야 한다. 이 경우 여비의 기준은 국토교통부령으로 정한다.

제136조의2(비밀유지 의무) 다음 각 호의 어느 하

나에 해당하는 업무에 종사하거나 종사하였던 사람은 그 직무상 알게 된 다른 사람의 의료 기록 등 개인정보의 비밀을 타인에게 누설하거나 직무상 목적 외에 사용하여서는 아니 된다.
1. 제34조에 따른 항공종사자 자격증명 업무
2. 제40조에 따른 항공신체검사증명 업무
[본조신설 2022. 1. 18.]

제137조(벌칙 적용에서 공무원 의제) 다음 각 호의 어느 하나에 해당하는 사람은 「형법」제129조부터 제132조까지의 규정을 적용할 때 공무원으로 본다. 〈개정 2017. 1. 17., 2020. 6. 9.〉
1. 제31조제2항에 따른 검사관 중 공무원이 아닌 사람
2. 제135조제2항 및 제5항부터 제8항까지의 규정에 따라 국토교통부장관이 위탁한 업무에 종사하는 전문검사기관, 전문기관 또는 단체 등의 임직원

제12장 벌칙

제138조(항행 중 항공기 위험 발생의 죄) ① 사람이 현존하는 항공기, 경량항공기 또는 초경량비행장치를 항행 중에 추락 또는 전복(顚覆)시키거나 파괴한 사람은 사형, 무기징역 또는 5년 이상의 징역에 처한다.
② 제140조의 죄를 지어 사람이 현존하는 항공기, 경량항공기 또는 초경량비행장치를 항행 중에 추락 또는 전복시키거나 파괴한 사람은 사형, 무기징역 또는 5년 이상의 징역에 처한다.

제139조(항행 중 항공기 위험 발생으로 인한 치사·치상의 죄) 제138조의 죄를 지어 사람을 사상(死傷)에 이르게 한 사람은 사형, 무기징역 또는 7년 이상의 징역에 처한다.

제140조(항공상 위험 발생 등의 죄) 비행장, 이착륙장, 공항시설 또는 항행안전시설을 파손하거나 그 밖의 방법으로 항공상의 위험을 발생시킨 사람은 10년 이하의 징역에 처한다. 〈개정 2017. 10. 24.〉

제141조(미수범) 제138조제1항 및 제140조의 미수범은 처벌한다.

제142조(기장 등의 탑승자 권리행사 방해의 죄) ① 직권을 남용하여 항공기에 있는 사람에게 그의 의무가 아닌 일을 시키거나 그의 권리행사를 방해한 기장 또는 조종사는 1년 이상 10년 이하의 징역에 처한다.
② 폭력을 행사하여 제1항의 죄를 지은 기장 또는 조종사는 3년 이상 15년 이하의 징역에 처한다. 〈개정 2017. 10. 24.〉

제143조(기장의 항공기 이탈의 죄) 제62조제4항을 위반하여 항공기를 떠난 기장(기장의 임무를 수행할 사람을 포함한다)은 5년 이하의 징역에 처한다.

제144조(감항증명을 받지 아니한 항공기 사용 등의 죄) 다음 각 호의 어느 하나에 해당하는 자는 3년 이하의 징역 또는 5천만원 이하의 벌금에 처한다.
1. 제23조 또는 제25조를 위반하여 감항증명 또는 소음기준적합증명을 받지 아니하거나 감항증명 또는 소음기준적합증명이 취소 또는 정지된 항공기를 운항한 자
2. 제27조제3항을 위반하여 기술표준품형식승인을 받지 아니한 기술표준품을 제작·판매하거나 항공기등에 사용한 자
3. 제28조제3항을 위반하여 부품등제작자증명을 받지 아니한 장비품 또는 부품을 제작·판매하거나 항공기등 또는 장비품에 사용한 자
4. 제30조를 위반하여 수리·개조승인을 받지 아니한 항공기등, 장비품 또는 부품을 운항 또는 항공기등에 사용한 자
5. 제32조제1항을 위반하여 정비등을 한 항공기등, 장비품 또는 부품에 대하여 감항성을 확인받지 아니하고 운항 또는 항공기등에 사용한 자

제144조의2(전문교육기관의 지정 위반에 관한 죄) 제48조제1항 단서를 위반하여 전문교육기관의 지정을 받지 아니하고 제35조제1호부터 제4호까지의 항공종사자를 양성하기 위하여 항공기등을 사용한 자는 3년 이하의 징역 또는 3천만원 이하의 벌금에 처한다.
[본조신설 2017. 10. 24.]

제145조(운항증명 등의 위반에 관한 죄) 다음 각 호의 어느 하나에 해당하는 자는 3년 이하의 징역 또는 3천만원 이하의 벌금에 처한다.
1. 제90조제1항(제96조제1항에서 준용하는 경우를 포함한다)에 따른 운항증명을 받지 아니하고 운항을 시작한 항공운송사업자 또는 항공기사용사업자
2. 제97조를 위반하여 정비조직인증을 받지 아니하고 항공기등, 장비품 또는 부품에 대한 정비등을 한 항공기정비업자 또는 외국의 항공기정비업자

제146조(주류등의 섭취·사용 등의 죄) 다음 각 호의 어느 하나에 해당하는 사람은 3년 이하의 징역 또는 3천만원 이하의 벌금에 처한다. 〈개정 2020. 6. 9., 2021. 5. 18.〉
1. 제57조제1항(제106조제1항에 따라 준용되는 경우를 포함한다)을 위반하여 주류등의 영향으로 항공업무(제46조에 따른 항공기 조종연습 및 제47조에 따른 항공교통관제연습을 포함한다) 또는 객실승무원의 업무를 정상적으로 수행할 수 없는

상태에서 그 업무에 종사한 항공종사자(제46조에 따른 항공기 조종연습 및 제47조에 따른 항공교통관제연습을 하는 사람을 포함한다. 이하 이 조에서 같다) 또는 객실승무원
2. 제57조제2항(제106조제1항에 따라 준용되는 경우를 포함한다)을 위반하여 주류등을 섭취하거나 사용한 항공종사자 또는 객실승무원
3. 제57조제3항(제106조제1항에 따라 준용되는 경우를 포함한다)을 위반하여 국토교통부장관의 측정에 따르지 아니한 항공종사자 또는 객실승무원

제147조(항공교통업무증명 위반에 관한 죄) ① 제85조제1항을 위반하여 항공교통업무증명을 받지 아니하고 항공교통업무를 제공한 자는 3년 이하의 징역 또는 3천만원 이하의 벌금에 처한다.
② 다음 각 호의 어느 하나에 해당하는 자는 1천만원 이하의 벌금에 처한다.
1. 제85조제4항을 위반하여 항공교통업무제공체계를 유지하지 아니하거나 항공교통업무증명기준을 준수하지 아니한 자
2. 제85조제5항을 위반하여 신고를 하지 아니하거나 승인을 받지 아니하고 항공교통업무제공체계를 변경한 자

제148조(무자격자의 항공업무 종사 등의 죄) 다음 각 호의 어느 하나에 해당하는 사람은 2년 이하의 징역 또는 2천만원 이하의 벌금에 처한다. 〈개정 2017. 1. 17., 2021. 5. 18., 2022. 1. 18.〉
1. 제34조를 위반하여 자격증명을 받지 아니하고 항공업무에 종사한 사람
2. 제36조제2항을 위반하여 그가 받은 자격증명의 종류에 따른 업무범위 외의 업무에 종사한 사람
2의2. 제39조의3을 위반한 사람으로서 다음 각 목의 어느 하나에 해당하는 사람
  가. 다른 사람에게 자기의 성명을 사용하여 항공업무를 수행하게 하거나 항공종사자 자격증명서를 빌려 준 사람
  나. 다른 사람의 성명을 사용하여 항공업무를 수행하거나 다른 사람의 항공종사자 자격증명서를 빌린 사람
  다. 가목 및 나목의 행위를 알선한 사람
3. 제43조 또는 제47조의2에 따른 효력정지명령을 위반한 사람
4. 제45조를 위반하여 항공영어구술능력증명을 받지 아니하고 같은 조 제1항 각 호의 어느 하나에 해당하는 업무에 종사한 사람

제148조의2(국가 항공안전프로그램에 관한 죄) 제58조제6항을 위반하여 분석결과를 이유로 관련된 사람에 대하여 불이익 조치를 한 자는 2년 이하의 징역 또는 2천만원 이하의 벌금에 처한다.
[본조신설 2022. 6. 10.]
[종전 제148조의2는 제148조의3으로 이동 〈2022. 6. 10.〉]

제148조의3(항공안전 의무보고에 관한 죄) 제59조제3항을 위반하여 항공안전 의무보고를 한 사람에 대하여 불이익조치를 한 자는 2년 이하의 징역 또는 2천만원 이하의 벌금에 처한다.
[본조신설 2019. 8. 27.]
[제148조의2에서 이동 〈2022. 6. 10.〉]

제148조의4(항공안전 자율보고에 관한 죄) 제61조제3항을 위반하여 항공안전 자율보고를 한 사람에 대하여 불이익 조치를 한 자는 2년 이하의 징역 또는 2천만원 이하의 벌금에 처한다.
[본조신설 2022. 6. 10.]

제149조(과실에 따른 항공상 위험 발생 등의 죄) ① 과실로 항공기·경량항공기·초경량비행 장치·비행장·이착륙장·공항시설 또는 항행안전시설을 파손하거나, 그 밖의 방법으로 항공상의 위험을 발생시키거나 항행 중인 항공기를 추락 또는 전복시키거나 파괴한 사람은 1년 이하의 징역 또는 1천만원 이하의 벌금에 처한다. 〈개정 2017. 1. 17.〉
② 업무상 과실 또는 중대한 과실로 제1항의 죄를 지은 경우에는 3년 이하의 징역 또는 5천만원 이하의 벌금에 처한다.

제150조(무표시 등의 죄) 제18조에 따른 표시를 하지 아니하거나 거짓 표시를 한 항공기를 운항한 소유자등은 1년 이하의 징역 또는 1천만원 이하의 벌금에 처한다. 〈개정 2017. 1. 17.〉

제151조(승무원을 승무시키지 아니한 죄) 항공종사자의 자격증명이 없는 사람을 항공기에 승무(乘務)시키거나 이 법에 따라 항공기에 승무시켜야 할 승무원을 승무시키지 아니한 소유자등은 1년 이하의 징역 또는 1천만원 이하의 벌금에 처한다. 〈개정 2017. 1. 17.〉

제152조(무자격 계기비행 등의 죄) 제44조제1항·제2항 또는 제55조를 위반한 자는 2천만원 이하의 벌금에 처한다.

제153조(무선설비 등의 미설치·운용의 죄) 제51조부터 제54조까지의 규정을 위반한 자는 2천만원 이하의 벌금에 처한다.

제153조의2(항공기 내 흡연의 죄) ① 운항 중인 항공기 내에서 제57조의2를 위반한 자는 1천만원 이하의 벌금에 처한다.
② 주기 중인 항공기 내에서 제57조의2를 위반한 자는 500만원 이하의 벌금에 처한다.
[본조신설 2020. 12. 8.]

제154조(무허가 위험물 운송의 죄) 제70조제1항을 위반한 자는 2천만원이하의 벌금에 처한다.

제155조(수직분리축소공역 등에서 승인 없이 운항한 죄) 제75조를 위반하여 국토교통부장관의 승인을 받지 아니하고 같은 조 제1항 각 호의 어느 하나에 해당하는 공역에서 항공기를 운항한 소유자등은 1천만원 이하의 벌금에 처한다.

제156조(항공운송사업자 등의 업무 등에 관한 죄) 항공운송사업자 또는 항공기사용사업자가 다음 각 호의 어느 하나에 해당하는 경우에는 1천만원 이하의 벌금에 처한다. 〈개정 2020. 6. 9.〉
1. 제74조를 위반하여 승인을 받지 아니하고 비행기를 운항한 경우
2. 제93조제7항 후단(제96조제2항에서 준용하는 경우를 포함한다)을 위반하여 운항규정 또는 정비규정을 준수하지 아니하고 항공기를 운항하거나 정비한 경우
3. 제94조(제96조제2항에서 준용하는 경우를 포함한다)에 따른 항공운송의 안전을 위한 명령을 이행하지 아니한 경우

제157조(외국인국제항공운송사업자의 업무 등에 관한 죄) 외국인국제항공운송사업자가 다음 각 호의 어느 하나에 해당하는 경우에는 1천만원 이하의 벌금에 처한다. 〈개정 2021. 5. 18.〉
1. 제104조제1항을 위반하여 같은 항 각 호의 서류를 항공기에 싣지 아니하고 운항한 경우
2. 제105조에 따른 항공기 운항의 정지명령을 위반한 경우
3. 제106조제2항에 따라 준용되는 제94조에 따른 항공운송의 안전을 위한 명령을 이행하지 아니한 경우

제158조(기장 등의 보고의무 등의 위반에 관한 죄) 다음 각 호의 어느 하나에 해당하는 자는 500만원 이하의 벌금에 처한다. 〈개정 2019. 8. 27.〉
1. 제62조제5항 또는 제6항을 위반하여 항공기사고·항공기준사고 또는 의무보고 대상 항공안전장애에 관한 보고를 하지 아니하거나 거짓으로 한 자
2. 제65조제2항에 따른 승인을 받지 아니하고 항공기를 출발시키거나 비행계획을 변경한 자

제159조(운항승무원 등의 직무에 관한 죄) ① 운항승무원 등으로서 다음 각 호의 어느 하나에 해당하는 자는 500만원 이하의 벌금에 처한다.
1. 제66조부터 제68조까지, 제79조 또는 제100조제1항을 위반한 자
2. 제84조제1항에 따른 지시에 따르지 아니한 자
3. 제100조제3항에 따른 착륙 요구에 따르지 아니한 자
② 기장 외의 운항승무원이 제1항에 따른 죄를 지은 경우에는 그 행위자를 벌하는 외에 기장도 500만원 이하의 벌금에 처한다.

제160조(경량항공기 불법 사용 등의 죄) ① 다음 각 호의 어느 하나에 해당하는 자는 3년 이하의 징역 또는 3천만원 이하의 벌금에 처한다.
1. 제121조제2항에서 준용하는 제57조제1항을 위반하여 주류등의 영향으로 경량항공기를 사용하여 비행을 정상적으로 수행할 수 없는 상태에서 경량항공기를 사용하여 비행을 한 사람
2. 제121조제2항에서 준용하는 제57조제2항을 위반하여 경량항공기를 사용하여 비행하는 동안에 주류등을 섭취하거나 사용한 사람
3. 제121조제2항에서 준용하는 제57조제3항을 위반하여 국토교통부장관의 측정 요구에 따르지 아니한 사람
② 제110조 본문을 위반하여 경량항공기 조종업무 외의 업무를 한 사람은 2년 이하의 징역 또는 2천만원 이하의 벌금에 처한다.
③ 제108조제1항에 따른 안전성인증을 받지 아니한 경량항공기를 사용하여 비행을 한 자 또는 비행을 하게 한 자는 1년 이하의 징역 또는 1천만원 이하의 벌금에 처한다.
④ 다음 각 호의 어느 하나에 해당하는 자는 6개월 이하의 징역 또는 500만원 이하의 벌금에 처한다. 〈개정 2020. 6. 9., 2021. 5. 18.〉
1. 제109조제1항을 위반하여 경량항공기 조종사 자격증명을 받지 아니하고 경량항공기를 사용하여 비행을 한 사람
2. 제112조의2를 위반한 사람으로서 다음 각 목의 어느 하나에 해당하는 사람
  가. 다른 사람에게 자기의 성명을 사용하여 경량항공기 조종업무를 수행하게 하거나 경량항공기 조종사 자격증명서를 빌려 준 사람
  나. 다른 사람의 성명을 사용하여 경량항공기 조종업무를 수행하거나 다른 사람의 경량항공기 조종사 자격증명서를 빌린 사람
  다. 가목 및 나목의 행위를 알선한 사람
3. 제121조제1항에서 준용하는 제7조제1항을 위반하여 등록을 하지 아니한 경량항공기를 사용하여 비행을 한 자
4. 제121조제1항에서 준용하는 제18조제1항을 위반하여 국적 및 등록기호를 표시하지 아니하거나 거짓으로 표시한 경량항공기를 사용하여 비행을 한 사람
⑤ 제115조제1항을 위반하여 경량항공기 조종교육증명을 받지 아니하고 조종교육을 한 사람은 2천만원 이하의 벌금에 처한다.
⑥ 제119조를 위반하여 무선설비를 설치·운용하지 아니한 자는 500만원 이하의 벌금에 처한다.
⑦ 다음 각 호의 어느 하나에 해당하는 사람은 300만원 이하의 벌금에 처한다.
1. 제118조를 위반하여 경량항공기를 사용하여 이

륙·착륙 장소가 아닌 곳 또는 「공항시설법」 제25조제6항에 따라 사용이 중지된 이착륙장에서 이륙하거나 착륙한 사람
2. 제121조제4항에서 준용하는 제79조제2항을 위반하여 통제공역에서 비행한 사람

제161조(초경량비행장치 불법 사용 등의 죄) ① 다음 각 호의 어느 하나에 해당하는 자는 3년 이하의 징역 또는 3천만원 이하의 벌금에 처한다.
1. 제131조에서 준용하는 제57조제1항을 위반하여 주류등의 영향으로 초경량비행장치를 사용하여 비행을 정상적으로 수행할 수 없는 상태에서 초경량비행장치를 사용하여 비행을 한 사람
2. 제131조에서 준용하는 제57조제2항을 위반하여 초경량비행장치를 사용하여 비행하는 동안에 주류등을 섭취하거나 사용한 사람
3. 제131조에서 준용하는 제57조제3항을 위반하여 국토교통부장관의 측정 요구에 따르지 아니한 사람

② 제124조에 따른 비행안전을 위한 기술상의 기준에 적합하다는 안전성인증을 받지 아니한 초경량비행장치를 사용하여 제125조제1항에 따른 초경량비행장치 조종자 증명을 받지 아니하고 비행을 한 사람은 1년 이하의 징역 또는 1천만원 이하의 벌금에 처한다.

③ 제122조 또는 제123조를 위반하여 초경량비행장치의 신고 또는 변경신고를 하지 아니하고 비행을 한 자는 6개월 이하의 징역 또는 500만원 이하의 벌금에 처한다.

④ 다음 각 호의 어느 하나에 해당하는 사람은 500만원 이하의 벌금에 처한다. 〈개정 2021. 12. 7.〉
1. 제127조제2항을 위반하여 국토교통부장관의 승인을 받지 아니하고 초경량비행장치 비행제한공역을 비행한 사람
2. 제127조제3항제2호를 위반하여 국토교통부장관의 승인을 받지 아니하고 초경량비행장치를 이용하여 관제권에서 비행함으로써 항공기 이착륙을 지연시키거나 회항하게 하는 등 비행장 운영에 지장을 초래한 사람
3. 제129조제2항을 위반하여 국토교통부장관의 허가를 받지 아니하고 무인자유기구를 비행시킨 사람

⑤ 삭제 〈2021. 12. 7.〉

제162조(명령 위반의 죄) 제130조에 따른 초경량비행장치사용사업의 안전을 위한 명령을 이행하지 아니한 초경량비행장치사용사업자는 1천만원 이하의 벌금에 처한다.

제163조(검사 거부 등의 죄) 제132조제2항 및 제3항에 따른 검사 또는 출입을 거부·방해하거나 기피한 자는 500만원 이하의 벌금에 처한다.

제163조의2(비밀유지 위반의 죄) 제136조의2를 위반하여 업무를 수행하는 과정에서 알게 된 비밀을 누설하거나 이를 직무상 목적 외에 사용한 자는 3년 이하의 징역 또는 3천만원 이하의 벌금에 처한다.
[본조신설 2022. 1. 18.]

제164조(양벌규정) 법인의 대표자나 법인 또는 개인의 대리인, 사용인, 그 밖의 종업원이 그 법인 또는 개인의 업무에 관하여 제144조, 제145조, 제148조, 제150조부터 제154조까지, 제156조, 제157조 및 제159조부터 제163조까지의 어느 하나에 해당하는 위반행위를 하면 그 행위자를 벌하는 외에 그 법인 또는 개인에게도 해당 조문의 벌금형을 과(科)한다. 다만, 법인 또는 개인이 그 위반행위를 방지하기 위하여 해당 업무에 관하여 상당한 주의와 감독을 게을리하지 아니한 경우에는 그러하지 아니하다.

제165조(벌칙 적용의 특례) 제144조, 제156조 및 제163조의 벌칙에 관한 규정을 적용할 때 제92조(제106조제2항에 따라 준용되는 경우를 포함한다) 또는 제95조제4항에 따라 과징금을 부과할 수 있는 행위에 대해서는 국토교통부장관의 고발이 있어야 공소를 제기할 수 있으며, 과징금을 부과한 행위에 대해서는 과태료를 부과할 수 없다. 〈개정 2017. 1. 17., 2021. 5. 18.〉

제166조(과태료) ① 다음 각 호의 어느 하나에 해당하는 자에게는 500만원 이하의 과태료를 부과한다. 〈개정 2019. 11. 26., 2020. 12. 8., 2022. 1. 18.〉
1. 제41조의2를 위반하여 소속 항공교통관제사 또는 운항승무원을 대상으로 건강증진활동계획을 수립·시행하지 아니한 자
1의2. 제56조제1항을 위반하여 같은 항 각 호의 어느 하나 이상의 방법으로 소속 승무원 또는 운항관리사의 피로를 관리하지 아니한 자(항공운송사업자 및 항공기사용사업자는 제외한다)
2. 제56조제2항을 위반하여 국토교통부장관의 승인을 받지 아니하고 피로위험관리시스템을 운용하거나 중요사항을 변경한 자(항공운송사업자 및 항공기사용사업자는 제외한다)
3. 제58조제2항을 위반하여 다음 각 목의 어느 하나에 해당하는 자(제58조제2항제1호 및 제4호에 해당하는 자 중 항공운송사업자 및 항공기사용사업자 외의 자만 해당한다)
  가. 제작 또는 운항 등을 시작하기 전까지 항공안전관리시스템을 마련하지 아니한 자
  나. 국토교통부장관의 승인을 받지 아니하고 항공안전관리시스템을 운용한 자
  다. 항공안전관리시스템을 승인받은 내용과 다르

게 운용한 자
라. 국토교통부장관의 승인을 받지 아니하고 국토교통부령으로 정하는 중요사항을 변경한 자
4. 제65조제1항을 위반하여 운항관리사를 두지 아니하고 항공기를 운항한 항공운송사업자 외의 자
5. 제65조제3항을 위반하여 운항관리사가 해당 업무를 수행하는 데 필요한 교육훈련을 하지 아니하고 업무에 종사하게 한 항공운송사업자 외의 자
6. 제70조제3항에 따른 위험물취급의 절차와 방법에 따르지 아니하고 위험물취급을 한 자
7. 제71조제1항에 따른 검사를 받지 아니한 포장 및 용기를 판매한 자
8. 제72조제1항을 위반하여 위험물취급에 필요한 교육을 받지 아니하고 위험물취급을 한 자
9. 제115조제2항을 위반하여 국토교통부장관이 정하는 바에 따라 교육을 받지 아니하고 경량항공기 조종교육을 한 자
10. 제124조를 위반하여 초경량비행장치의 비행안전을 위한 기술상의 기준에 적합하다는 안전성인증을 받지 아니하고 비행한 사람(제161조제2항이 적용되는 경우는 제외한다)
11. 제132조제1항에 따른 보고 등을 하지 아니하거나 거짓 보고 등을 한 사람
12. 제132조제2항에 따른 질문에 대하여 거짓 진술을 한 사람
13. 제132조제8항에 따른 운항정지, 운용정지 또는 업무정지를 따르지 아니한 자
14. 제132조제9항에 따른 시정조치 등의 명령에 따르지 아니한 자
15. 제133조의2제1항에 따른 공시를 하지 아니하거나 거짓으로 공시한 자
② 제125조제1항을 위반하여 초경량비행장치 조종자 증명을 받지 아니하고 초경량비행장치를 사용하여 비행한 사람(제161조제2항이 적용되는 경우는 제외한다)에게는 400만원 이하의 과태료를 부과한다. 〈신설 2021. 12. 7.〉
③ 다음 각 호의 어느 하나에 해당하는 자에게는 300만원 이하의 과태료를 부과한다. 〈개정 2021. 5. 18., 2021. 12. 7.〉
1. 제108조제4항을 위반하여 국토교통부령으로 정하는 방법에 따라 안전하게 운용할 수 있다는 확인을 받지 아니하고 경량항공기를 사용하여 비행한 사람
2. 제120조제1항을 위반하여 국토교통부령으로 정하는 준수사항을 따르지 아니하고 경량항공기를 사용하여 비행한 사람
3. 삭제 〈2021. 12. 7.〉
4. 제125조제2항부터 제4항까지를 위반한 사람으로서 다음 각 목의 어느 하나에 해당하는 사람
가. 다른 사람에게 자기의 성명을 사용하여 초경량비행장치 조종을 수행하게 하거나 초경량비행장치 조종자 증명을 빌려 준 사람
나. 다른 사람의 성명을 사용하여 초경량비행장치 조종을 수행하거나 다른 사람의 초경량비행장치 조종자 증명을 빌린 사람
다. 가목 및 나목의 행위를 알선한 사람
5. 제127조제3항을 위반하여 국토교통부장관의 승인을 받지 아니하고 초경량비행장치를 사용하여 비행한 사람(제161조제4항제2호가 적용되는 경우는 제외한다)
6. 제129조제1항을 위반하여 국토교통부령으로 정하는 준수사항을 따르지 아니하고 초경량비행장치를 사용하여 비행한 사람
7. 제129조제5항을 위반하여 국토교통부장관이 승인한 범위 외에서 비행한 사람
④ 다음 각 호의 어느 하나에 해당하는 자에게는 200만원 이하의 과태료를 부과한다. 〈개정 2017. 8. 9., 2020. 6. 9., 2021. 12. 7.〉
1. 제13조 또는 제15조제1항을 위반하여 변경등록 또는 말소등록의 신청을 하지 아니한 자
2. 제17조제1항을 위반하여 항공기 등록기호표를 붙이지 아니하고 항공기를 사용한 자
3. 제26조를 위반하여 변경된 항공기기술기준을 따르도록 한 요구에 따르지 아니한 자
4. 항공종사자가 아닌 사람으로서 고의 또는 중대한 과실로 제61조제1항의 항공안전위해요인을 발생시킨 사람
5. 제84조제2항(제121조제5항에서 준용하는 경우를 포함한다)을 위반하여 항공교통의 안전을 위한 국토교통부장관 또는 항공교통업무증명을 받은 자의 지시에 따르지 아니한 자
6. 제93조제7항 후단(제96조제2항에서 준용하는 경우를 포함한다)을 위반하여 운항규정 또는 정비규정을 준수하지 아니하고 항공기의 운항 또는 정비에 관한 업무를 수행한 종사자
7. 제108조제3항을 위반하여 부여된 안전성인증 등급에 따른 운용범위를 준수하지 아니하고 경량항공기를 사용하여 비행한 사람
8. 삭제 〈2021. 12. 7.〉
9. 삭제 〈2021. 12. 7.〉
10. 삭제 〈2021. 12. 7.〉
⑤ 다음 각 호의 어느 하나에 해당하는 자에게는 100만원 이하의 과태료를 부과한다. 〈개정 2019. 8. 27., 2020. 6. 9., 2021. 5. 18., 2021. 12. 7.〉
1. 제33조에 따른 보고를 하지 아니하거나 거짓으로 보고한 자
2. 제59조제1항(제106조제2항에 따라 준용되는 경우를 포함한다)을 위반하여 항공기사고, 항공기준사고 또는 의무보고 대상 항공안전장애를 보고하

지 아니하거나 거짓으로 보고한 자
3. 제121조제1항에서 준용하는 제17조제1항을 위반하여 경량항공기 등록기호표를 붙이지 아니한 경량항공기소유자등
4. 제122조제5항을 위반하여 신고번호를 해당 초경량비행장치에 표시하지 아니하거나 거짓으로 표시한 초경량비행장치소유자등
5. 제128조를 위반하여 국토교통부령으로 정하는 장비를 장착하거나 휴대하지 아니하고 초경량비행장치를 사용하여 비행을 한 자

⑥ 다음 각 호의 어느 하나에 해당하는 자에게는 50만원 이하의 과태료를 부과한다. 〈개정 2021. 12. 7.〉
1. 제120조제2항을 위반하여 경량항공기사고에 관한 보고를 하지 아니하거나 거짓으로 보고한 경량항공기 조종사 또는 그 경량항공기소유자등
2. 제121조제1항에서 준용하는 제13조 또는 제15조를 위반하여 경량항공기의 변경등록 또는 말소등록을 신청하지 아니한 경량항공기소유자등

⑦ 다음 각 호의 어느 하나에 해당하는 자에게는 30만원 이하의 과태료를 부과한다. 〈개정 2020. 6. 9., 2021. 12. 7.〉
1. 제123조제4항을 위반하여 초경량비행장치의 말소신고를 하지 아니한 초경량비행장치소유자등
2. 제129조제3항을 위반하여 초경량비행장치사고에 관한 보고를 하지 아니하거나 거짓으로 보고한 초경량비행장치 조종자 또는 그 초경량비행장치소유자등

제167조(과태료의 부과·징수절차) 제166조에 따른 과태료는 대통령령으로 정하는 바에 따라 국토교통부장관이 부과·징수한다.

부칙 <제18952호, 2022. 6. 10.>

제1조(시행일) 이 법은 공포 후 6개월이 경과한 날부터 시행한다.

제2조(운항증명 효력의 정지 및 해제 등에 관한 적용례) 제90조, 제91조 및 제95조의 개정규정은 이 법 시행 당시 60일을 초과하여 연속적으로 운항을 중지하고 있는 항공운송사업자 또는 항공기사용사업자에 대하여도 적용한다.

3. 항공사업법

[시행 2022. 12. 8.] [법률 제18565호, 2021. 12. 7., 일부개정]

국토교통부(항공정책과 - 항공정책기본계획) 044-201-4182
국토교통부(항공산업과 - 항공운송사업) 044-201-4230

제1장 총칙

제1조(목적) 이 법은 항공정책의 수립 및 항공사업에 관하여 필요한 사항을 정하여 대한민국 항공사업의 체계적인 성장과 경쟁력 강화 기반을 마련하는 한편, 항공사업의 질서유지 및 건전한 발전을 도모하고 이용자의 편의를 향상시켜 국민경제의 발전과 공공복리의 증진에 이바지함을 목적으로 한다.

제2조(정의) 이 법에서 사용하는 용어의 뜻은 다음과 같다. 〈개정 2017. 1. 17.〉

1. "항공사업"이란 이 법에 따라 국토교통부장관의 면허, 허가 또는 인가를 받거나 국토교통부장관에게 등록 또는 신고하여 경영하는 사업을 말한다.
2. "항공기"란 「항공안전법」 제2조제1호에 따른 항공기를 말한다.
3. "경량항공기"란 「항공안전법」 제2조제2호에 따른 경량항공기를 말한다.
4. "초경량비행장치"란 「항공안전법」 제2조제3호에 따른 초경량비행장치를 말한다.
5. "공항"이란 「공항시설법」 제2조제3호에 따른 공항을 말한다.
6. "비행장"이란 「공항시설법」 제2조제2호에 따른 비행장을 말한다.
7. "항공운송사업"이란 국내항공운송사업, 국제항공운송사업 및 소형항공운송사업을 말한다.
8. "항공운송사업자"란 국내항공운송사업자, 국제항공운송사업자 및 소형항공운송사업자를 말한다.
9. "국내항공운송사업"이란 타인의 수요에 맞추어 항공기를 사용하여 유상으로 여객이나 화물을 운송하는 사업으로서 국토교통부령으로 정하는 일정 규모 이상의 항공기를 이용하여 다음 각 목의 어느 하나에 해당하는 운항을 하는 사업을 말한다.
    가. 국내 정기편 운항: 국내공항과 국내공항 사이에 일정한 노선을 정하고 정기적인 운항계획에 따라 운항하는 항공기 운항
    나. 국내 부정기편 운항: 국내에서 이루어지는 가목 외의 항공기 운항
10. "국내항공운송사업자"란 제7조제1항에 따라 국토교통부장관으로부터 국내항공운송사업의 면허를 받은 자를 말한다.
11. "국제항공운송사업"이란 타인의 수요에 맞추어 항공기를 사용하여 유상으로 여객이나 화물을 운송하는 사업으로서 국토교통부령으로 정하는 일정 규모 이상의 항공기를 이용하여 다음 각 목의 어느 하나에 해당하는 운항을 하는 사업을 말한다.
    가. 국제 정기편 운항: 국내공항과 외국공항 사이 또는 외국공항과 외국공항 사이에 일정한 노선을 정하고 정기적인 운항계획에 따라 운항하는 항공기 운항
    나. 국제 부정기편 운항: 국내공항과 외국공항 사이 또는 외국공항과 외국공항 사이에 이루어지는 가목 외의 항공기 운항
12. "국제항공운송사업자"란 제7조제1항에 따라 국토교통부장관으로부터 국제항공운송사업의 면허를 받은 자를 말한다.
13. "소형항공운송사업"이란 타인의 수요에 맞추어 항공기를 사용하여 유상으로 여객이나 화물을 운송하는 사업으로서 국내항공운송사업 및 국제항공운송사업 외의 항공운송사업을 말한다.
14. "소형항공운송사업자"란 제10조제1항에 따라 국토교통부장관에게 소형항공운송사업을 등록한 자를 말한다.
15. "항공기사용사업"이란 항공운송사업 외의 사업으로서 타인의 수요에 맞추어 항공기를 사용하여 유상으로 농약살포, 건설자재 등의 운반, 사진촬영 또는 항공기를 이용한 비행훈련 등 국토교통부령으로 정하는 업무를 하는 사업을 말한다.
16. "항공기사용사업자"란 제30조제1항에 따라 국토교통부장관에게 항공기사용사업을 등록한 자를 말한다.
17. "항공기정비업"이란 타인의 수요에 맞추어 다음 각 목의 어느 하나에 해당하는 업무를 하는 사업을 말한다.
    가. 항공기, 발동기, 프로펠러, 장비품 또는 부품을

정비·수리 또는 개조하는 업무
    나. 가목의 업무에 대한 기술관리 및 품질관리 등을 지원하는 업무
18. "항공기정비업자"란 제42조제1항에 따라 국토교통부장관에게 항공기정비업을 등록한 자를 말한다.
19. "항공기취급업"이란 타인의 수요에 맞추어 항공기에 대한 급유, 항공화물 또는 수하물의 하역과 그 밖에 국토교통부령으로 정하는 지상조업(地上操業)을 하는 사업을 말한다.
20. "항공기취급업자"란 제44조제1항에 따라 국토교통부장관에게 항공기취급업을 등록한 자를 말한다.
21. "항공기대여업"이란 타인의 수요에 맞추어 유상으로 항공기, 경량항공기 또는 초경량비행장치를 대여(貸與)하는 사업(제26호나목의 사업은 제외한다)을 말한다.
22. "항공기대여업자"란 제46조제1항에 따라 국토교통부장관에게 항공기대여업을 등록한 자를 말한다.
23. "초경량비행장치사용사업"이란 타인의 수요에 맞추어 국토교통부령으로 정하는 초경량비행장치를 사용하여 유상으로 농약살포, 사진촬영 등 국토교통부령으로 정하는 업무를 하는 사업을 말한다.
24. "초경량비행장치사용사업자"란 제48조제1항에 따라 국토교통부장관에게 초경량비행장치사용사업을 등록한 자를 말한다.
25. "항공레저스포츠"란 취미·오락·체험·교육·경기 등을 목적으로 하는 비행[공중에서 낙하하여 낙하산(落下傘)류를 이용하는 비행을 포함한다]활동을 말한다.
26. "항공레저스포츠사업"이란 타인의 수요에 맞추어 유상으로 다음 각 목의 어느 하나에 해당하는 서비스를 제공하는 사업을 말한다.
    가. 항공기(비행선과 활공기에 한정한다), 경량항공기 또는 국토교통부령으로 정하는 초경량비행장치를 사용하여 조종교육, 체험 및 경관조망을 목적으로 사람을 태워 비행하는 서비스
    나. 다음 중 어느 하나를 항공레저스포츠를 위하여 대여하여 주는 서비스
    1) 활공기 등 국토교통부령으로 정하는 항공기
    2) 경량항공기
    3) 초경량비행장치
    다. 경량항공기 또는 초경량비행장치에 대한 정비, 수리 또는 개조서비스
27. "항공레저스포츠사업자"란 제50조제1항에 따라 국토교통부장관에게 항공레저스포츠사업을 등록한 자를 말한다.
28. "상업서류송달업"이란 타인의 수요에 맞추어 유상으로 「우편법」 제1조의2제7호 단서에 해당하는 수출입 등에 관한 서류와 그에 딸린 견본품을 항공기를 이용하여 송달하는 사업을 말한다.
29. "상업서류송달업자"란 제52조제1항에 따라 국토교통부장관에게 상업서류송달업을 신고한 자를 말한다.
30. "항공운송총대리점업"이란 항공운송사업자를 위하여 유상으로 항공기를 이용한 여객 또는 화물의 국제운송계약 체결을 대리(代理)[사증(査證)을 받는 절차의 대행은 제외한다]하는 사업을 말한다.
31. "항공운송총대리점업자"란 제52조제1항에 따라 국토교통부장관에게 항공운송총대리점업을 신고한 자를 말한다.
32. "도심공항터미널업"이란 「공항시설법」 제2조제4호에 따른 공항구역이 아닌 곳에서 항공여객 및 항공화물의 수송 및 처리에 관한 편의를 제공하기 위하여 이에 필요한 시설을 설치·운영하는 사업을 말한다.
33. "도심공항터미널업자"란 제52조제1항에 따라 국토교통부장관에게 도심공항터미널업을 신고한 자를 말한다.
34. "공항운영자"란 「인천국제공항공사법」, 「한국공항공사법」 등 관계 법률에 따라 공항운영의 권한을 부여받은 자 또는 그 권한을 부여받은 자로부터 공항운영의 권한을 위탁·이전받은 자를 말한다.
35. "항공교통사업자"란 공항 또는 항공기를 사용하여 여객 또는 화물의 운송과 관련된 유상서비스(이하 "항공교통서비스"라 한다)를 제공하는 공항운영자 또는 항공운송사업자를 말한다.
36. "항공교통이용자"란 항공교통사업자가 제공하는 항공교통서비스를 이용하는 자를 말한다.
37. "항공보험"이란 여객보험, 기체보험(機體保險), 화물보험, 전쟁보험, 제3자보험 및 승무원보험과 그 밖에 국토교통부령으로 정하는 보험을 말한다.
38. "외국인 국제항공운송사업"이란 제54조제1항에 따라 타인의 수요에 맞추어 항공기를 사용하여 유상으로 여객이나 화물을 운송하는 사업을 말한다.
39. "외국인 국제항공운송사업자"란 제54조제1항에 따라 국토교통부장관으로부터 외국인 국제항공운송사업의 허가를 받은 자를 말한다.

제2장 항공운송사업

제3장 항공기사용사업 등

제1절 항공기사용사업

제2절 항공기정비업

제3절 항공기취급업

제4절 항공기대여업

제5절 초경량비행장치사용사업

제48조(초경량비행장치사용사업의 등록) ① 초경량비행장치사용사업을 경영하려는 자는 국토교통부령으로 정하는 바에 따라 신청서에 사업계획서와 그 밖에 국토교통부령으로 정하는 서류를 첨부하여 국토교통부장관에게 등록하여야 한다. 등록한 사항 중 국토교통부령으로 정하는 사항을 변경하려는 경우에는 국토교통부장관에게 신고하여야 한다.
② 제1항에 따른 초경량비행장치사용사업을 등록하려는 자는 다음 각 호의 요건을 갖추어야 한다. 〈개정 2016. 12. 2.〉
1. 자본금 또는 자산평가액이 3천만원 이상으로서 대통령령으로 정하는 금액 이상일 것. 다만, 최대이륙중량이 25킬로그램 이하인 무인비행장치만을 사용하여 초경량비행장치사용사업을 하려는 경우는 제외한다.
2. 초경량비행장치 1대 이상 등 대통령령으로 정하는 기준에 적합할 것
3. 그 밖에 사업 수행에 필요한 요건으로서 국토교통부령으로 정하는 요건을 갖출 것
③ 다음 각 호의 어느 하나에 해당하는 자는 초경량비행장치사용사업의 등록을 할 수 없다. 〈개정 2017. 12. 26.〉
1. 제9조 각 호의 어느 하나에 해당하는 자
2. 초경량비행장치사용사업 등록의 취소처분을 받은 후 2년이 지나지 아니한 자. 다만, 제9조제2호에 해당하여 제49조제8항에 따라 초경량비행장치사용사업 등록이 취소된 경우는 제외한다.

제49조(초경량비행장치사용사업에 대한 준용규정) ① 초경량비행장치사용사업의 사업계획에 관하여는 제32조를 준용한다.
② 초경량비행장치사용사업의 명의대여 등의 금지에 관하여는 제33조를 준용한다.
③ 초경량비행장치사용사업의 양도·양수에 관하여는 제34조를 준용한다.
④ 초경량비행장치사용사업의 합병에 관하여는 제35조를 준용한다.
⑤ 초경량비행장치사용사업의 상속에 관하여는 제36조를 준용한다.
⑥ 초경량비행장치사용사업의 휴업 및 폐업에 관하여는 제37조 및 제38조를 준용한다.
⑦ 초경량비행장치사용사업의 사업개선 명령에 관하여는 제39조를 준용한다. 이 경우 제39조제2호 중 "항공기"는 "초경량비행장치"로, 같은 조 제3호 중 "「항공안전법」 제2조제6호에 따른 항공기사고"는 "「항공안전법」 제2조제8호에 따른 초경량비행장치사고"로 본다.
⑧ 초경량비행장치사용사업의 등록취소 또는 사업정지에 관하여는 제40조(같은 조 제1항제4호의2·제13호는 제외한다)를 준용한다. 〈개정 2017. 1. 17.〉
⑨ 초경량비행장치사용사업에 대한 과징금의 부과에 관하여는 제41조를 준용한다. 이 경우 제41조제1항 중 "10억원"은 "3천만원"으로 본다.

제6절 항공레저스포츠사업

제50조(항공레저스포츠사업의 등록) ① 항공레저스포츠사업을 경영하려는 자는 국토교통부령으로 정하는 바에 따라 국토교통부장관에게 등록하여야 한다. 등록한 사항 중 국토교통부령으로 정하는 사항을 변경하려는 경우에는 국토교통부장관에게 신고하여야 한다.
② 제1항에 따른 항공레저스포츠사업을 등록하려는 자는 다음 각 호의 요건을 갖추어야 한다.
1. 자본금 또는 자산평가액이 3천만원 이상으로서 대통령령으로 정하는 금액 이상일 것
2. 항공기, 경량항공기 또는 초경량비행장치 1대 이상 등 대통령령으로 정하는 기준에 적합할 것
3. 그 밖에 사업 수행에 필요한 요건으로서 국토교통부령으로 정하는 요건을 갖출 것
③ 다음 각 호의 어느 하나에 해당하는 자는 항공레저스포츠사업의 등록을 할 수 없다. 〈개정 2017. 12. 26.〉
1. 제9조 각 호의 어느 하나에 해당하는 자
2. 항공기취급업, 항공기정비업, 또는 항공레저스포츠사업(제2조제26호 각 목의 사업 중 해당하는 사업의 경우에 한정한다) 등록의 취소처분을 받은 후 2년이 지나지 아니한 자. 다만, 제9조제2호에 해당하여 제43조제7항, 제45조제7항 또는 제51조제7항에 따라 등록이 취소된 경우는 제외한다.
④ 항공레저스포츠사업이 다음 각 호의 어느 하나에 해당하는 경우 국토교통부장관은 항공레저스포츠사업 등록을 제한할 수 있다.
1. 항공레저스포츠 활동의 안전사고 우려 및 이용자들에게 심한 불편을 주거나 공익을 해칠 우려가 있는 경우
2. 인구밀집지역, 사생활 침해, 교통, 소음 및 주변환경 등을 고려할 때 영업행위가 부적합하다고 인정하는 경우
3. 그 밖에 항공안전 및 사고예방 등을 위하여 국토교통부장관이 항공레저스포츠사업의 등록제한이

필요하다고 인정하는 경우

제51조(항공레저스포츠사업에 대한 준용규정) ① 항공레저스포츠사업의 명의대여 등의 금지에 관하여는 제33조를 준용한다.

② 항공레저스포츠사업의 양도·양수에 관하여는 제34조를 준용한다.

③ 항공레저스포츠사업의 합병에 관하여는 제35조를 준용한다.

④ 항공레저스포츠사업의 상속에 관하여는 제36조를 준용한다.

⑤ 항공레저스포츠사업의 휴업 및 폐업에 관하여는 제37조 및 제38조를 준용한다.

⑥ 항공레저스포츠사업의 사업개선 명령에 관하여는 제39조를 준용한다. 이 경우 제39조제2호 중 "항공기"는 "항공기·경량항공기·초경량비행장치"로, 같은 조 제3호 중 "「항공안전법」 제2조제6호에 따른 항공기사고"는 "「항공안전법」 제2조제6호부터 제8호까지에 따른 항공기사고·경량항공기사고·초경량비행장치사고"로 본다.

⑦ 항공레저스포츠사업의 등록취소 또는 사업정지에 관하여는 제40조(같은 조 제1항제4호의2·제5호 및 제13호는 제외한다)를 준용한다. 〈개정 2017. 1. 17.〉

⑧ 항공레저스포츠사업에 대한 과징금의 부과에 관하여는 제41조를 준용한다. 이 경우 제41조제1항 중 "10억원"은 "3억원"으로 본다.

제4장 외국인 국제항공운송사업

제5장 항공교통이용자 보호

제6장 항공사업의 진흥

제7장 보칙

제70조(항공보험 등의 가입의무) ① 다음 각 호의 항공사업자는 국토교통부령으로 정하는 바에 따라 항공보험에 가입하지 아니하고는 항공기를 운항할 수 없다.

1. 항공운송사업자
2. 항공기사용사업자
3. 항공기대여업자

② 제1항 각 호의 자 외의 항공기 소유자 또는 항공기를 사용하여 비행하려는 자는 국토교통부령으로 정하는 바에 따라 항공보험에 가입하지 아니하고는 항공기를 운항할 수 없다.

③ 「항공안전법」 제108조에 따른 경량항공기소유자 등은 그 경량항공기의 비행으로 다른 사람이 사망하거나 부상한 경우에 피해자(피해자가 사망한 경우에는 손해배상을 받을 권리를 가진 자를 말한다)에 대한 보상을 위하여 같은 조 제1항에 따른 안전성인증을 받기 전까지 국토교통부령으로 정하는 보험이나 공제에 가입하여야 한다. 〈개정 2017. 1. 17.〉

④ 초경량비행장치를 초경량비행장치사용사업, 항공기대여업 및 항공레저스포츠사업에 사용하려는 자와 무인비행장치 등 국토교통부령으로 정하는 초경량비행장치를 소유한 국가, 지방자치단체, 「공공기관의 운영에 관한 법률」 제4조에 따른 공공기관은 국토교통부령으로 정하는 보험 또는 공제에 가입하여야 한다. 〈개정 2020. 6. 9.〉

⑤ 제1항부터 제4항까지의 규정에 따라 항공보험 등에 가입한 자는 국토교통부령으로 정하는 바에 따라 보험가입신고서 등 보험가입 등을 확인할 수 있는 자료를 국토교통부장관에게 제출하여야 한다. 이를 변경 또는 갱신한 때에도 또한 같다. 〈신설 2017. 1. 17.〉

제71조(경량항공기 등의 영리 목적 사용금지) 누구든지 경량항공기 또는 초경량비행장치를 사용하여 비행하려는 자는 다음 각 호의 어느 하나에 해당하는 경우를 제외하고는 경량항공기 또는 초경량비행장치를 영리 목적으로 사용해서는 아니 된다.

1. 항공기대여업에 사용하는 경우
2. 초경량비행장치사용사업에 사용하는 경우
3. 항공레저스포츠사업에 사용하는 경우

제72조(수수료 등) ① 다음 각 호의 어느 하나에 해당하는 자는 국토교통부령으로 정하는 바에 따라 국토교통부장관(제75조에 따라 권한이 위탁된 경우에는 수탁자를 말한다)에게 수수료를 내야 한다.

1. 이 법에 따른 면허·허가·인가·승인 또는 등록(이하 "면허등"이라 한다)을 받으려는 자
2. 이 법에 따른 신고를 하려는 자
3. 이 법에 따른 면허증 또는 허가서의 발급 또는 재발급을 신청하는 자

② 면허등을 위하여 현지출장이 필요한 경우에는 그 출장에 드는 여비를 신청인이 내야 한다. 이 경우 여비의 기준은 국토교통부령으로 정한다.

③ 국가 또는 지방자치단체는 제1항에 따른 수수료를 면제한다.

제73조(보고, 출입 및 검사 등) ① 국토교통부장관은 이 법의 시행에 필요한 범위에서 국토교통부령으로 정하는 바에 따라 다음 각 호의 자에게 그 업무에 관한 보고를 하게 하거나 서류를 제출하게 할 수 있다.

1. 항공사업자
2. 공항운영자
3. 항공종사자
4. 제1호부터 제3호까지의 자 외의 자로서 항공기 또는 항공시설을 계속하여 사용하는 자

② 국토교통부장관은 이 법을 시행하기 위하여 특히 필요한 경우에는 소속 공무원으로 하여금 제1항 각 호의 어느 하나에 해당하는 자의 사무소, 사업장, 공항시설, 비행장 또는 항공기 등에 출입하여 관계 서류나 시설, 장비, 그 밖의 물건 등을 검사하거나 관계인에게 질문하게 할 수 있다.

③ 국토교통부장관은 상업서류송달업자가 「우편법」을 위반할 현저한 우려가 있다고 인정하여 과학기술정보통신부장관이 요청하는 경우에는 과학기술정보통신부 소속 공무원으로 하여금 상업서류송달업자의 사무소 또는 사업장에 출입하여 「우편법」과 관련된 사항에 관한 검사 또는 질문을 하게 할 수 있다. ＜개정 2017. 7. 26.＞

④ 제2항 및 제3항에 따른 검사 또는 질문을 하려면 검사 또는 질문을 하기 7일 전까지 검사 또는 질문의 일시, 사유 및 내용 등의 계획을 피검사자 또는 피질문자에게 알려야 한다. 다만, 긴급한 경우이거나 사전에 알리면 증거인멸 등으로 검사 또는 질문의 목적을 달성할 수 없다고 인정하는 경우에는 그러하지 아니할 수 있다.

⑤ 제2항 및 제3항에 따른 검사 또는 질문을 하는 공무원은 그 권한을 표시하는 증표를 지니고, 이를 관계인에게 보여주어야 한다.

⑥ 제2항 및 제3항에 따른 검사 또는 질문을 한 경우에는 그 결과를 피검사자 또는 피질문자에게 서면으로 알려야 한다.

⑦ 제5항에 따른 증표에 관하여 필요한 사항은 국토교통부령으로 정한다.

제74조(청문) 국토교통부장관은 다음 각 호의 어느 하나에 해당하는 처분을 하려면 청문을 하여야 한다. ＜개정 2017. 8. 9., 2019. 11. 26.＞
1. 제28조제1항에 따른 항공운송사업 면허 또는 등록의 취소
2. 제40조제1항에 따른 항공기사용사업 등록의 취소
3. 제43조제7항에서 준용하는 제40조제1항에 따른 항공기정비업 등록의 취소
4. 제45조제7항에서 준용하는 제40조제1항에 따른 항공기취급업 등록의 취소
5. 제47조제8항에서 준용하는 제40조제1항에 따른 항공기대여업 등록의 취소
6. 제49조제8항에서 준용하는 제40조제1항에 따른 초경량비행장치사용사업 등록의 취소
7. 제51조제7항에서 준용하는 제40조제1항에 따른 항공레저스포츠사업 등록의 취소
8. 제53조제1항에서 준용하는 제28조(같은 조 제1항제18호만 해당한다)에 따른 항공운송총대리점업의 영업소 폐쇄
9. 제53조제8항에서 준용하는 제40조에 따른 상업서류송달업등의 영업소 폐쇄
10. 제59조제1항에 따른 외국인 국제항공운송사업 허가의 취소
11. 제62조제7항에서 준용하는 제28조제1항에 따른 여행업 등록의 취소. 이 경우 제28조제1항 각 호 외의 부분 본문 중 "국토교통부장관"은 "특별자치시장·특별자치도지사·시장·군수·구청장(자치구의 구청장을 말한다)"으로 본다.

제75조(권한의 위임·위탁) ① 이 법에 따른 국토교통부장관의 권한은 그 일부를 대통령령으로 정하는 바에 따라 시·도지사 또는 국토교통부장관 소속 기관의 장에게 위임할 수 있다.

② 국토교통부장관은 제18조에 따른 운항시각의 배분 등의 업무를 대통령령으로 정하는 바에 따라 「인천국제공항공사법」에 따른 인천국제공항공사 또는 「한국공항공사법」에 따른 한국공항공사에 위탁할 수 있다. ＜신설 2019. 11. 26.＞

③ 국토교통부장관은 다음 각 호의 업무를 대통령령으로 정하는 바에 따라 「한국교통안전공단법」에 따른 한국교통안전공단(이하 "한국교통안전공단"이라 한다) 또는 항공 관련 기관·단체에 위탁할 수 있다. ＜신설 2021. 12. 7.＞
1. 제48조제1항에 따른 초경량비행장치사용사업의 등록 및 변경신고
2. 제49조제1항에 따른 초경량비행장치사용사업의 사업계획 변경인가 및 변경신고
3. 제49조제3항에 따른 초경량비행장치사용사업의 양도·양수신고
4. 제49조제4항에 따른 초경량비행장치사용사업의 합병신고
5. 제49조제5항에 따른 초경량비행장치사용사업의 상속신고
6. 제49조제6항에 따른 초경량비행장치사용사업의 휴업 및 폐업신고
7. 제49조제7항에 따른 초경량비행장치사용사업에 대한 사업개선 명령

④ 국토교통부장관은 다음 각 호의 업무를 대통령령으로 정하는 바에 따라 「정부출연연구기관 등의 설립·운영 및 육성에 관한 법률」에 따라 설립된 한국교통연구원 또는 항공 관련 기관·단체에 위탁할 수 있다. ＜개정 2019. 11. 26., 2021. 12. 7.＞
1. 제63조에 따른 항공교통서비스 평가에 관한 업무
2. 제64조에 따른 항공교통이용자를 위한 항공교통서비스 보고서의 발간에 관한 업무

⑤ 국토교통부장관은 제69조의2에 따른 업무를 대통령령으로 정하는 바에 따라 「항공안전기술원법」에 따른 항공안전기술원(이하 "기술원"이라 한다) 또는 항공 관련 기관·단체에 위탁할 수 있다. ＜신설 2017. 8. 9., 2019. 11. 26., 2021. 12. 7.＞

제76조(벌칙 적용에서 공무원 의제) 다음 각 호의 어느 하나에 해당하는 사람은 「형법」 제129조부터

제132조까지의 규정을 적용할 때에는 공무원으로 본다. 〈개정 2019. 11. 26., 2021. 12. 7.〉
1. 제4조에 따른 항공정책위원회의 위원 중 공무원이 아닌 사람
2. 제75조제2항에 따라 국토교통부장관이 위탁한 업무에 종사하는 인천국제공항공사 또는 한국공항공사의 임직원
3. 제75조제3항에 따라 국토교통부장관이 위탁한 업무에 종사하는 한국교통안전공단 또는 항공 관련 기관·단체 등의 임직원
4. 제75조제4항에 따라 국토교통부장관이 위탁한 업무에 종사하는 한국교통연구원 또는 항공 관련 기관·단체 등의 임직원

제8장 벌칙

제77조(보조금 등의 부정 교부 및 사용 등에 관한 죄) 제65조에 따른 보조금, 융자금을 거짓이나 그 밖의 부정한 방법으로 교부받은 자는 5년 이하의 징역 또는 5천만원 이하의 벌금에 처한다.

제78조(항공사업자의 업무 등에 관한 죄) ① 다음 각 호의 어느 하나에 해당하는 자는 3년 이하의 징역 또는 3천만원 이하의 벌금에 처한다.
1. 제7조에 따른 면허를 받지 아니하고 국내항공운송사업 또는 국제항공운송사업을 경영한 자
2. 제10조제1항에 따른 등록을 하지 아니하고 소형항공운송사업을 경영한 자
3. 제30조제1항에 따른 등록을 하지 아니하고 항공기사용사업을 경영한 자
4. 제67조제1항을 위반하여 보조금, 융자금을 교부 목적 외의 목적에 사용한 항공사업자
5. 제70조제1항을 위반하여 항공보험에 가입하지 아니하고 항공기를 운항한 항공사업자
6. 제70조제2항을 위반하여 항공보험에 가입하지 아니하고 항공기를 운항한 자

② 다음 각 호의 어느 하나에 해당하는 자는 1년 이하의 징역 또는 1천만원 이하의 벌금에 처한다.
1. 제20조에 따른 면허 등 대여금지를 위반한 항공운송사업자
2. 제33조에 따른 명의대여 등의 금지를 위반한 항공기사용사업자
3. 제42조에 따른 등록을 하지 아니하고 항공기정비업을 경영한 자
4. 제43조제1항에서 준용하는 제33조에 따른 명의대여 등의 금지를 위반한 항공기정비업자
5. 제44조에 따른 등록을 하지 아니하고 항공기취급업을 경영한 자
6. 제45조제1항에서 준용하는 제33조에 따른 명의대여 등의 금지를 위반한 항공기취급업자
7. 제46조에 따른 등록을 하지 아니하고 항공기대여업을 경영한 자
8. 제47조제2항에서 준용하는 제33조에 따른 명의대여 등의 금지를 위반한 항공기대여업자
9. 제48조제1항에 따른 등록을 하지 아니하고 초경량비행장치사용사업을 경영한 자
10. 제49조제2항에서 준용하는 제33조에 따른 명의대여 등의 금지를 위반한 초경량비행장치사용사업자
11. 제50조제1항에 따른 등록을 하지 아니하고 항공레저스포츠사업을 경영한 자
12. 제51조제1항에서 준용하는 제33조에 따른 명의대여 등의 금지를 위반한 항공레저스포츠사업자
13. 제52조제1항에 따른 신고를 하지 아니하고 상업서류송달업등을 경영한 자

③ 다음 각 호의 어느 하나에 해당하는 자는 1천만원 이하의 벌금에 처한다. 〈개정 2019. 11. 26.〉
1. 제12조제1항 또는 제2항을 위반하여 사업계획 변경인가 또는 변경신고를 하지 아니한 자
2. 제12조제3항에 따른 인가를 받지 아니하고 사업계획을 변경한 자
3. 제14조에 따른 인가를 받지 아니하거나 신고를 하지 아니하고 운임 또는 요금을 받은 자
4. 제15조를 위반하여 인가 또는 변경인가를 받지 아니한 운수협정 또는 제휴협정을 이행하거나 변경신고를 하지 아니한 자
4의2. 제18조제7항에 따른 인가를 받지 아니하고 항공기 운항시각을 상호 교환한 자
5. 제24조 또는 제37조를 위반하여 휴업 또는 휴지를 한 자
6. 제27조(같은 조 제6호는 제외한다) 또는 제39조에 따른 사업개선명령을 위반한 자
7. 제28조 또는 제40조에 따른 사업정지명령을 위반한 자
8. 제32조제1항을 위반하여 등록할 때 제출한 사업계획대로 업무를 수행하지 아니한 자
9. 제32조제2항에 따른 인가를 받지 아니하고 사업계획을 변경한 자
10. 제43조제6항에서 준용하는 제39조(같은 조 제3호는 제외한다)에 따른 명령을 위반한 항공기정비업자
11. 제45조제6항에서 준용하는 제39조(같은 조 제3호는 제외한다)에 따른 명령을 위반한 항공기취급업자
12. 제47조제7항에서 준용하는 제39조에 따른 명령을 위반한 항공기대여업자
13. 제49조제7항에서 준용하는 제39조에 따른 명령을 위반한 초경량비행장치사용사업자
14. 제51조제6항에서 준용하는 제39조에 따른 명령을 위반한 항공레저스포츠사업자
15. 제53조제7항에서 준용하는 제39조제1호를 위

반한 상업서류송달업자, 항공운송총대리점업자 및 도심공항터미널업자

제79조(외국인 국제항공운송사업자 등의 업무 등에 관한 죄) 생략

제80조(경량항공기 등의 영리 목적 사용에 관한 죄) ① 제71조를 위반하여 경량항공기를 영리 목적으로 사용한 자는 1년 이하의 징역 또는 1천만원 이하의 벌금에 처한다.
② 제71조를 위반하여 초경량비행장치를 영리 목적으로 사용한 자는 6개월 이하의 징역 또는 500만원 이하의 벌금에 처한다.

제81조(검사 거부 등의 죄) 제73조제2항 또는 제3항에 따른 검사 또는 출입을 거부·방해하거나 기피한 자는 500만원 이하의 벌금에 처한다.

제82조(양벌규정) 법인의 대표자나 법인 또는 개인의 대리인, 사용인, 그 밖의 종업원이 그 법인 또는 개인의 업무에 관하여 제77조부터 제81조까지의 어느 하나에 해당하는 위반행위를 하면 그 행위자를 벌하는 외에 그 법인 또는 개인에게도 해당 조문의 벌금형을 과(科)한다. 다만, 법인 또는 개인이 그 위반행위를 방지하기 위하여 해당 업무에 관하여 상당한 주의와 감독을 게을리하지 아니한 경우에는 그러하지 아니하다.

제83조(벌칙 적용의 특례) 제78조(같은 조 제1항 및 같은 조 제2항제1호는 제외한다) 및 제79조(같은 조 제1항은 제외한다)의 벌칙에 관한 규정을 적용할 때 이 법에 따라 과징금을 부과할 수 있는 행위에 대해서는 국토교통부장관의 고발이 있어야 공소를 제기할 수 있으며, 과징금을 부과한 행위에 대해서는 과태료를 부과할 수 없다.

제84조(과태료) ① 제27조제6호 및 제7호에 따른 사업개선 명령을 이행하지 아니한 항공교통사업자 중 항공운송사업자(외국인 국제항공운송사업자를 포함한다)에게는 2천만원 이하의 과태료를 부과한다.
② 다음 각 호의 어느 하나에 해당하는 자에게는 500만원 이하의 과태료를 부과한다. 〈개정 2017. 1. 17., 2017. 8. 9., 2019. 8. 27., 2019. 11. 26., 2022. 1. 18.〉
1. 제8조제3항에 따른 자료를 제출하지 아니하거나 거짓의 자료를 제출한 자
2. 제8조제4항에 따른 고지의 의무를 이행하지 아니한 자
3. 제25조를 위반하여 폐업 또는 폐지를 하거나 폐업 또는 폐지 신고를 하지 아니하거나 거짓으로 신고한 자
4. 제27조제6호에 따른 사업개선 명령을 이행하지 아니한 공항운영자
4의2. 제30조의2제2항을 위반하여 교육비의 반환 등 교육생을 보호하기 위한 조치를 하지 아니한 자
5. 제38조를 위반하여 폐업하거나 폐업 신고를 하지 아니하거나 거짓으로 신고한 자
6. 제43조제5항에서 준용하는 제38조를 위반하여 폐업하거나 폐업 신고를 하지 아니하거나 거짓으로 신고한 자
7. 제45조제5항에서 준용하는 제38조를 위반하여 폐업하거나 폐업 신고를 하지 아니하거나 거짓으로 신고한 자
8. 제47조제6항에서 준용하는 제38조를 위반하여 폐업하거나 폐업 신고를 하지 아니하거나 거짓으로 신고한 자
9. 제49조제6항에서 준용하는 제38조를 위반하여 폐업하거나 폐업 신고를 하지 아니하거나 거짓으로 신고한 자
10. 제51조제5항에서 준용하는 제38조를 위반하여 폐업하거나 폐업 신고를 하지 아니하거나 거짓으로 신고한 자
11. 제53조제6항에서 준용하는 제38조를 위반하여 폐업하거나 폐업 신고를 하지 아니하거나 거짓으로 신고한 자
12. 제61조제6항(제60조제10항에서 준용하는 경우를 포함한다)에 따라 보고를 하지 아니하거나 거짓으로 보고한 자
13. 제61조제10항(제60조제10항에서 준용하는 경우를 포함한다)에 따른 의무를 위반한 자
14. 제61조제12항(제60조제10항에서 준용하는 경우를 포함한다)에 따른 의무를 위반한 자
15. 제61조의2제2항(제60조제11항에서 준용하는 경우를 포함한다)을 위반하여 지연사유 및 진행상황 등을 알리지 아니한 자
16. 제61조의2제3항(제60조제11항에서 준용하는 경우를 포함한다)을 위반하여 음식물을 제공하지 아니하거나 보고를 하지 아니한 자
17. 제62조제1항(제60조제12항에서 준용하는 경우를 포함한다)을 위반하여 운송약관을 신고 또는 변경신고하지 아니한 자
18. 제62조제4항(제60조제12항에서 준용하는 경우를 포함한다) 또는 같은 조 제6항에 따른 요금표 등을 갖추어 두지 아니하거나 거짓 사항을 적은 요금표 등을 갖추어 둔 자
19. 제62조제5항(제60조제12항에서 준용하는 경우를 포함한다)을 위반하여 항공운임 등 총액을 제공하지 아니하거나 거짓으로 제공한 자
20. 제63조제4항(제60조제13항에서 준용하는 경우를 포함한다)을 위반하여 자료를 제출하지 아니하거나 거짓 자료를 제출한 자
20의2. 제69조의9제1항에 따른 조사 또는 검사를 거부·방해 또는 기피한 자

20의3. 제69조의10제3항에 따른 이행계획 제출 명령을 이행하지 아니한 자
21. 제70조제3항 또는 제4항을 위반하여 보험 또는 공제에 가입하지 아니하고 경량항공기 또는 초경량비행장치를 사용하여 비행한 자
22. 제70조제5항에 따른 자료를 제출하지 아니하거나 거짓으로 자료를 제출한 자
23. 제73조제1항에 따른 보고 등을 하지 아니하거나 거짓 보고 등을 한 자
24. 제73조제2항 또는 제3항에 따른 질문에 대하여 거짓으로 진술한 자

③ 제1항 및 제2항에 따른 과태료는 대통령령으로 정하는 바에 따라 국토교통부장관이 부과·징수한다.

④ 제2항제13호 및 제16호에 해당하는 여행업자에 대한 과태료는 대통령령으로 정하는 바에 따라 특별자치시장·특별자치도지사·시장·군수·구청장(자치구의 구청장을 말한다)이 부과·징수한다.

부칙 <제18788호, 2022. 1. 18.>
이 법은 공포 후 6개월이 경과한 날부터 시행한다.

4. 공항시설법

[시행 2022. 12. 11.] [법률 제18938호, 2022. 6. 10 일부개정]

국토교통부(공항정책과) 044-201-4331

제1장 총칙

제2장 공항 및 비행장의 개발

제3장 공항 및 비행장의 관리 · 운영

제4장 항행안전시설

제5장 보칙

제56조(금지행위) ① 누구든지 국토교통부장관, 사업시행자등 또는 항행안전시설설치자등의 허가 없이 착륙대, 유도로(誘導路), 계류장(繫留場), 격납고(格納庫) 또는 항행안전시설이 설치된 지역에 출입해서는 아니 된다.
② 누구든지 활주로, 유도로 등 그 밖에 국토교통부령으로 정하는 공항시설 · 비행장시설 또는 항행안전시설을 파손하거나 이들의 기능을 해칠 우려가 있는 행위를 해서는 아니 된다.
③ 누구든지 항공기, 경량항공기 또는 초경량비행장치를 향하여 물건을 던지거나 그 밖에 항행에 위험을 일으킬 우려가 있는 행위를 해서는 아니 된다. 다만, 다음 각 호의 어느 하나에 해당하는 자는 「항공안전법」 제127조의 비행승인(같은 조 제2항 단서에 따라 제한된 범위에서 비행하려는 경우를 포함한다)을 받지 아니한 초경량비행장치가 공항 또는 비행장에 접근하거나 침입한 경우 해당 비행장치를 퇴치 · 추락 · 포획하는 등 항공안전에 필요한 조치를 할 수 있다. <개정 2020. 12. 8.>
1. 국가 또는 지방자치단체
2. 공항운영자
3. 비행장시설을 관리 · 운영하는 자
④ 누구든지 항행안전시설과 유사한 기능을 가진 시설을 항공기 항행을 지원할 목적으로 설치 · 운영해서는 아니 된다.
⑤ 항공기와 조류의 충돌을 예방하기 위하여 누구든지 항공기가 이륙 · 착륙하는 방향의 공항 또는 비행장 주변지역 등 국토교통부령으로 정하는 범위에서 공항 주변에 새들을 유인할 가능성이 있는 오물처리장 등 국토교통부령으로 정하는 환경을 만들거나 시설을 설치해서는 아니 된다.
⑥ 누구든지 국토교통부장관, 사업시행자등, 항행안전시설설치자등 또는 이착륙장을 설치 · 관리하는 자의 승인 없이 해당 시설에서 다음 각 호의 어느 하나에 해당하는 행위를 해서는 아니 된다.
1. 영업행위
2. 시설을 무단으로 점유하는 행위
3. 상품 및 서비스의 구매를 강요하거나 영업을 목적으로 손님을 부르는 행위
4. 그 밖에 제1호부터 제3호까지의 행위에 준하는 행위로서 해당 시설의 이용이나 운영에 현저하게 지장을 주는 대통령령으로 정하는 행위
⑦ 국토교통부장관, 사업시행자등, 항행안전시설설치자등, 이착륙장을 설치 · 관리하는 자, 경찰공무원(의무경찰을 포함한다) 또는 자치경찰공무원은 제6항을 위반하는 자의 행위를 제지(制止)하거나 퇴거(退去)를 명할 수 있다. <개정 2017. 12. 26., 2020. 12. 22.>

제6장 벌칙

제7장 범칙행위에 관한 처리의 특례 <신설 2018. 2. 21.>

부칙 <제18938호, 2022. 6. 10.>
제1조(시행일) 이 법은 공포 후 6개월이 경과한 날부터 시행한다.

참고 문헌

【 국내문헌 】

권영식, 2023, 적중 TOP 무인멀티콥터 드론(Drone), 서울: 도서출판 마지원.
기상청, 2011, 태풍백서, 기상청 국가태풍센터.
김경춘, 2020, 초경량 비행장치의 안전관리체계 연구 – 무인멀티콥터를 중심으로-, 공주대 한보과학 대학원 항공안전관리학과 석사논문.
김덕관 외, 2015, 무인멀티콥터 개발관련 최신 기술 동향, 한국항공우주연구원 항공우주산업기술동 향 제13권 제2호, pp.80~91.
김재윤 외, 2022, 드론 초경량비행장치 무인멀티콥터 조종자격 필기·구술, 서울: 도서출판 구민사.
김종복 외, 2023, 드론 조종자 자격, 서울: 도서출판 성인당.
노나미 겐조, 번역 최영원, 2021, 드론의 기초와 실제, 서울: 골든벨.
류영기 외, 2021, 무인멀티콥터 드론요점 & 필기시험, 서울: 골든벨.
민수홍 외, 2022, 드론정비학 원론, 서울: 골든벨.
문창수, 2000, 항공인적요인의 개념적 모형, 항공우주의학 제10권 제3호, pp.267~271.
박장환 외, 2023, 무인 멀티콥터·헬리콥터 드론조종 자격증, 서울: 골든벨.
박익범 외, 2023, 드론 조종자 자격(필기), 서울: 도서출판 성인당.
변순철, 2016, 항공기 사고와 인적요인(Human Factors), 2016년도 제52회 항공우주의학협회 추계 학술대회 자료, pp. 38~49.
서일수 외, 2022, 드론 무인비행장치 필기 한권으로 끝내기, 서울: 시대고시기획.
신정호 외, 2021, 드론학개론, 서울: 북두출판사.
윤성준·최용훈, 2020, 국방 드론봇 통합관제 체계 발전방향 연구, 선진국방연구, 제3권 제1호, pp.35~50.
윤홍주, 2021, 드론의 정석, 서울: 위즈점플.
이강준·권오영, 2002, 항공안전과 인적요인(Aviation Safety and Human Factors), 한국항공우주 의학협회 학회지 제12권 제4호, pp.192-195.
이강복, 2023, 드론조종 자격시험, 고양: 도서출판 책과상상.
이성준 외, 2020, 레이저 무선전력전송 시스템의 MPPT 제어를 위한 배터리 충전 컨버터 개발, 전략 전자학술대회 논문집.
이찬석, 2022, 비법전수 레전드 드론 무인멀티콥터 필기시험문제, 서울: 라운출판사.
정우영 외, 2021, K-드론봇, 서울: 정문사.
제이드론교육연구소, 2021, 드론 항공촬영조종자, 서울: J 드론교육연구소 무인항공교육원.

주청림, 2021, 무인비행장치(드론) 사고사례를 통한 주요 비행안전요인 도출에 관한 연구, 한국항공대학 석사학위 논문.
차승녀, 2020, 드론 무인멀티콥터 조종사 필기, 파주: 도서출판 건기원.
하수동, 2021, 항공기상, 서울: 경문사.
한성철 외, 2022, 지도조종자 교관과정, 서울: 도서출판 구민사.
한국교통안전공단 드론교육센터, 2022, 초경량비행장치(무인동력비행장치) 조종교육교관과정(공통).
----------------------------, 2022, 초경량비행장치(무인동력비행장치) 조종교육교관과정(무인 멀티콥터).
홍윤근, 2022, 최신 국가정보학, 서울: 도서출판 선.

【 외국문헌 】

Hawkins Frank. H. 1993, Human factors in Flight, Routledge.

ICAO Doc 7030(Regional Supplementary Procedures)

Meister David. 1989, Conceptual aspects of human factors, the Johns Hopkins University Press.

【 인터넷 자료 등 】

기상청 : https://www.kma.go.kr/
국토교통부 국토지리정보원 : https://www.ngii.go.kr/
국토교통부 항공교통본부 : http://www.molit.go.kr/
나무위키 : https://namu.wiki/
네이버 지식백과 : 베르누이의 정리(기상백과)
네이버 : https://post.naver.com/viewer/postView.nhn?volumeNo=28690056&memberN
　　　　https://blog.naver.com/icandron/222311047168
　　　　https://blog.naver.com/newrains/
　　　　https://blog.naver.com/nadatech/221415442726
네이버 시사상식사전 : https://terms.naver.com/list.naver?cid=43667&categoryId=43667
네이버 포토 : https://blog.naver.com/smoke2000/220736441763
두피디아 : https://www.doopedia.co.kr
드론쇼코리아(2023) : http://www.droneshowkorea.com/

드론원스톱 민원서비스 : https://drone.onestop.go.kr
디제아이 : https://www.dji.com/k
법무부 국가법령정보센터 : /www.law.go.kr/LSW
스카이펠콘 : https://skyfalcon.tistory.com/35
순도리드론 : http://www.sundori.net/
쉬벨 : https://schiebel.net/
인드론 : https://imdron.com/
유투브 : https://www.youtube.com/watch?v=d7RfB4Gf02Y
위키피디아 : https://en.wikipedia.org
지스지오그라피 : https://gisgeography.com/gps-accuracy-hdop-pdop-gdop-multipath
지오데틱스 : https://geodetics.com/
한국교통안전공단 드론교육훈련센터 : https://www.kotsa.or.kr/
항공고시보 : https://aim.koca.go.kr/xNotam/
항공교육훈련포탈 : https://www.kaa.atims.kr/
한공안전기술원 : https://www.kiast.or.kr/
항공정보통합관리 : https://aim.koca.go.kr
해시넷 : https://wiki.hash.kr

【저자 약력】

경북대학교 정치외교학과 졸업
서울대 행정대학원 국가정책과정(72기) 수료
건국대학교 대학원 안보재난관리학과 졸업(정책학 박사)
초경량 비행장치 무인멀티콥터 지도조종자(교관)

국가정보원 근무
평창동계올림픽조직위원회 안전관실 안전매니저
현) 국제셀록홈즈탐정법인/협회/드론교육원 총괄본부장
현)한반도안보전략연구원 이사 겸 연구위원
현)한국국가정보학회 이사
현)한국드론혁신협회 전문위원
현)건국대학교 안보재난관리학과 겸임교수
현)신한대학교 특임교수
현)아시아전략연구소 대표

【저서 및 논문】

러시아를 알자, 러시아&루스끼, 서울 : 하이비젼(2018)
북한지역 재난관리체계의 개선에 관한 연구, 건국대 박사학위 논문(2020)
북한의 재난관리 - 실태와 개선, 서울 : 스페이스메이커(2020)
북한주민의 재난 및 재난관리에 대한 연구, INSS, 국가안보와 전략(2020)
북한의 재난발생 및 관리 실태, KDI 북한경제리뷰(2020)
북한의 재난과 남북협력 방향, 한국환경연구원(2020)
North Korea's Disaster and the Cooperation between North and South Korea, HK+National Strategies Research Project Agency, Center for International Area Studies, Hankuk University of Foregin Studies(2021)
북한 자연재해 자료구축과 협력 전략, 공저(강택구 외) : 한국환경연구원(2021)
북한의 재난관리체계 개선과 지속가능한 협력 전략, 한반도안보전략연구원(2022)
최신 국가정보학, 서울 : 도서출판 선(2022) 등

2023년 최신판

DRONE PILOT
AN UNMANNED MULTICOPTER INTRODUCTION

드론 무인멀티콥터 조종 개론

초판발행   2023년 5월 10일

저 자   홍윤근
발행인   허미숙
발행처   도서출판 지수명

신고번호   제2023-000056호
주 소   서울시 강남구 도곡로 7길 22
전 화   02-578-0719 (도서 주문 및 발송)
E-MAIL   ykwide64@naver.com

ISBN   979-11-982330-1-1 13550

정 가   25,000원

----
* 이 도서의 판권은 지은이와 도서출판 지수명에 있으며, 저작권법에 따라 보호를 받는 저작물이므로 무단 복제를 금합니다.

* 잘못된 책은 구입처에서 교환해 드립니다.
